KB116722

내게 없던 감각

내게 없던 감각

보는 법을 배운 소년, 듣는 법을 배운 소녀
그리고 우리가 세계를 인식하는 방법

수전 배리

김명주 옮김

김영사

내게 없던 감각

1판 1쇄 인쇄 2024. 5. 13.
1판 1쇄 발행 2024. 5. 20.

지은이 수전 배리
옮긴이 김명주

발행인 박강휘
편집 이승환 디자인 지은혜 마케팅 정희윤 홍보 박은경
발행처 김영사
등록 1979년 5월 17일 (제406-2003-036호)
주소 경기도 파주시 문발로 197(문발동) 우편번호 10881
전화 마케팅부 031)955-3100, 편집부 031)955-3200 | 팩스 031)955-3111

값은 뒤표지에 있습니다.

ISBN 978-89-349-3952-8 03400

홈페이지 www.gimmyoung.com   블로그 blog.naver.com/gybook
인스타그램 instagram.com/gimmyoung   이메일 bestbook@gimmyoung.com

좋은 독자가 좋은 책을 만듭니다.
김영사는 독자 여러분의 의견에 항상 귀 기울이고 있습니다.

신디 랜스퍼드와
나즈마 굴라말리 무사에게

미래를 여는 열쇠는
낙관적인 이야기를 찾아
널리 알리는 것이다.

_피트 시거(미국 포크가수이자 작사가)

차례

2. 조흐라

축복인가 저주인가?

리처드 그레고리와 진 월리스는 시드니 브래드퍼드를 만날 생각에 설렜다. 이 쉰두 살 남성은 각막 수술을 막 마치고 난생처음으로 앞을 볼 수 있게 되었다.[1] 처음으로 보는 건 어떤 느낌일까? 그는 감사와 기쁨으로 충만했을까? 병상에서 벌떡 일어나 주변을 둘러보며 눈앞에 펼쳐진 새로운 세계가 매혹적이라고 생각했을까? 실제로 SB(그레고리와 월리스는 이 남성을 이렇게 불렀다)는 처음에는 흥분과 호기심으로 가득했다. 쾌활하고 외향적인 사람인 그는 지나가는 차량을 구경하며 승용차와 트럭을 구별하는 것이 무척이나 즐거웠다. 하지만 몇 달이 지나자 기분이 달라졌다. 시력을 되찾았는데도 그는 여전히 글씨를 읽거나 자동차를 운전할 수 없었다. 그는 평생 시각장애인으로 살아왔으며 시력을 되찾는 수술을 받을 당시 완벽하게 건강했지만, 수술을 받은 후 1년 반

동안 점점 우울해지고 건강이 나빠져 결국 사망하고 말았다.

올리버 색스의 에세이 〈보고 있되 보지 못하는 것To See and Not See〉의 주인공인 버질도 별반 나을 게 없었다.[2] 어릴 때 백내장으로 시각장애인이 된 버질은 중년에 백내장을 제거하는 수술을 받았다. 그는 이제 볼 수 있게 되었지만 보이는 것을 이해할 수 없었으며, 수술 후 1년도 채 되지 않아 중병에 걸려 시력을 잃었다.

베벌리 비더만은 《소리를 위한 배선Wired for Sound》에서 인공 와우를 이식받은 직후 느낀 절망감을 이야기한다.[3] 비더만은 어릴 때 청력을 잃기 시작해 30년 넘게 귀가 들리지 않는 상태로 살다가 인공와우를 이식받았다. 하지만 그는 다시 소리를 경험한 후 "모든 것이 무너져내리는 것 같은 느낌에 압도되었다". 그렇다고 다시 청각장애인으로 돌아갈 수는 없는 노릇이었지만 새로운 상황이 견딜 수 없었다. 평정심을 완전히 잃은 그는 "딱 죽고 싶은 기분이었다".

왜 그렇게 힘들까? 왜 눈이 안 보이던 사람이 시각을 받아들이지 못하고, 왜 귀가 안 들리던 사람이 들을 수 있는 기회를 무작정 반기지 않을까? 이 질문이 특히 흥미로웠던 이유는 나도 마흔여덟 살에 갑자기 시력이 극적으로 개선되었기 때문이다. 이 변화 앞에서 나는 자꾸만 어린아이처럼 기뻐 어쩔 줄 몰라 했다.[4] 어릴 때부터 사시였던 나는 주로 한쪽 눈으로 세상을 보다가 중년에 시훈련 치료 프로그램을 통해 두 눈을 함께 사용하는 법을 배웠다. 두 눈을 사용하자 모든 것이 새롭게 보였다. 나는 입체감을 느낄 수 있었고 사물들 사이의 공간을 3차원으로 볼 수 있었다. 나뭇가지가 나를 향해 손을 뻗었고 조명기구가 머리 위에 두둥실 떠 있었다. 슈퍼마켓 농산물 코너에 가서 갖가지 색깔과 모양을 볼 때는 황홀한 느낌마저 들었다. 나는 이렇듯 입체시를 얻고 기뻤는데, 왜 처음으로 앞을 볼 수 있게 된 사람은 기쁨으로 벅차오르지 않을까?

새로운 방식으로 보는 것과 처음 보는 것 사이에는 차이가 있다. 새로운 입체시가 내게 기쁨을 가져다준 이유는 그것이 내가 보는 세상을 교란하지 않고 오히려 확인시켜주었기 때문이다. 나는 입체시를 얻기 전에도 항상 한쪽 눈으로 본 단서를 이용해 사물들이 놓여 있는 순서를 알 수 있었다. 예를 들어 전경의 물체는 뒤에 놓인 물체에 닿는 내 시야를 가렸다. 나는 한쪽 눈으로 뭐가 앞에 있고 뭐가 뒤에 있는지 알 수 있었지만 공간이 압축되어 보였다. 그런데 입체시가 생기자 공간이 부풀어올랐다. 나는 특정 사물과 그 뒤에 놓인 것들 사이의 공간을 그저 유추하는 데 그치지 않고 볼 수 있었다. 새로운 입체시로 본 세상은 앞뒤가 딱딱 맞았다.

난생처음으로 시각이나 청각을 갖게 된 성인이나 청소년은 나와는 경우가 다르다. 새로 시력을 얻은 사람들에게는 다른 사람들이 무언가를 보자마자 알아보는 것이 그저 놀랍기만 하다. 우리 대부분은 한번 흘깃 보면 장면의 핵심을 파악할 수 있다.[5] 하지만 새로 시력을 얻은 사람들은 사물과 사람으로 가득한 3차원 풍경이 다양한 선과 색깔들로 뒤죽박죽된 평면으로 보인다. 예를 들어 스물다섯 살의 한 여성은 처음 본 풍경을 이렇게 묘사했다. "나는 사방에서 빛과 그림자의 혼합, 길이가 다른 선들, 둥글고 네모난 사물들을 본다. 나는 시시각각으로 변하는 감각 정보의 모자이크에 깜짝 놀라지만 그 의미를 이해할 수 없다."[6]

앨버트 브레그먼이 자신의 책 《청각적 장면 분석 Auditory Scene Analysis》에서 지적하듯이, 감각 정보는 난데없이 생기는 것이 아니다.[7] 녹색인 무언가가 없으면 우리는 녹색을 볼 수 없다. 소리를 유발하는 사건이 없으면 우리는 소리를 들을 수 없다. 색, 질감, 윤곽, 삐걱거림, 쾅 소리, 목소리는 모두 무언가 또는 누군가에게서 나온다. 난생처음 보거나 듣게 된 성인은 아무 데도 속하지 않는 것처럼 느껴지는 새로운 감각들의 포화에 압도된다. 감각 정보들은 뜬금없고 무의미하다. 안과 의사 알베르토 발보는 시력을 회복한 한 환자의 말을 인용했다. "이 멀고 불행한 길은 나를 낯선 세계로 인도한다. 나는 전보다 더 행복하지 않다. 약해진 것 같고 자주 심한 피로감에 사로잡힌다."[8]

다음 그림에는 컵, 숟가락, 대접, 세 가지 사물이 있다. 컵이 숟가락을 부분적으로 가리고 있지만, 우리는 숟가락의 끊긴 두 부분이 같은 사물에 속한다는 것을 안다. 하지만 이제 막 시력을 새로 얻은 성인이나 청소년은 이 사진이 평평하게 보

그림 서.1. 컵이 숟가락 손잡이를 부분적으로 가리고 있지만, 우리는 숟가락 손잡이가 컵 뒤쪽으로 이어져 있다는 사실을 안다.

여서 숟가락의 두 부분을 별개의 사물로 인식한다. 사진 속의 그림자는 혼란을 가중시킬 뿐이다. 그런데 이 사진은 우리가 평소에 보는 부엌, 마당, 거리, 풍경과 비교하면 훨씬 단순한 장면이다.

'소속'의 문제는 청각에서도 발생한다. 나는 덥고 습한 날 이 문장을 타이핑하면서 열린 창문 너머 후두둑 떨어지는 빗소리, 책상 옆 선풍기 돌아가는 소리, 자판 두드리는 소리, 남편의 목소리를 듣는다. 그리고 라디오를 켜고 오케스트라 연주를 듣는다. 바이올린과 플루트가 동시에 같은 음을 연주하고 있지만 나는 각 악기가 내는 소리를 쉽게 구분할 수 있다. 각각의 소리(비, 선풍기, 키보드, 바이올린, 플루트)는 내 귀에 음파들이 합쳐진 형태로 동시에 도달하지만 나는 이 모든 소리의 출처를 자동으로 분류할 수 있다. 나는 어떤 음파가 비에 속하고 어떤 음파가 플루트에 속하는지 안다. 하지만 난생처음 소리를 듣는 성인은 이 소리들을 이해할 수 없는 불협화음으로 인식한다. 소리는 무의미하고 실체가 없으며, 어디서 들려오는지 알 수 없다. 성인이 되어 새로 습득한 감각은 세상에 대한 이해를 풍성하게 해주는 게 아니라 오히려 혼란스럽게 만든다.

나는 사람들이 '침묵'이라고 부르는 것 속에서 40년을 보낸 후 그 상태에 너무나도 익숙해져서(소라게가 껍데기에 익숙하듯) 내일 청각이 돌아오면 좋기보다는 괴로울 것 같다. 들리지 않는 것이 바람직하다는 말이 아니라, 손을 사용하는 것처럼 청각장애가 존재의 필수 조건이 되었을 정도로 장애에 적응되었다는 뜻이다. 그것을 청각의 회복이라고 해야 할지 청각장애의 상실이라고 해야 할지 모르겠지만, 다시 듣게 된다면 손이 잘리는 것처럼 느껴질 것이다.[9]

위 문단은 일곱 살에 청각을 잃은 시인 데이비드 라이트가 다시 듣는 것이 어떤 느낌일지 곰곰이 생각하며 쓴 글로, 어디까지나 가정상의 고민이었다. 그가 이 글을 쓸 당시에는 청각을 회복할 수 있는 치료법이 없었다. 하지만 몇 년 후인 1972년에 최초의 인공와우 이식술이 도입되었다. 그때 많은 청각장애인이 인공와우 이식에 반대했다.[10] 그들 고유의 언어인 수어와 고유의 문화가 있는 농인 커뮤니티에 속한 사람들은 청각 회복이 개인적, 사회적으로 엄청난 조정을 요구한다는 것을 청인聽人들보다 잘 이해했다.

시각장애인이나 청각장애인에게 유년기 이후 새로운 감각을 습득하라고 요구하는 것은 정체성을 다시 만들라는 말과 같다. 지금까지 독립적으로 잘 살아왔던 사람들이 어느 날 갑자기 어린아이처럼 취약한 존재가 된다. 계단이나 사랑하는 사람의 얼굴을 볼 수는 있지만 그것을 인식할 수 없다. 들을 수는 있지만 들리는 것을 이해할 수 없다. 시각장애인이었던 존 캐루스는 어둠 속에서도 길을 잘 찾던 사람이지만, 나이 서른에 시력을 되찾은 후에는 자신감이 없어서 어둠 속에서 조심조심 움직였다.[11] SB는 시각장애인이었을 때는 자신 있게 길을 건넜지만 시력을 되찾은 후에는 달리는 차들이 무서워서 혼자서는 길을 건너지 않았다.[12] 시력이나 청력을 새로 얻은 사람들이 겪는 이런 무력감은, 그들이 짐작했던 것보다 남들이 시각과 청각을 통해 훨씬 자세한 정보를 얻는다는 사실을 알게 되면 더욱 심해진다. 실제로 발보는, 시력 회복 후에도 외출할 때 검은 안경과 지팡이를 계속 사용하는 환자의 사례를 보고했다. 이 남성은 시각장애가 있을 때는 걸을 때 존경받는다고 느꼈지만, 시력을 얻은 후에는 앞이 보이는데도 주춤거리며 걷는 자신을 남들이 동정하는 것이 싫었다.[13]

시각이나 청각이 새로 생기면 공간 감각에 혼란이 생길 수 있다. 새로 시력을 얻은 사람은 사물이 얼마나 멀리 있는지 눈으로 파악해본 경험이 없다.[14] SB가 처음으로 지상 9~12미터 높이의 창밖을 내다봤을 때, 그는 손을 사용해 안전하게 내려갈 수 있다고 생각했다.[15] 보지 못하면 거리와 공간을 다른 방법으로 판단해야 한다. 중년의 시각장애인 존 헐은 이렇게 썼다. "공간은 내 몸으로 축소된다. 따라서 내 몸의 위치를 파악하는 기준은 어떤 사물들을 지나쳐갔는지가 아니라 움직이는 데 시간이 얼마나 걸렸느냐다. 위치를 측정하는 기준은 이렇듯 시간이다."[16] 발보가 보고한 시력 회복 환자 TG도 헐과 같은 취지의 말을 했다. "수술 전에는 공간에 대한 개념이 완전히 달랐다. (⋯) 앞이 보이지 않을 때는 특정 지점에 도달할 때까지 필요한 시간만 고려했다. 하지만 수술 후에는 거기까지 가는 데 필요한 시간과 시각視覺을 함께 고려해야 했는데 그렇게 하기가 쉽지 않았다."[17] 시각을 새로 얻은 사람은 공간과 거리에 대한 새로운 개념을 발달시켜야 할 뿐만 아니라, 새로운 지각 방식을 개발해야 한다. 손과 귀를 사용할 때 우리는 순차적으로 세상을 탐색한다. 즉 한 지점씩 차례로 만지고 일련의 소리를 차례로 듣는다. 하지만 눈으로는 한 번에 많은 것을 본다.

시각은 멀리 있는 사물을 알아볼 수 있게 해주지만, 사이에 장애물이 있거나 대상이 모퉁이 너머에 있거나 어두운 곳에서는 볼 수 없다. 하지만 들을 수는 있다. 우리는 보지 못해도 소리가 사물과 벽에 부딪혀 튕겨나오는 방식을 통해 내가 좁고 밀폐된 방에 있는지, 아니면 넓고 탁 트인 공간에 있는지 알 수 있다. 귀가 들리지 않는 사람이 지각하는 세계는 그 사람이 볼 수 있는 것에 의해 구성되는 동시에 제한받는다. 청각장애인이 인공와우를 이식하면 소리 인식에 어려움을 겪을 뿐만 아니라 그 소리가 어디서 들려오는지 파악하는 데도 어려움을 겪는다. 어디서 오는지 알 수 없는 소리들과 메아리는 청각장애인이 자신과 사물이 어디 있는지 파악하는 데 혼란을 준다.

우리 대부분은 새로운 감각을 얻는 것이 어떤 느낌인지 상상할 수 없지만, 새집으로 이사하면 일상이 얼마나 흐트러지는지는 잘 알고 있다. 새집이 더 살기 좋은 곳이라 해도 정겹고 익숙한 동네를 떠나는 건 두려운 일이다. 새로운 장소는 모든 것이 익숙하지 않고, 우리는 습관과 동선을 바꿔야한다. 이런 적응을 위해서는 뇌를 재구성할 필요가 있는데, 과학자이자 작가인 I. 로젠펠드가 《기억의 발명The Invention of Memory》에서 지적하듯, 이는 불안과 우울을 불러일으킬 수 있다.[18] 새로운 감각을 습득하면 그동안 알던 세상을 떠나 주변의 거의 모든 것과 새로운 관계를 맺어야 한다. 앞으로 살펴보겠지만, 이런 변화에는 새집으로 이사할 때보다 훨씬 더 큰 규모의 뇌 재구성이 필요하기 때문에 불안과 우울이 더 커질 수 있다.

시각과 청각은 언뜻 생각하면 순전히 기계적인 과정일 것 같다. 광자가 망막의 빛 감지 색소에 닿으면 일련의 전기, 화학적 사건이 발생하여 뇌에 빛, 색, 움직임에 대한 신호를 보낸다. 서로 다른 주파수의 음파는 속귀(내이)에 있는 달팽이관의 각기 다른 부분을 진동시키고, 그 결과 우리는 음높이를 감지할 수 있다. 하지만 이런 사건들은 전체 이야기의 일부에 불과하다. 모두 동일한 감각 구조로 되어 있다 해도 사람들은 자신의 경험, 필요, 욕구를 바탕으로 저마다 다른 매우 개인적인 버전의 세상을 지각한다.

존 헐은 시각장애를 '상태state'로 표현했다. "젊거나 늙은 상태, 남성이나 여성인 상태와 마찬가지로 시각장애는 인간의 여러 상태 중 하나다. (…) 하나의 상태는 다른 상태를 이해하기 어렵다."[19] 이와 마찬가지로 시각이나 청각을 처음 얻은 성인이나 청소년은 우리 대부분과는 너무도 다른 지각 세계에서 살아왔기 때문에 처음 본 광경이나 처음 들은 소리에 대한 그들의 묘사를 우리는 이해할 수 없다. 이들의 사례를 보면, 눈과 귀만이 아니라 우리의 경험 전체가 지각에 영향을 미친다는 것을 알 수 있다.

나는 입체시가 생겼을 때 세상이 이전과는 너무나도 다르게 보여서 깜짝 놀랐다. 다른 사람들과 같은 세상에 살았기 때문에 그동안 다른 사람들과 같은 방식으로 세상을 보고 있다고 추정했다. 어쨌든 나는 주변 사물들을 식별할 수 있었고 그것에 대해 다른 사람들과 이야기를 나눌 수 있었으니까. 나무는 그대로였지만, 입체시가 생기니 나무가 완전히 새롭게 보였다. 우거진 나뭇잎들은 어린아이가 그린 그림에서처럼 평평하지 않았다. 가지와 잎이 겹겹이 있는 것을 볼 수 있었다. 거울을 들여다보면, 내 모습이 유리 표면에 비치는 게 아니라 거울 뒤 반사된 공간에 있었다. 무엇보다 인상 깊었던 변화는 내가 순간적으로 한쪽 눈을 감았을 때 일어났다. 그렇게 해도 입체맹이었을 때와 같은 방식으로 보이지 않았다. 내 모습은 여전히 거울 뒤에 있었다. 한쪽 눈으로 볼 때도 이제는 두 눈으로 본 경험의 영향을 받았다. 항상 입체시로 보던 사람들에게 내 새로운 시각을 설명하자 그들은 당황했다. 그들은 자기 모습이 거울 뒤가 아니라 거울 표면에 있다는 게 무슨 뜻인지 이해할 수 없었다. 한편 입체맹인 사람들에게 입체시에 대해 말하자 그들은 자기 모습이 거울 표면이 아닌 다른 곳에 있다는 게 무슨 뜻인지 이해하지 못했다. 항상 입체시로 보는 사람과 입체시로 본 적이 없는 사람 사이에는 완전히 메울 수 없는 지각의 격차가 존재했다. 마찬가지로, 볼 수 있고 들을 수 있는 사람들은 난생처음 보거나 듣는 것이 어떤 느낌인지 온전히 상상할 수 없다.

실제로 우리는 태어나는 순간부터 자신의 지각 세계를 주조하기 시작한다. 신생아는 우리 눈에는 무력해 보일지 몰라도 주변 자극을 수동적으로 받아들이고 있지 않다. 아기는 출생 직후 엄마의 목소리를 인식할 수 있으며, 며칠 내에 엄마의 얼굴도 알아본다. 생후 1년 동안 아기는 모국어 소리와 자주 보는 얼굴들에 특히 민감해진다. 또한 아기들에게는 탐색하고 실험하려는 억누를 수 없는 충동이 있다. 생후 약 4개월이 지나 손을 뻗을 수 있게 되면 아기는 물건을 쥐고 흔들고 떨어뜨리는 실험을 하며, 두 가지 사물을 서로 맞부딪치고 싶은 충동을 억누르지 못한다. 이런 식으로 아기는 사물들의 성질과 3차원적 형태를 스스로 터득한다. 우리 모두는 똑같은 메커니즘과 뇌 영역을 사용해 감각 정보를 분석하고 처리하지만, 한 아이의 지각 체계는 개인에게 가장 중요한 정보를 얻기 위해 각자가 처한 환경 속 사람들과 사물들에 맞추어 독특한 방식으로 발달한다.[20]

올리버 색스는 지각의 이런 사적인 성질을 설명하면서 이렇게 썼다. "당사자가 의도하든 의도하지 않든, 인지하든 인지하지 못하든 모든 지각, 모든 장면은 본인이 만드는 것이다. 우리는 우리 각자가 만들고 있는 영화의 감독인 동시에 그 영화의 주인공이기도 하다. 모든 프레임, 모든 순간에 자기 자신이 담기기 때문이다."[21] 촬영감독과 음향 엔지니어가 카메라와 마이크의 방향을 관객이 주목했으면 하는 사건으로 돌리듯, 우리는 자신의 몸과 머리와 눈을 움직여 무엇을 보고 들을지 선택한다. 사람의 시각에서 가장 예리하고 예민한 곳은 망막 중앙에 있는 중심오목fovea(중심와)이다. 그래서 사물을 자세히 보려면 똑바로 쳐다봐야 한다. 흥미로운 소리를 가장 잘 듣기 위해서는 소리가 들리는 쪽으로 고개를 돌려야 한다. 우리는 어떤 장면을 훑어볼 때, 눈을 한 지점에서 다른 지점으로 움직이다가 중요한 부분에서 멈추어 잠시 응시하거나 집중한다. 사람들에게 다양한 장면을 보여주고 그

동안 그들의 눈 움직임을 모니터링한 연구를 보면, 우리는 특정 장면을 다른 사람들과 같은 방식으로 보지 않는 듯하다.[22] 전부 받아들이기에는 들어오는 자극의 용량이 어마어마하기 때문에, 우리는 각자 무엇에 집중하고 무엇을 무시할지 선택해야 한다. 시선을 어디에 두고 무엇에 주의를 기울일지는 주변 환경에 대한 사전 지식, 과거 경험과 선호, 당면 과제, 그리고 다음에 일어날 일에 대한 예측에 달려 있다.[23]

장면과 소리는 사적인 기억과 감정을 형성하고, 이런 경험은 다시 일생에 걸쳐 우리가 무엇에 주의를 기울이고 무엇을 지각하는지에 영향을 미친다. 예전 어느 여름날 나는 열 살짜리 아들과 함께 케이프코드 해안 근처의 구불구불한 길을 따라 산책을 했다. 산책하는 동안 나는 새와 나무를 감상했지만, 아이는 내가 하는 말을 거의 듣지 않았다. 그 대신 아이는 전봇대를 가리키며 거기 달린 전깃줄과 변압기를 유심히 살펴보면서 내게 작동 원리를 설명해주었다. 우리는 같은 길을 걸으며 대체로 같은 방향을 바라봤지만 전혀 다른 것들을 보고 있었고, 자신이 인식한 것과 자신에게 중요한 정보만 걸러내고 나머지는 무시했다. 내가 그토록 아름답다고 생각한 나무들이 아이에게는 배경 소음에 불과했고, 아이가 그토록 매혹적이라고 생각한 전깃줄이 내게는 배경 소음일 뿐이었다. 하지만 그 뒤로 나는 전깃줄과 변압기를 눈여겨보게 되었는데, 이제는 그 사물들이 어떤 일을 하는지 알고 있으며 행복한 기억을 연상시키기 때문이다. 지각은 경험을 형성하고 경험은 지각을 형성한다. 아들과의 산책처럼 평범한 일상의 사건이 지각에 이런 변화를 일으킨다면 새로 획득한 감각은 훨씬 더 근본적인 변화를 일으킬 것이고 그런 변화는 개인마다 다른 사적인 성질을 띨 것이다.

우리는 일생에 걸쳐 각자의 환경, 필요, 전문 지식에 맞추어 감각 체계를 계속 조정한다. 정비공은 자동차 엔진을 볼 때 일반인보다 한눈에 더 많은 것을 본다. 숲에서 산책하는 동안 우리는 모두 같은 새를 발견할 수 있지만, 조류 관찰자는 자신이 보는 것에서 더 많은 정보를 추출한다. 그는 특정 종을 식별하려면 어떤 특징과 패턴(예를 들어 부리, 깃털, 비행 행동, 울음소리)에 주의를 기울여야 하는지 안다. 심리학자 엘리너 깁슨은 수많은 정보 속에서 가장 관련도가 높은 요소와 패턴을 골라내는 습관을 들이는 과정을 '지각 학습perceptual learning'이라고 불렀다.[24] 지각 학습은 학교에서 지식을 습득하거나 야구공 치기 같은 새로운 운동 기능을 배우는 것과 다르다. 우리는 유아기부터 지각 학습을 통해 지식을 습득해왔는데도 불구하고 무엇을 어떻게 배웠는지 일일이 알지 못한다. 예를 들어 우리는 어떻게 세인트버나드와 소형 닥스훈트를 모두 개로 인식하는 걸까? 이런 판단을 내리는 데 당신이 어떤 정보를 사용하는지 정확히 설명할 수 있는가? 이제 막 시력을 얻은 성인은 시각적 공간 속에서 지각 학습을 아주 기초적인 수준에서부터 시작해야 한다. 시력을 새로 얻은 사람이 자신이 보고 있는 새가 어떤 종류의 새인지 식별하려면,

먼저 그 새를 새가 앉아 있는 나뭇가지와 분리된 개별 단위로, 그리고 다른 동물들과 뚜렷이 구별되는 시각적 범주로 인식할 수 있어야 한다.

나는 매년 마운트홀리요크 칼리지에서 생물학 입문을 가르치면서 학생들의 지각 학습을 지켜보았다. 예를 들어 학생들을 데리고 캠퍼스 주변으로 현장학습을 떠난 날, 호수에 다다랐을 때 나는 걸음을 멈추고 학생들에게 새로운 식물을 발견했는지 물었다. 한 학생이 뒤늦게 꽃을 피운 국화과 식물을 가리키며 "저 꽃들 말씀하시는 건가요?"라고 물었다. 내가 고개를 흔들자, 또 다른 학생이 양치식물을 가리켰다.

"그것도 아니에요." 내가 말했다. "계속 찾아보세요." 몇몇 학생들은 물가까지 내려갔지만 별다른 것은 찾지 못했다. 마침내 내가 몇 가지 힌트를 주자 한 학생이 물었다. "저기 있는 녹색 줄기를 말씀하시는 건가요?"

그 '녹색 줄기'가 바로 내가 학생들이 보기를 바랐던 식물인 속새였다. 나는 학생들에게 속새는 5억 년 전 숲을 지배했던, 꽃을 피우지 않는 아주 오래된 식물이라고 설명했다. 걸어가는 동안 학생들은 내내 속새를 가리켰다. 전에는 이 식물이 그들의 눈에 띄지 않았지만 내가 주의를 끌어당긴 순간부터 그들의 시선에 계속 잡혔다. 외부 세상은 변하지 않았지만 학생들은 거기서 새로운 정보를 추출하고 있었다. 그들의 개인적인 지각 세계가 바뀐 것이다.

우리가 세상에 주의를 기울이는 방식은 '무엇을 지각하는

가'뿐만 아니라 '나는 누구인가'에도 영향을 미친다. 타인의 표정, 몸짓, 음색을 잘 알아채는 사람은 타인의 생각과 감정에 특히 민감할 것이다. 이동하는 동안 하늘에서 태양의 위치를 추적하는 사람은 방향 감각이 뛰어날 것이다. 개인의 호불호는 그 사람이 어디에 주의를 기울이고 무엇을 지각하는지와 상호작용하며 서로를 강화한다. 우리는 자신이 가장 좋아하는 활동을 잘할 수 있도록 지각 능력을 연마하는 동시에 자신이 가장 잘 지각하는 활동에 참여하고 싶어한다. 피아노소리에 매료되면 피아노 소리에 더 많이 귀를 기울이게 되고, 피아노를 더 많이 연주할 것이다. 그러면 더 섬세한 청취자가될 것이고, 그 결과 피아노를 연주하는 기쁨이 더욱 커질 것이다. 우리는 의식하든 의식하지 못하든 모두 자기만의 지각적 편향과 지각 방식을 가지고 있으며, 이는 각자의 감각과행동을 인도하는 동시에 제한한다. 지각은 개인적인 행위이다. 더 나은 관찰자와 청취자가 되고 싶다면, 자신이 눈과 귀를 어떻게 사용하는지 인지하고 새로운 방식으로 세상에 주의를 기울여야 한다.

"지각은 우리에게 닥치는 일도, 우리 내면에서 일어나는 일도 아니다. 그것은 우리가 하는 무언가다." 철학자 알바 노에는 이렇게 말한다.[25] 우리는 보고 듣기 위해 자신의 몸, 머리, 눈을 움직이고, 그렇게 함으로써 세상에 대한 정보를 입수한다. 무엇을 보고 들을지는 본인이 스스로 결정하는 것이므로, 성인이 되어 시각이나 청각을 발달시키는 일은 대단히 적극적인 과정이다. 눈과 귀를 새롭게 얻는다 해도 그 소유자가 자신이 보고 듣는 것에 주의를 기울여 그 의미를 파악하지 않으면 '보기'나 '듣기'로 이어지지 않는다. 마리우스 폰 센덴은 《공간과 시각Space and Sight》에서, 선천적 시각장애를 가지고 태어났지만 백내장 수술을 받고 시력을 회복한 다섯 살짜리 두 소년이 겪은 경험을 기술한다.[26] 소년들은 수술 후에도 외과 의사가 깜짝 놀랄 정도로 보이는 것에 전혀 반응하지 않고 계속 손으로 세상을 탐색했다. 시각을 사용하는 방법을 교육받은 후에도 소년들은 눈에 보이는 것을 무시했다. 보이는 것이 그들에게 아무 의미가 없었기 때문에 그들은 뭔가를 의도적으로 보지 않았으며, 새로운 감각 정보를 자신의 지각 세계에 병합하지 않았다.

SB는 볼 수 있게 된 후에도 소리가 들리는 곳으로 눈을 돌리거나 사람들의 얼굴을 쳐다보지 않았고, 정상 시력을 가진 사람들이 하듯이 주변 환경을 탐색하지도 않았다. 그가 세상을 탐색할 때 사용하는 주된 수단은 촉각이었다. 그레고리와 월리스는 이렇게 썼다. "학습 자체가 어려운 게 아니라 지각 습관과 전략을 촉각에서 시각으로 바꾸는 것이 어려운 것 같다."[27] 올리버 색스도 우리가 습관적으로 세상을 받아들이는 방식을 바꾸는 것이 얼마나 어려운 일인지 강조했다. 버질은 볼 수 있게 되었을 때 사람, 자동차, 동물 모양의 장난감을 사서 그 장난감을 실제 사람, 자동차, 동물의 모습과 연결시켜 보았다. 동물원에 갔을 때 버질은 처음에는 고릴라를 보고 사람처럼 보인다고 생각했다. 근처에 있는 고릴라 동상을 손으로 만져보고 나서야 둘의 차이를 알 수 있었다. 동물원에서 버질을 지켜본 후 색스는 이렇게 썼다. "고릴라 동상을 손으로 빠르고 세밀하게 탐색할 때 버질은 눈으로 무언가를 살펴볼 때는 전혀 보이지 않던 확신에 찬 표정을 지었다. 그 모습을 보고 나는 그가 시각장애인으로서 얼마나 능숙하고 부족함 없이 살아왔는지, 손으로 세상을 얼마나 자연스럽고 쉽게 경험했는지, 그리고 우리가 지금 그를 얼마나 강하게 밀어붙이고 있는지를 깨달았다. 우리는 그에게 쉽게 얻을 수 있는 모든 것을 포기하고 엄청나게 어렵고 이질적인 방식으로 세상을 감각하라고 요구하고 있었다."[28] 유년기 초기를 지나 보고 듣는 법을 배우기 위해서는 지각 습관과 행동을 근본적으로 바꾸고, 지각 세계를 완전히 재정리해야 하며, 적극적인 탐색, 실험, 분석이 필요하다.

따라서 선천적 청각장애인이었다가 듣는 법을 배우는 데 성공한 사람들 대부분이 유아기나 유년기에 인공와우를 이식받았다는 사실은 놀랍지 않다. 그리고 유년기를 지나 보는 능력을 회복한 사례는 극히 드물다. 새로 볼 수 있게 된 성인이 시각에 순응한 사례가 보고되어 있지만, 시력 회복 사례 66건을 검토한 폰 센덴은 처음으로 본 순간의 흥분 뒤에는 거의 항상 심리적 위기가 뒤따른다는 결론에 이르렀다.[29] 실험동물을 대상으로 한 연구들은 이런 비관적 보고에 과학적

무게를 싣는다. 이런 실험에 따르면, 생애 초기 중요한 발달 시기에 감각을 잃으면 평생 돌이킬 수 없는 감각 장애로 이어지는 것 같다. 예를 들어 (성체는 그렇지 않지만) 갓 태어난 고양이나 원숭이의 한쪽 눈을 가리면, 가리지 않은 눈으로 들어오는 인풋을 선호하는 방향으로 뇌 연결이 바뀌어 양안시를 잃게 된다.[30] 따라서 여덟 살이 넘은 선천적 시각장애인과 청각장애인에게 시력과 청력을 회복시키는 시도는 최근까지 거의 이루어지지 않았다. 여덟 살 무렵이 되면 뇌는 더 이상 새로운 감각을 발달시킬 수 있는 가소성을 갖지 못한다고 여겨졌다.

그래서 나는 유년기 초반을 지나 새로운 감각을 획득한 두 사람을 2010년에 처음 만나고 큰 흥미를 느꼈다. 두 사람 모두 새로운 감각을 수용하는 것에 그치지 않고 적극적으로 받아들였다. 리엄 매코이는 아기 때부터 사실상 눈이 보이지 않았지만, 열다섯 살에 일련의 과감한 수술을 받고 시력을 얻었다. 조흐라 담지는 열두 살이라는 비교적 늦은 나이에 인공와우를 이식받을 때까지 청력이 심각하게 떨어졌다. 실제로 조흐라의 담당 의사는 조흐라의 이모에게 조흐라가 청각장애로 살아온 기간과 장애의 심각성을 알았더라면 수술을 하지 않았을 거라고 말했다.

리엄과 조흐라는 초기 유년기를 지나 새로운 감각을 회복하고 거기에 적응한 드문 집단에 속한다. 베벌리 비더만도 처음에 어려움을 겪었지만 결국에는 청각을 받아들였다.[31] 폰 센덴과 발보는 더 행복한 결말을 맞이한 몇몇 환자들의 사례를 보고했다.[32] 시력을 되찾은 마이클 메이는 《기꺼이 길을 잃어라》에 묘사된 것처럼 자신의 시각에 적응했고,[33] 시력 회복 프로그램 프라카시Prakash 프로젝트를 통해 치료받은 많은 어린이와 청소년들도 새로운 시각을 잘 활용하고 있다(6장을 보라).[34] 처음에 혼란스럽게 다가오는 새로운 지각 세계를 어떤 사람은 잘 헤쳐나가는 반면 어떤 사람은 그러지 못하는 이유가 뭘까? 이 질문에 한 가지 정답은 없다. 각자의 인생 이력 및 경로에 따라 결과가 달라지기 때문이다. 우리는 각자 자기만의 독특한 방식으로 세상을 지각하고 세상에 적응한다.

나는 리엄을 수술 5년 후인 스무 살이 되었을 때 처음 만났고, 조흐라는 인공와우 이식수술을 받은 지 10년 후인 스물두 살 때 만났다. 두 사람이 자신의 유년기와 처음 보고 들은 순간의 충격에 대해 들려주었지만, 우리는 그들이 새로운 감각에 적응하는 과정을 하루하루 재구성하기보다 현재 그들이 어떤 방식으로 세상을 지각하는지를 탐구했다. 나는 그들의 어린 시절에 대해 듣고 그들이 영위하는 일상의 작은 부분을 공유했을 때 비로소 두 사람이 어떻게 자신의 지각 세계를 재구축하고 재정렬했는지 이해하기 시작했다. 우리는 두 사람이 유년기에 겪은 도전과 성공, 가족과 의사로부터 받은 지원, 그들이 받은 교육, 그들의 목표, 그리고 모든 사람이 보고 들을 수 있다고 가정하는 사회에서 자기만의 방식을 찾기 위해 두 사람이 개발한 지각 훈련과 전략에 관해 이야기를 나누었다. 우리는 수많은 이메일을 주고받았고, 나는 그들의 집을 방문하고 가족을 만나 그들이 일상에서 겪는 좌절과 즐거움을 함께 경험했다. 리엄과 조흐라는 10년에 걸쳐 내게 자신들의 이야기를 들려주었다. 그 이야기들은 지각이 개인적이고 사적인 성질을 갖고 있다는 것, 그리고 우리들 모두가 함께 공유하는 물리적, 사회적 세계에 맞추어 각자의 지각 체계를 바꾸고 적응시킬 수 있는 힘을 가지고 있다는 것을 보여준다.

1

리엄

**선천적 시각장애인에게 시각을 되찾아주는 것은
외과 의사의 일이라기보다는 교육자의 일에 가깝다.**

_F. 모로, M. 폰 센덴의 《공간과 시각: 수술 전후 선천적 시각장애인의
공간과 형태 지각》, 160쪽에서 재인용.

엄마는 어디까지 보여요?

한 베스트셀러 소설의 첫 부분에 유명 박물관의 큐레이터가 총에 맞아 살해당하는 장면이 나온다. 범인은 백색증을 앓는 백발 남성으로 밝혀진다. 하지만 리엄 매코이는 범인의 인물 설정이 말이 안 된다고 생각한다. 본인도 백색증이 있어서 백색증인 대부분의 사람은 시력이 너무 나빠서 살인을 저지를 수 없다는 것을 알고 있기 때문이다.

나는 안과 의사 로런스 타이크슨 박사를 통해 리엄을 처음 만났다. 박사가 내게 세인트루이스에 있는 워싱턴대학교 안과에 와서 강연을 해달라고 요청했을 때였다. 다른 의사들이 검사와 치료를 포기할 정도로 심각한 신경장애를 지닌 아이들을 치료하는 'T 선생님'(리엄은 그를 이렇게 부른다)은 내가 성인이 되어 입체시를 되찾았다고 하자 흥미를 보이면서 놀라운 시각 회복 스토리를 가진 한 환자에 대해 말했다. 그러면서 "리엄을 꼭 만나보세요"라고 했다. 이렇게 해서 나는 수차례의 전화통화, 이메일, 방문을 통해 리엄의 이야기를 들을 수 있었다.

✦

산부인과 간호사는 리엄의 머리가 나오는 순간 그가 다른 아이들과 뭔가 다르다는 것을 알아챘다. 리엄의 머리카락은 은색으로 반짝였고, 매우 창백한 피부를 통해 혈관이 그대로 드러나 보였다. "맙소사!" 간호사가 분만실에서 달려나오며 소리쳤다. 잠시 후 간호사는 의사와 함께 돌아왔고, 의사도 신생아를 한번 보더니 황급히 자리를 떴다. 의사가 돌아왔을 때 리엄의 어머니 신디는 몹시 걱정이 되어 의사에게 뭐가 잘못됐느냐고 물었다. 의사는 "머리털이 아마색이에요. 아기 머리카락이 목화처럼 하얘요"라고 대답했다. 그렇지만 다음 날 병원 소식지에 "그런 아마빛 머리카락을 지닌 아기는 처음 보았다"라고 쓴 건 생각이 짧았다. 아기를 보려고 낯선 사람들이 병실로 계속 찾아왔기 때문이다. 신디는 안정을 취하기 위해 가능한 한 빨리 리엄을 데리고 집으로 왔다.

리엄은 모호크족처럼 뒤통수에서부터 이마 언저리까지 은빛 머리카락이 돋아나 있었다. 신디가 은빛 머리카락을 카메라로 촬영했지만 모든 사진이 노출 과다로 나왔다. 아기의 머리색이 너무 하얘서 사진에 잘 나오지 않았던 것이다. 신디는 처음부터 백색증을 의심했다. 이 질환이 있는 사람들을 몇 명 알고 있었기 때문이다. 공교롭게도 전 직장의 구내식당 직원들(요리사, 웨이터, 웨이트리스)이 모두 백색증을 앓고 있었다. 그래서 리엄이 생후 1주일이 되었을 때 신디는 소아과 의사에게 자신이 우려하는 것이 맞는지 물었다. 하지만 소아과 의사는 신디의 의심을 일축했다. 리엄의 눈동자는 옅은 파란색이었다. 의사는 아이 아버지 쪽에 북유럽계 친척이 있다는 걸 알고 아기가 그쪽을 닮은 것이라고 생각했다. 돌이켜보면 의사가 오진한 것도 놀라운 일은 아니다. 머리카락, 눈동자, 피부에 색소가 부족한 백색증은 1만 7000명 중 한 명꼴로 나타나는 희귀 질환이다. 그리고 언론 매체의 부정확하고 종종 잔인하기까지 한 묘사와는 달리, 백색증인 사람들의 눈동자는 분홍색이나 붉은색이 아니다. 그들의 눈동자는 리엄처럼 푸른색이거나 회색, 때로는 보라색이다. 사정이 이렇다보니 유전질환 전문의가 리엄의 백색증을 확인해준 것은 생후 17개월이 지나서였다.

리엄과 같은 푸른색 눈동자는 홍채에 멜라닌 색소가 부족해서 생긴다. 홍채는 눈에서 눈동자의 크기와 지름을 조절하는, 색깔 있는 부분이다. 멜라닌은 눈동자를 녹색 또는 갈색으로 만들며, 눈을 푸르게 만드는 색소는 존재하지 않는다. 홍채는 여러 조직층으로 이루어져 있는데, 푸른 눈동자는 이 조직층에 의해 빛이 산란된 결과이다. (하늘이 파란색인 것과 비슷한 원리이다.) 백색증인 사람들뿐만 아니라 푸른 눈을 가진 모든 사람은 홍채 앞부분에 멜라닌 색소가 부족하다. 백색증인 사람은 백색증이 아닌데도 푸른 눈동자를 지닌 사람과 다르게 홍채와 눈의 다른 부분, 그리고 대체로 피부와 머리카락에도 멜라닌 색소가 거의 없거나 전혀 없다. 실제로 백색증을 유발하는 여러 유전자 돌연변이가 발견되었는데, 이 돌연변이들은 전신의 멜라닌 합성에 영향을 미친다.

많은 사람이 백색증이 있는 사람은 색소가 없다고 생각하지만 그렇지 않다. 멜라닌은 우리 몸에서 발견되는 많은 색소 중 한 종류에 불과하다. 다른 색소로는 혈액에서 산소와 결합하는 분자인 헤모글로빈과, 눈의 막대세포와 원뿔세포에서 발견되는 빛 감지 색소들인 로돕신과 포톱신이 있다. 백색증인 사람도 이런 다른 색소들은 지니고 있으며 부족하거나 없는 것은 멜라닌뿐이다.

신디는 초보 엄마로서 분명 외로웠을 것이다. 그는 밝고 화창한 날 아기를 데리고 산책을 하거나 공원에 갈 수 없었다. 백색증이 있는 많은 아기와 마찬가지로 리엄은 밝은 빛에 극도로 민감하게 반응하는 빛 공포증을 보였다. 이 또한 멜라닌 색소가 부족해서다. 멜라닌은 홍채 앞부분뿐만 아니라 뒤쪽에서도 발견되는데, 이 부분에서는 빛이 눈으로 들어오는 것을 막는 역할을 한다. 멜라닌 때문에 빛은 눈의 한 지점, 즉 동공을 통해서만 들어온다. 우리는 밝은 햇빛 속에서는 동공을 수축시켜 망막에 닿는 빛의 양을 줄이고, 어두운 곳에서는 동공을 팽창시켜 더 많은 빛을 들여보낸다. 백색증인 사람은 홍채 뒤쪽에 멜라닌이 없기 때문에 눈으로 들어오는 빛의 양을 조절하기가 어렵고, 따라서 빛이 많은 곳에 가면 눈이 부셔서 고통스럽다. 신디는 그래서 밤이나 새벽, 또는 해질녘에만 리엄을 데리고 외출했다. 그리고 해가 진 후 리엄을 지켜보기 위해 집 주변에 특수 조명을 달았고, 이웃의 허락을 얻어 두 집 사이에 그늘이 지는 이웃집 담벼락 옆에 리엄의 놀이 풀장을 설치했다.

리엄이 생후 4개월이 되었을 때 신디는 리엄의 시력에 대해 점점 더 걱정하기 시작했다. 신디는 이제 막 먹이기 시작한 고형식을 한 숟가락 가득 채워 리엄의 눈앞에서 앞뒤로 천천히 움직였다. 리엄은 배가 고파도 숟가락의 움직임을 눈으로 따라가지 못했다. 그래서 신디는 리엄을 소아과 의사에게 데려가 시력에 대해 물었다. 의사는 리엄의 눈동자가 빛을 따라가는지 확인하기 위해 손전등을 들고 방을 한 바퀴 돌더니 보는 데 아무 문제가 없다고 주장했다.

하지만 신디는 전문 언어치료사로 일하면서 시각장애 아동과 청각장애 아동을 접한 적이 있었던 터라 의사의 결론을 믿을 수 없었다. 신디는 리엄의 시각을 자극하기 위해 기저귀 교환대에 조명을 고정하고 항상 켜두었다. 그리고 빨간색과 검은색이 많이 포함된 아이스크림 가맹점 데어리 퀸의 광고지를 아기침대에 테이프로 붙였다. 신디는 리엄의 눈동자가 제멋대로 움직이는 것도 알아챘다. 이런 안구 정렬 오류(사시)는 리엄이 나이를 먹어도 개선되지 않았다. 리엄이 걸고 엄마와 이야기할 수 있을 만큼 컸을 때, 신디는 리엄의 오른쪽 눈이 마치 자신의 왼쪽 어깨 너머를 보는 것처럼 위쪽과 바깥쪽으로 움직이는 것을 보았다. 리엄은 자신이 눈을 통제할 수 없었다고 기억한다. 대부분의 백색증 환자와 마찬가지로 리엄도 눈이 불수의적으로 떨리는 현상인 안구진탕(안진) 증상을 보였다. 그는 자신의 의지로 무언가를 볼 수 없었다.

시각에 문제가 있었음에도 불구하고 리엄의 운동 능력은 대부분의 아기보다 빨리 발달했다. 어느 순간 팔다리로 몸을 일으키더니 금방 기어다녔다. 균형 감각도 뛰어났다. 움직이는 흔들의자 위에 올라가 균형을 잡고 있는 리엄을 발견한 신디가 내려오라고 하기 전에 찍어둔 사진도 있다. 리엄은 보통 아이들보다 빠른 생후 7~9개월 즈음 걷기 시작했지만, 걸을 때 신디의 손가락을 꼭 잡고 놓지 않으려 했다. 그건 균형을 잡기 위해서가 아니라 자기 대신 보고 안내해줄 사람이 필요해서였다. 엄마와 함께 집 안을 종횡무진 돌아다니던 리엄은 생후 1년을 막 넘긴 어느 날, 60~90센티미터 떨어진 서류 캐비닛에 밝은 빛이 비치는 것을 보았다. 그때 신디는 방 건너편에서 빨래를 개고 있었지만 리엄에게서 눈을 떼지 않았다. 리엄은 그게 뭔지 살펴보기 위해 빨래바구니에서 손을 떼고 반짝이는 캐비닛으로 혼자 비틀거리지도 않고 걸어갔다. 리엄의 운동 능력과 활기찬 모습에 대해 들을 때 나는 앤 설리번이 묘사한 어린 헬렌 켈러가 떠올랐다.[1] 켈러는 시각과 청각을 잃었음에도 하루 종일 뛰고, 점프하고, 빙빙 돌고, 수

영하고, 심지어 나무를 오르기까지 했다. 설리번에 따르면 켈러는 "요정처럼 우아했다".

생후 16~17개월이 되었을 때 리엄에게 발진이 생겼다. 신디는 리엄을 소아과 의사에게 데려갔지만 담당 의사가 자리를 비워서 대신 동료 의사에게 진찰을 받았다. "아이가 누구를 보는 거죠?" 의사가 진료실로 들어오자마자 물었다. 담당 의사와 달리 그는 리엄의 양 눈이 함께 움직이지 않는다는 것을 곧바로 알아챘다. 리엄의 시각에 문제가 있다는 신디의 의심이 마침내 확인되었다. 그 의사는 리엄을 소아 안과 의사에게 의뢰했고, 신디와 리엄은 곧바로 그 사람을 찾아갔다. 하지만 진료는 상처만 남겼다. 안과 의사는 리엄을 진찰한 후 돌연 "아이가 앞을 보지 못하는군요. 해드릴 수 있는 게 없습니다. 아이는 시력검사표의 맨 윗줄을 볼 수 있을 뿐입니다"라고 선언했다.

같은 날 오후 신디는 장을 보러 가는 길에 리엄을 데려갔다. 크리스마스가 다가오고 있었다. 신디는 장난감을 몇 개 골라 쇼핑카트에 있는 다른 물건 아래 숨겼다. 계산원이 장난감을 계산하기 시작하자 리엄이 자기 거냐고 물었다. '앞을 못 본다고? 나 참, 기가 막혀서!' 신디는 이렇게 생각했다.

✦

우리 눈은 태어날 때 완전히 형성되어 있지 않다. 실제로 여덟 살 때까지 눈이 계속 발달하고, 시각이 성숙하기까지는 훨씬 더 오랜 시간이 걸린다.[2] 유아는 글을 읽을 수 있어도 약 6미터 떨어진 시력검사표의 글자를 식별할 수 없다. 신생아의 시력은 성인의 시력보다 훨씬 낮다. 백색증인 사람의 시력은 여러 면에서 신생아의 시력을 닮았다. 시력검사표로 측정하면 안경을 착용해도 시력이 정상 시력 1.0에 미치지 못하고 대략 0.5에서 0.1 사이로 나온다. 시력이 0.5인 사람은 정상 시력을 가진 사람이 12미터 거리에서 볼 수 있는 것을 6미터 거리에서 볼 수 있고, 0.1인 사람은 시력이 1.0인 사람이 60미터 거리에서 볼 수 있는 것을 6미터 거리에서 볼 수 있다. 시력이 0.1인 사람은 시력이 너무 나빠서 법적으로 시각장애인으로 간주된다.

인간의 눈을 처음 조사하는 사람은 눈의 구조가 배열된 방식에 깜짝 놀랄 것이다. 앞뒤가 바뀐 것처럼 보이기 때문이다. 눈에서 빛을 감지하는 부위인 망막이 빛이 들어오는 안구 앞쪽이 아니라 뒤쪽에 있다. 또 망막에는 여러 층의 세포와 신경돌기가 자리하고 있는데, 빛을 감지하는 세포들인 막대세포와 원뿔세포는 거의 맨 뒤에 위치한다. 막대세포는 빛이 별로 없는 곳에서 중요하고, 원뿔세포는 색깔을 보는 데 중요하다. 이 세포들은 포톱신과 로돕신이라는 빛 흡수 화합물을 포함하고 있으며, 백색증인 사람들에게도 이 화합물이 존재한다. 그래서 광자는 눈과 망막으로 들어와 막대세포와 원뿔세포의 빛 감지 색소에 흡수되기 전에 여러 구조와 세포를 통과해야 한다. 눈 배열이 이런데도 우리가 볼 수 있는 것은 눈의 내부 구조 대부분이 빛을 투과시키기 때문이다. 한편 아기가 성장하면서 성인의 좋은 시력을 가능하게 하는 몇 가지 변화가 망막에 생긴다.

출생 후 몇 달 내에 망막의 중앙 부분이 눈 뒤쪽을 향해 구덩이 모양으로 접혀 들어간다. 이렇게 하면 표면적이 증가해서 빛을 감지하는 원뿔세포를 더 많이 축적할 수 있다. 실제로 이런 모양 때문에 망막 중앙의 이 부위를 라틴어로 '구덩이'를 뜻하는 '중심오목'이라고 부른다. 중심오목에서는 원뿔세포만 발견된다. 하지만 이 부위 밖에는 막대세포와 원뿔세포가 모두 존재한다. 망막이 성숙함에 따라 점점 더 많은 원뿔세포가 망막 주변부에서 중심오목 부위로 이동하면서, 망막의 다른 어떤 곳보다 중심오목에 원뿔세포가 더 빽빽하게 밀집한다. 원뿔세포 바깥층인 포톱신을 함유하는 부분도, 망막의 다른 곳보다 중심오목의 원뿔세포에서 더 길게 성장한다. 게다가 겹겹이 놓인 다른 세포와 신경돌기들이 중심오목 구덩이 앞쪽에서 멀어진다. 따라서 망막 중심오목에 도달한 빛은 다른 세포층을 거치지 않고 원뿔세포로 직행한다.[3]

이 배열을 떠올려보면, 우리가 사물을 똑바로 볼 때 가장 선명하게 볼 수 있는 것은 놀라운 일이 아니다. 대상을 똑바로 보면 상이 중심오목에 맺히기 때문에 가장 선명하게 볼 수 있는 것이다. 중심오목 시각이 얼마나 선명한지 알고 싶다면, 이 페이지를 읽을 때 눈은 정면을 바라보되 책을 약간 오른쪽이나 왼쪽으로 든 채로 읽어보라. 이렇게 하면 글자를 볼 때 중심오목이 아니라 망막 주변부를 더 많이 사용하게 된다. 이렇게 해도 글자는 보이며 딱히 흐릿하게 보이는 것도 아니지만, 해상도가 떨어지기 때문에 글자를 읽으려면 폰트 크기를 키워야 한다.

그러나 리엄처럼 백색증을 앓고 있는 사람들은 중심오목이 정상적으로 발달하지 않는데, 이 역시 멜라닌이 부족하기 때문이다. 멜라닌 색소는 홍채뿐만 아니라 망막색소상피에서도 발견된다. 망막의 맨 뒤에 있는 이 조직판은 막대세포와 원뿔세포를 감싸며 영양을 공급한다. 이 상피조직의 세포들은 멜라닌 알갱이로 꽉 차 있다. 색소가 있는 다른 신체 부위와 마찬가지로 망막색소상피의 세포들도 아미노산의 일종인 티로신으로부터 일련의 화학적 단계를 거쳐 멜라닌을 자체적으로 합성한다. 티로신은 먼저 도파DOPA라는 화합물로 전환되고, 그다음에 여러 다른 분자로 전환된 후 최종적으로 멜라닌으로 전환된다. 그런데 백색증의 여러 형태에서는 이 경로가 존재하지 않는다. 도파와 멜라닌은 망막이 발달하는 과정에서 중심오목 형성과 망막세포 이동에 매우 중요한 역할을 하는 듯하다.[4] 이런 화합물들이 없으면 중심오목이 정상적으로 형성되지 않고, 중심오목으로 이동하는 원뿔세포의 수가 줄어들며, 망막의 다른 부분에 막대세포의 수가 줄어든다. 따라서 백색증인 사람의 망막은 중심오목 구덩이가 얕거나 존재하지 않고 원뿔세포가 촘촘하지 않다는 점에서 신생아의 망막과 닮았다.[5] 중심오목이 제대로 형성되지 않으면 안경으로 교정할 수 없을 정도로 시력이 나빠진다.

✦

리엄은 자신이 가진 시력을 최대한 활용했다. 새로운 장난감을 살펴볼 때는 장난감을 가장 잘 보이는 오른쪽 눈구석에 거의 닿을 정도로 가까이 가져왔다. 그는 이렇게 가까운 거리에서 장난감을 꼼꼼히 살펴보고 세세한 부분까지 샅샅이 본 후, 다음부터 그 장난감을 가지고 놀 때는 눈으로 보는 대신 기억에 의존했다. 신디가 장난감을 새로운 장소로 옮길 때마다 리엄은 자세히 지켜보며 장난감이 놓인 곳을 기억해두었다. 나는 시각에 심각한 문제가 있거나 눈이 보이지 않는 사람 중 기억력이 뛰어나지 않은 사람을 본 적이 없다. 리엄의 기억력도 어릴 때부터 단련되었을 것이다.[6]

그래도 신디는 리엄이 어느 정도까지 볼 수 있는지 알아야 했다. 리엄이 두 살이 되던 해 어느 날 신디는 몰래 자기 침실로 들어갔다. 얼마 지나지 않아 리엄이 엄마를 찾기 시작했다. 이 방 저 방을 차례로 들어갔다 나왔고, 그럴 때마다 시각보다는 기억과 촉각에 의지해 움직였다. 리엄은 방마다 들어가 "엄마" 하고 불렀지만 신디는 대답하지 않았다. 신디의 침실에 들어갔을 때 리엄은 신디 바로 앞까지 다가가 "엄마?" 하고 불렀다. 신디는 여전히 아무 말도 하지 않았고, 그러자 리엄은 돌아서서 엄마를 계속 찾았다. 마침내 리엄이 침실로 되돌아와 엄마를 다시 부르자 신디는 대답을 했다. 신디는 이 일을 잊지 못한다. 리엄이 부를 때 대답할 수 없어서 괴로웠고 그 순간을 떠올리면 지금도 가슴이 아프지만, 신디는 리엄이 얼마나 잘 볼 수 있는지 알아야만 했다.

리엄은 생후 17개월부터 34개월까지 소아 안과 의사를 네 차례 만났다. 리엄은 그 의사를 몹시 싫어했다. 검사를 하는 동안 눈에 밝은 빛을 비추는 것이 리엄에게 얼마나 고통스러웠을지 상상해보라. 두 번째인지 세 번째 진찰 때 신디가 리엄의 사시를 봐달라고 강하게 요구하자, 안과 의사는 리엄의 한쪽 눈을 안대로 가리고 진료실을 나갔다. 리엄은 손을 올려 안대를 만지작거리지도 않고 신디의 무릎에 얌전히 앉아 있었다. 하지만 잠시 후 의사가 돌아오자 곧바로 겁에 질려 울음을 터트렸다. 의사는 안대를 벗기며 신디에게 리엄의 시력이 너무 나빠서 안대도, 그 밖에 다른 사시 치료 방법도 소용이 없을 거라고 말했다. 그것으로 끝이었다.

사시가 있으면 두 눈이 같은 곳을 보지 않기 때문에 뇌에 상충되는 인풋을 주게 된다. 그래서 사시가 있는 사람은 한쪽 눈을 찡그려 가늘게 뜨는 방법으로 적응한다. 내 아기 때 사진을 보면 나도 그런 식으로 사시에 대처한 것을 알 수 있다. 내 아버지도 80대에 왼쪽 눈에 사시가 생겼을 때 오른쪽 눈을 크게 뜨고 왼쪽 눈을 거의 감은 채 나를 보았다. 영국에서 사시를 노골적으로 '사팔뜨기squint'('눈을 가늘게 뜨고 보다'라는 뜻도 있다 - 옮긴이)라고 부르는 것도 놀라운 일은 아니다. 리엄도 자신의 오정렬된 눈에 적응하기 위해 오른쪽 눈을 감고 거의 왼쪽 눈으로만 보는 습관이 생겼다. 오른쪽 눈으로 무언가를 보려면, 왼쪽 눈을 완전히 감고 오른쪽 눈꺼풀이 걸리적거리지 않도록 오른쪽 눈썹을 강하게 치켜올려야 했다.

그런데 왜 백색증을 앓는 사람에게 사시, 즉 눈의 정렬이 맞지 않는 증상이 생길까? 사시는 인구의 약 4퍼센트에서 발견되지만 백색증을 앓는 사람들에게 훨씬 더 흔하다. 백색증이 있는 사람들은 좀 다른 이유로 사시가 생기는 것 같은데, 그들의 눈과 뇌가 연결되는 방식이 백색증을 앓고 있지 않은 사람의 방식과 차이가 있기 때문이다.

우리가 컵을 잡으려고 오른손을 뻗는 경우, 뇌 왼쪽에 있는 뉴런이 발화하며 손을 움직이라고 지시한다. 오른손이 컵에 닿으면 감각 신호가 뇌 왼쪽으로 전송된다. 왼발을 탁 치면 오른쪽 뇌의 뉴런이 활성화된다. 이렇듯 몸 한쪽의 운동 제어와 감각 처리는 뇌 반대쪽에서 이루어진다. 언뜻 생각하면 시각도 팔다리와 마찬가지로 오른쪽 눈으로 들어오는 정보는 왼쪽 뇌에서 처리되고 그 반대도 마찬가지일 것 같다. 실제로 토끼처럼 눈이 측면에 위치한 동물은 그렇다. 하지만 우리처럼 눈이 정면을 향하는 동물은 그렇지 않다.

사람의 눈은 얼굴 측면이 아니라 정면에 위치하기 때문에, 각 눈은 시야visual field의 오른쪽 절반과 왼쪽 절반을 모두 볼 수 있다. 한 눈으로만 무언가를 보려고 시도해보면 내 말이 무슨 뜻인지 알 것이다. 따라서 두 눈에서 오는 인풋이 뇌 반대쪽에서 따로따로 처리된다는 건 말이 안 된다. 그 대신 시야의 왼쪽에서 오는 시각 정보는 뇌의 오른쪽에서, 시야의 오른쪽에서 오는 정보는 뇌 왼쪽에서 처리된다. 내 왼쪽에 있는 밝은 사물에 반사된 광선이 나를 향해 온다고 상상해보라. 이 광선은 직선으로 이동해, 정면을 바라보고 있는 내 양쪽 망막의 왼쪽이 아닌 오른쪽에 닿는다. 즉 왼쪽 시야에서 오는 빛은 양쪽 망막의 오른쪽에 닿아 뇌의 오른쪽에서 처리된다. 오른쪽에서 오는 빛은 그 반대다. 그 결과 양쪽 눈에 비친 한 사물에 대한 인풋은 뇌 시각중추에서 동일한 뉴런에 모인다.

이렇게 되려면 눈과 뇌가 어떻게 연결되어야 할까? 시신경 안의 신경섬유는 망막에서 출발해 시각교차optic chiasm(시신경 교차)라는 뇌 영역을 통과해 다른 시각영역들로 간다. 시각교차에서는 망막에서 뇌의 나머지 부분으로 이동하는 신경섬유 일부가 교차된다.[7] 오른쪽 시야에서 오는 인풋은 왼쪽 눈의 왼쪽 망막을 자극한 다음 시각교차에서 교차되지 않고 뇌 왼쪽으로 간다. 하지만 같은 인풋은 오른쪽 눈의 왼쪽 망막도 자극한다. 이 경우 시각교차에서 교차되어 왼쪽 뇌로 가서 왼쪽 눈으로 들어온 인풋과 합쳐져야 한다. 왼쪽 시야에서 오는 시각 자극은 그 반대다. 따라서 정상 시력을 가진 사람은 각 눈에서 오는 시신경 섬유의 약 절반이 시각교차에서 교차되어 뇌 반대쪽으로 간다.

그러나 백색증인 사람은 망막의 신경섬유가 이 경로를 따

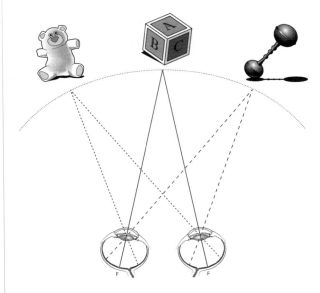

그림 1.1. 시야 중앙에 있는 블록의 상은 양쪽 망막의 중앙에 맺힌다. 오른쪽 시야에 있는 딸랑이의 상은 양쪽 망막의 왼쪽 부분에 맺히고, 왼쪽 시야에 있는 곰 인형의 상은 양쪽 망막의 오른쪽에 맺힌다. 그림에서 F는 중심오목을 나타낸다.

르지 않고 뇌의 같은 쪽에 있어야 할 일부 신경섬유들이 대신 교차되는데, 이런 변칙적인 교차는 사람에 따라 정도의 차이가 있다.[8] 그 결과 오른쪽 시야 일부에서 오는 시각 정보가 뇌의 왼쪽과 오른쪽 모두로 전달된다. 왼쪽 시야에서 들어오는 인풋도 마찬가지다. 이런 잘못된 경로는 백색증의 색소 부족과 관련이 있는데, 이는 눈 운동 제어에 교란을 일으켜 눈의 오정렬과 입체시 장애를 일으키는 것 같다.[9] 리엄이 좀 더 성장했을 때 실시한 검사에서 시신경의 지나친 교차가 발견되었는데, 아마 이것이 그의 사시에 원인을 제공했을

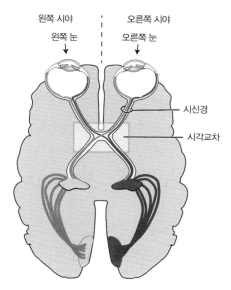

왼쪽 시야 ┊ 오른쪽 시야
왼쪽 눈 오른쪽 눈

시신경
시각교차

그림 1.2. 오른쪽 시야에서 들어오는 정보는 뇌 왼쪽에서 처리되고, 왼쪽 시야에서 들어오는 정보는 뇌 오른쪽에서 처리된다. 이렇게 되려면, 각 망막에서 오는 신경섬유의 대략 절반이 시각교차(박스 영역)에서 교차되어 뇌 반대쪽으로 가야 한다.

것이다.

하지만 시각 및 시각 발달에 대한 불완전한 지식에 근거하여 누군가가 무엇을 볼 수 있는지 섣불리 예측해서는 안 된다. 예를 들어 백색증을 지닌 사람도 사물이 시야의 어느 쪽에 있는지 보는 데는 아무 문제가 없다. 백색증을 앓고 있으며 눈-뇌 경로가 잘못된 사람들 중 일부는 눈이 똑바로 정렬되어 있고, 어느 정도 입체시를 가지고 있으며, 입체시를 사용해 심도와 크기를 판단할 수도 있다.[10]

리엄이 태어나고 2년 후 신디는 둘째 아들을 낳았다. 둘째
는 첫째와는 또 다른, 치료하기 어려운 의학적 문제를 가지고
있었다. 소아과 의사는 둘째 아들을 위해 신디에게 한 전문의
를 소개해주었는데, 그 의사는 리엄 가족이 사는 미주리주 컬
럼비아가 아니라 세인트루이스에 있는 어린이 병원에 재직
하고 있었다. 그래서 신디는 그곳에 훌륭한 소아 안과 의사도
있는지 물었다. 그 소아과 의사는 "그럼요"라고 대답한 후 사
무실로 가더니 같은 날짜에 두 의사의 진료를 볼 수 있도록
예약을 잡아주었다.

리엄과 신디가 타이크슨 박사를 처음 만난 4월의 그날은
정말 길고 힘든 하루였다. 아침에는 리엄 동생의 검사와 상담
이 있었다. 오후에 드디어 안과 진료실에 도착했을 때 접수원
이 리엄을 흘깃 보더니 안경은 어디 있느냐고 물었다. 신디가
리엄은 안경을 쓰지 않는다고 말하자 접수원은 놀란 표정으
로 리엄 같은 아이들은 그 나이 무렵이면 대개 안경을 쓴다
고 말했다. 접수원조차 리엄이 지금쯤은 치료를 받고 있어야
한다는 것을 알고 있었던 것이다. 리엄은 여러 가지 시력검사
를 받은 후 마침내 타이크슨 박사를 만났다. 신디는 이 기나
긴 오후가 불러올 후폭풍이 걱정되었다. 지난번 안과 의사에
게 네 차례 진료를 받는 동안 리엄은 병원에 다녀올 때마다
완전히 위축되어 2주 동안 어머니를 제외하고는 아무하고도

말을 하지 않았다. 하지만 두 의사의 차이는 이보다 더 클 수 없을 정도였다. 타이크슨 박사는 조용한 존재감을 지닌 사람이었다. 그는 재촉하는 법이 없었고 고집을 부리지도 않았다. 진료실을 나서면서 리엄은 "엄마, 내일 다시 와서 나를 사랑하는 T 선생님을 만나면 안 돼요?"라고 물었다.

타이크슨 박사는 리엄이 '흐릿한 시각이라는 고치' 속에서 살고 있다고 설명했다. 리엄이 또렷하게 볼 수 있는 범위는 기껏해야 코에서 약 7.5센티미터까지였다. 리엄의 시각장애는 세 가지 문제가 복합적으로 작용한 결과였다. 즉 심한 근시(병적 근시), 사시(복시, 깊이 인식 불가, 시각적 혼란을 일으키는 눈 오정렬), 그리고 백색증이었다. 근시는 두꺼운 안경으로 교정할 수 있었고, 안경을 썼더니 시력이 0.01에서 0.1로 좋아졌다. 그리고 사시를 치료하기 위해 타이크슨 박사는 리엄이 세 살, 다섯 살, 일곱 살 때 차례로 안구 근육 수술을 시행했다. 첫 수술 후, 사실은 치료를 받을 때마다, 누구보다 현명하고 예리하고 헌신적인 엄마인 신디는 리엄이 무심코 툭툭 던지는 말에 거듭 당황했다. 첫 번째 사시 수술을 받은 후 리엄은 "엄마 뒤에 있던 재미있는 다른 엄마는 어디 갔어요?"라고 물었다. 수술 전 리엄에게는 복시가 있었다. 그는 첫 번째 엄마 위쪽으로 두 번째 엄마의 상을 보았는데, 그 엄마는 테이블 위를 걷거나 공중을 떠다니는 것처럼 보였다.

리엄은 완전한 맹인은 아니었지만 시각 발달이 심각하게 저해되어 있었다. 안경을 써도 몇십 센티미터 떨어진 곳에 있는 얼굴이나 사물이 보이지 않았고 공간 배치도 이해하지 못했다. 첫 진료를 한 지 13년 후 타이크슨 박사는 일련의 새로운 수술을 통해 리엄에게 거의 정상에 가까운 시력을 줄 수 있었다. 하지만 유년기 내내 시각적 경험이 부족했던 것이 리엄에게 오랫동안 지속적인 영향을 미쳤다. 곧 알게 되겠지만, 그 수술들은 리엄의 시력 회복 여정의 시작에 불과했다.

✦

어릴 때 리엄은 고양이와 개를 구별하지 못했다. 나중에 내게 보낸 이메일에 고양이와 개는 둘 다 "땅에 살고 털이 있는 생물"이었다고 썼다. 누군가의 얼굴을 보면 입과 코가 뭉개져 하나의 흐릿한 얼룩으로 보였다. 눈은 두 개의 검은 반점으로 보였다. 그래서 리엄은 얼굴이나 표정을 알아보는 법을 배우지 못했다. 그는 헤어라인, 피부색, 옷차림으로 사람을 식별했고, 이 때문에 신디는 입을 수 있는 옷에 심한 제한을 받았다. 한번은 교회에서 연설하기 위해 평소 입던 검은 블라우스와 바지 대신 치마와 부츠로 멋을 내고 부엌으로 내려왔는데, 그것을 본 리엄이 몹시 화를 내며 엄마에게 무슨 일이 일어난 거냐고 물었다. 신디는 아무 일도 아니라고 리엄을 안심시키며, 교회에 가려고 이번 한 번만 멋지게 차려입었다고 대답했다. 컬럼비아에 있는 의료센터에 다니던 날들 중 하루는 리엄이 검은 옷을 입은 낯선 부인을 엄마로 착각하고 그를 따라 엘리베이터에 탄 일도 있었다. 당황한 신디는 병원 구석구석을 찾아다니다가 다른 층의 엘리베이터 로비에서 보안요원과 함께 있는 리엄을 발견했다. 그날부터 리엄은 엘리베이터를 타기 전에는 항상 엄마와 동생의 손을 잡으며, 동생을 챙기는 형처럼 동생을 잃어버리지 않도록 이렇게 다 같이 손을 잡아야 한다고 주장했다. 신디는 리엄의 시력 때문에 되도록 모자도 쓰지 않으려 했다.

하지만 리엄은 나쁜 시력에도 아랑곳없이 자전거 타는 법을 배웠다. 리엄이 다섯 살 반이 되었을 때 집 앞에 어린이용 자전거 한 대가 크리스마스 선물로 놓여 있었다. 그건 불가사의한 선물이었는데, 신디와 리엄은 지금까지도 그 자전거를 누가 선물했는지 모른다. 반짝이는 새 자전거는 리엄의 몸집에는 컸지만 리엄은 근처 주차장에서 자전거 타는 법을 익혔고, 다른 아이들처럼 12월의 눈밭에서 미끄러져 넘어지기도 했다.

이 무렵 어느 날 신디가 리엄을 차에서 내려놓고 차 앞쪽으로 걸어갔을 때, 리엄은 그 자리에서 공포로 얼어붙었다. 엄마가 보이지 않았기 때문이다. 리엄의 시야는 물보라처럼 뿌예서 아주 가까이에 있는 선명한 이미지만 볼 수 있었고, 약 1.2미터 이상 떨어진 흐릿한 이미지는 알아보지 못했다. 신디는 리엄의 키가 자라 1.2미터를 넘으면 자전거 위에서 지면이 보이지 않을까봐 걱정이 되었다. 아니나 다를까 그렇게 되자 리엄은 자전거 타기를 그만두었다.

어느덧 학교 다닐 나이가 가까워왔지만 리엄은 가족과 친구 몇 명을 제외하고는 사람들 앞에서 몹시 수줍음을 타서 사람들이 시키는 일은 해도 말은 하지 않았다. 리엄의 유치원 선생님은 리엄이 자신의 질문에 "네" 또는 "알았어요"라는 간단한 대답을 하게 되었을 때 기뻐 어쩔 줄을 몰랐다. 우리는 사람들과 대화를 나눌 때 상대방을 관찰하면서 상대에 자신의 움직임을 맞춘다. 우리는 서로의 얼굴 표정, 시선, 몸짓을 무심코 따라한다. 하지만 리엄은 상대방의 행동을 볼 수 없었기 때문에 사회생활이 남들보다 어렵고 고통스러웠다.

리엄에게 점자 교육을 시켜달라는 신디의 강력한 요청에 따라 유치원 측은 리엄을 위해 점자와 'O&M'(흰 지팡이 사용을 포함한, 시각장애인을 위한 방향 및 운동 훈련)을 가르치는 교사를 배정했다. 리엄이 선생님과 친해져 점자를 배우기 시작하기까지는 약 1년이 걸렸다. 초등학교 4학년 때 마침 담임 교사로 리엄이 잘 아는 O&M 교사가 배정되자 리엄은 그제야 마지못해 수업 시간에 말을 하기로 했다. 말을 하고 싶었다기보다는, 고집을 피우는 것보다 말하는 쪽이 더 쉬웠기 때문이다. 하지만 리엄은 여전히 에세이 숙제를 싫어했다. 사사로운 일을 털어놓는 것처럼 느껴졌기 때문이다.

리엄은 점자와 인쇄된 단어를 둘 다 읽을 수 있게 되었지만, 인쇄된 텍스트에 중점을 두었다. 1학년 때만 해도 리엄의 시력은 안경을 쓰고

20포인트

폰트를 읽을 수 있었다.

어린이책 대부분이 그 크기로 인쇄되어 있어서 리엄은 읽는 걸 즐겼다. 리엄의 문제가 백색증뿐이었다면 시력이 안정적으로 유지되었을 것이다. 하지만 근시가 계속 악화되고 있는 걸 보면 다른 요인이 있는 것이 틀림없었다. 책을 계속 읽으려면 학년이 올라갈수록 폰트 크기를 키워야 했지만 교과서의 글씨는 점점 작아지기만 했다.

근시나 원시가 있으면 광선의 초점이 망막에 맺히지 않고 망막 앞이나 뒤에 맺힌다. 따라서 또렷하게 보려면 초점이 망막에 맺히도록 빛을 굴절시키는 렌즈를 처방받아야 한다. 렌즈의 굴절력은 디옵터(D) 단위로 측정된다. 도수가 −0.1디옵터인 렌즈는 경미한 근시를 교정해주는 반면, +1.0디옵터인 렌즈는 경미한 원시를 교정한다. 유아는 태어날 당시 대략 +1.0디옵터의 약한 원시로 시작해서 유년기를 거치며 굴절력이 높아진다. 초고도 근시로 인해 초등학교 4학년에 안경을 맞추는 사람은 대략 −6에서 −8디옵터 렌즈를 처방받는다. 하지만 리엄은 두 살 때 그보다 도수가 훨씬 높은 −14디옵터의 렌즈가 필요했고, 아홉 살에는 −18디옵터로 도수가 더 높아졌다. 열두 살이 되자 렌즈 도수는 −20디옵터가 되어, 중학교에서 글자를 읽기 위해서는 안경을 쓰고도

70포인트

폰트가 필요했다. 리엄은 과제를 받으면 그것을 여러 장의 종이에 큰 폰트로 확대 복사하여 테이프로 이어붙인 다음, 네 번 접어 원래 종이 크기로 만들어야 했다.

리엄의 안경은 보기에도 어마어마했다. 렌즈가 너무 두껍다 보니 안경다리가 완전히 접히지 않아서 안경집에 넣을 수도 없었다. 또 기존의 안경다리는 렌즈를 지탱할 만큼 튼튼하지 않아서 머리 둘레에 감는 끈을 사용했다. 렌즈 가장자리는 너무 날카로워서 뺨이 베일 정도였고, 렌즈가 너무 두껍다 보니 광학적 왜곡이 일어났다. 그런데도 그 이중 오목렌즈는 일반 소재로 만든 것에 비하면 두께가 3분의 1에서 2분의 1밖에 되지 않았다. 캔자스시티의 한 연구소에서 굴절률이 높은 특수 플라스틱으로 제작해준 렌즈였다. "정말 튼튼했어요." 리엄이 내게 말했다. "안경을 떨어뜨리면 안경이 망가지는 대신 안경이 떨어진 곳이 손상될 정도였으니까요."

그 무렵 리엄은 글자를 읽는다기보다는 해독하고 있었다. 그는 일단 문자의 모양이 둥근지 네모난지를 파악하고, 그것을 다시 일곱 가지 범주로 나누었다. 예를 들어 소문자 c와 e는 모양이 비슷하기 때문에 같은 범주에 속했다. 그는 이런 식으로 해당 문자가 무엇인지 추측하여 외운 후 다음 문자를 해독했다. t는 끝이 삐죽 튀어나온 모양이므로, 끝이 삐죽 튀어나온 문자가 포함된 세 문자 단어는 '고양이cat'일 거라고 추측했다. 말할 나위 없이 맥락이 단어 해독에 큰 역할을 했다. 그러다보니 책 읽기는 지루했고, 리엄은 곧 읽는 것을 싫어하게 되었다.

숙제는 당연히 오래 걸렸다. 리엄은 집으로 돌아오는 버스 안에서 녹음테이프를 들으며 숙제를 시작했다. 눈이 보이지 않거나 시력이 좋지 않은 많은 사람들이 대개 그렇듯 그는 남들보다 청각이 예민했고 청각 처리 속도가 보통 사람들보다 빨랐다. 리엄은 대부분의 사람이 볼륨을 너무 크게 올린다고 생각했다. 컴퓨터 화면의 글자를 음성으로 변환해주는 소프트웨어를 사용할 때는 대부분의 사람은 따라갈 수 없는 고배속으로 들었다. 집에 오면 밤 11시까지 숙제를 했고, 그러고도 아침 일찍 일어나 과제를 마무리했다.

다행히도 리엄은 경이로운 기억력을 가지고 있었다. 어렸을 때 엄마가 책 한 페이지를 읽어주면, 가만히 앉아 있기 싫어했던 리엄은 소파에서 뛰어내리며 페이지 전체를 토씨 하나 바꾸지 않고 외워서 말했다. 중학교 시절에는, 큰 폰트로 확대해도 소수점이 보이지 않을 정도로 시력이 나빴음에도 수학 우등반에 들어갔다. 리엄은 긴 연산을 외워서 머릿속으로 풀 수 있었다. 시력이 심하게 나쁜 사람들이 대체로 그렇듯이, 부족한 시력을 보완하기 위해 작업기억이 비상하게 발달했다.

하지만 이 모든 시도는 눈에 무리를 주었다. 학창 시절을 보내는 동안 리엄의 시력은 점점 더 나빠졌고 색깔도 점점 희미하게 보였다. 가장 알아보기 힘든 색은 빨간색이었다. 빨간색은 갈색으로 변색되어 보였다. 반면 가장 좋아하는 색인 파란색은 희미해지는 정도가 가장 덜했다. 시력이 가장 좋았을 때도 주황색과 빨간색을 구분하기 어려웠다. 리엄이 이렇게 빨간색을 잘 알아보지 못하고 파란색을 좋아하는 것은 우리의 시각 체계가 색을 감지하는 방식에서 비롯된 결과일 것이다.[11] 우리 눈은 중심부에서 빨간색과 녹색을 가장 선명하게 본다. 실제로 중심오목이 보는 영역인 시야 정중앙에서는 빨간색과 녹색이 가장 잘 보이고 파란색은 전혀 보이지 않는다. 반면 파란색은 정중앙을 제외하고는 시야 전체에 걸쳐 잘 보인다. 학년이 올라가면서 파란색은 그렇지 않은데 빨간색이 흐릿하게 보이기 시작했을 때 리엄은 아마 눈 중심부의 시력을 점점 잃어가고 있었을 것이다.

리엄의 수학 교사는 어느 날 색깔 블록으로 수업하던 중 리엄이 색깔을 잘 구별하지 못한다는 것을 눈치챘다. 리엄에게 더미를 정면이나 측면에서 보았을 때 더미의 모양이 바뀌지 않도록 블록 한 개를 뺀다면 어떤 걸 빼야 하는지 물었을 때 리엄은 문제를 풀 수 있었지만, 블록을 색깔로 구별하지는 못했다.

하지만 리엄의 문제를 알아챈 사람은 수학 교사뿐이었던 것 같다. 리엄은 말하자면 두 세계 사이에 갇혀 있었다. 즉 완전히 눈이 안 보이는 시각장애인은 아니었지만 거의 볼 수 없었다. 차라리 시각장애인이었다면 학교에서 점자 교과서를 제공했을 테니 훨씬 수월했을 것이다. 중학교 시절 리엄의 독서 교사는 백색증인 사람들은 시력이 나빠도 안정적으로 볼 수 있기 때문에 글자 크기를 키우기만 하면 읽을 수 있다고 교육받은 사람이었다. 그래서 리엄의 심한 근시를 무시한 채 리엄이 단순히 품행 장애를 보이고 있다고 주장하면서 편의 제공의 필요성을 일축했다. 학교 측은 리엄에게 무엇을 어떻게 배워야 할지 지시했고 리엄은 그 요구에 맞춰야 했다.

언제나 아들을 지지했으며 재치 있었던 신디는 '어두운 밤'이라는 특별한 가족 행사를 만들어 아들의 힘겨움을 덜어주려고 했다. 일주일에 한 번씩 전등을 모두 끄고 어둠 속에서 저녁을 먹고 점자 보드게임을 하는 것이었다. 신디는 리엄이 항상 불리한 상황에 놓였지만 '어두운 밤'만은 예외일 거라고 추측했다. 어둠 속에서 리엄은 시각보다는 촉각과 청각 단서, 그리고 공간 기억에 더 많이 의존함으로써 어느 누구보다 잘 움직일 수 있었다.

"엄마는 어디까지 보여요?" 신디는 리엄이 이렇게 묻던 날을 기억한다. 이 질문의 의미를 깨달았을 때 신디는 "가슴을 한 대 얻어맞은 것 같았다"라고 썼다. "그날 하늘의 색깔이 어땠는지, 내 시야의 한계를 발견하기 위해 주위를 둘러보며 무엇을 보았는지 지금도 기억이 생생해요." 신디의 시야는 한계가 없었다. 밤중에 몇 광년 떨어진 별도 볼 수 있었다. 하지만 리엄에게는 멀리 있는 사물이 단순히 흐릿하게 보이는 정도가 아니라 아예 보이지 않았다. 좋은 시력 덕분에 우리는 멋진 전망을 볼 수 있고 멀리 있는 사물의 위치를 파악할 수 있지만, 리엄에게는 그런 개념 자체가 없었다.

리엄이 열두 살 때 시력이 더 나빠지자 타이크슨 박사는 눈에서 자연 수정체를 제거하는 수술인 수정체 적출술을 제안했다. 각막과 수정체는 안구로 들어오는 빛을 굴절시켜 망막에 상이 맺히도록 한다. 리엄은 안구가 너무 길어서 물체에서 반사된 빛의 초점이 망막보다 훨씬 앞에 맺혔다. 자연 수정체를 제거하면 각막에서만 빛이 굴절되기 때문에 상이 뒤로 물러나 망막에 맺힐 것이다. 이렇게 하면 리엄의 시력이 좋아져서, 타이크슨 박사가 지적했듯이 먼 거리를 보기 위해 두꺼운 안경을 쓸 필요가 없어질 터였다. 하지만 자연 수정체가 없으면 근거리에서는 초점을 맞출 수 없게 되므로 이중초점렌즈나 돋보기를 사용해야 했다. 리엄과 신디는 수술에 대해 고민했지만 결국 하지 않기로 했다.

중학교에 다니던 어느 날, 리엄은 엄마에게 전화를 걸어 추워서 스웨터가 필요하다고 말했다. 그날 오후 신디는 리엄과 함께 리엄의 동생이 말을 타는 모습을 보러 마구간에 갔지만, 리엄에게 열이 나는 것을 알고 곧장 집으로 돌아왔다. 열이 40도가 넘었고 신디는 열을 내리기 위해 안간힘을 썼다.

그 얼마 전 리엄은 독서 교사를 만나 시험을 치렀다. 그때까진 괜찮았다. 하지만 3주 후 몇 가지 시험을 더 치렀는데 그때부터 열이 나기 시작했다. 두 번째 시험을 치르는 동안 리엄은 글자를 전혀 읽을 수 없었다. 이해도 되지 않았고 기억도 나지 않았다. 8학년 때 수학 우등반에 들었던 리엄은 9학년과 10학년이 되자 어려움을 겪었다. 리엄은 날이 선 짧은 문장으로 말했다. 전에는 운동을 잘했고 한시도 가만히 있지 않았지만, 이제는 항상 피곤하고 기운이 없었다. 마른 체격이었던 몸도 불었다. 그리고 걸핏하면 울었다. 우는 법이 없던 리엄이 울기 시작하자 신디는 깜짝 놀랐다. 머리카락까지 빠지고 있었는데도 많은 사람이 리엄의 머릿속이 문제라고 말했고, 독서 교사는 계속해서 리엄이 품행 장애를 보이고 있다고 주장하며 편의 제공은 필요하지 않다고 했다.

신경과와 기타 전문의를 찾아다녔지만 진단을 받기까지는 4년이라는 긴 시간이 걸렸다. 마침내 내분비과 의사가 원인을 알아냈다. 리엄은 갑상선기능저하증이었다. 바이러스 감염 때문으로 추정되는 고열로 갑상선이 파괴된 것이었다. 리엄은 갑상선 호르몬인 티록신을 복용하기 시작하면서 호전되기 시작했다. 실제로 그는 피아노 레슨을 받기 시작했고, 남들이 6년에 걸쳐 마스터하는 것을 1년 만에 배울 정도로 빠르게 실력이 늘었다. 한 피아노 경연대회에서 리엄은 내분비과 의사와 마주쳤는데, 그 의사는 리엄을 처음 진찰한 날 리엄이 축약된 단문을 구사하는 것을 듣고 발달 지연이 틀림없다고 생각했었다. 하지만 그날 의사는 리엄에게 "피아노를 그렇게 잘 칠 수 있다면 또 뭘 할 수 있니?"라고 물었다.

리엄은 소리와 촉각, 공간 기억을 통해 세상을 지각했다. 이런 기술들을 가지고 자신의 부족한 시각을 너무나도 잘 보완했기 때문에, 리엄의 시력이 얼마나 나쁜지 제대로 몰랐던 사람이 독서 교사만은 아니었다. 리엄은 대부분의 사람이 아무 소리도 듣지 못할 때 자동차 엔진 소리를 듣고 집에 누가 오고 있는지 알았다. 리엄은 밝을 때나 어두울 때나 집 안을 자유자재로 돌아다녔다. 교회에서도 새 건물이 들어서서 유리문에 부딪히기 전까지는 그랬다. 리엄의 할머니조차 리엄의 시력이 얼마나 나쁜지 몰랐다.

하지만 고등학교에 들어가면서부터 리엄은 눈을 점점 덜 사용했다. 굴절 이상은 -23.5디옵터까지 증가했고, 안경을 써도 시력이 0.08밖에 나오지 않았다. 이 정도면 법적 실명보다 더 나쁜 시력이었다. 리엄은 물건에 걸려 넘어지지 않기 위해 걸을 때 발을 질질 끌었다. 탁자 위에 있는 유리컵을 잡을 때는 손에 컵이 닿을 때까지 탁자 표면을 따라 손을 미끄러뜨리곤 했다. 그리고 무언가에 초점을 맞추기까지 시간이 너무 오래 걸려서 더 이상 움직이는 사물을 추적할 수 없었다. 어느 날 신디는 리엄을 데리러 학교에 갔다가 한 무리의 친구들과 함께 이야기를 나누고 있는 리엄의 모습을 보았다. 다른 친구들은 서로를 쳐다보며 잡담을 나누는데 리엄만 흰 지팡이를 잡고 고개를 푹 숙인 채 서 있었다. 신디는 리엄이 사실상 실명 상태라고 생각했고, 당시만 해도 평생 그런 상태로 살아야 하는 줄 알았다.

리들리 박사의 발명품

"다른 방법이 있을 것 같아요." 2004년 리엄이 시력 검사를 받던 날 신디는 의사들이 속삭이는 소리를 우연히 들었다. 그날 오후 신디와 리엄은 인공수정체(IOL)를 삽입하는 새로운 수술에 대해 들었다. 그건 리엄의 눈에 두 번째 수정체를 추가하는 수술이었다. 인공수정체는 원거리를 더 선명하게 볼 수 있게 해줄 것이고, 그러면서도 자연 수정체를 그대로 유지하기 때문에 원거리뿐만 아니라 근거리에서도 초점을 맞출 수 있을 터였다. 신디는 집에 돌아와 인터넷에서 몇 시간 동안 그 수술에 대해 알아보았다. 다음 진료일에 타이크슨 박사와 함께 일하는 검안사인 제임스 헤켈 박사가 그 수술에 대해 자세히 설명해주었고, 신디와 리엄에게 개인 휴대폰 번호를 알려주면서 궁금한 점이 있으면 언제든 전화하라고 말했다.

이제 열다섯 살이 된 리엄은 수술 결정에 직접 참여할 수 있는 나이였다. 아직 진단되지 않은 갑상선기능저하증 때문에 피로와 싸우고 있었던 탓에 리엄은 수술을 망설였다. 게다가 리엄은 안경이 마음에 들었다. 물론 두껍고 무거운 데다 머리에 두르는 끈으로 고정해야 했지만, 리엄은 (내게 말한 바에 따르면) 극단적인 것을 좋아했다. 리엄과 그의 어머니는 리엄의 시각장애를 한탄하고 낙심할 일, '고쳐야' 하는 끔찍하고 괴로운 질환으로 여기지 않았다. 시각장애는 리엄의 중요한 일부였다. 시각장애는 다른 방식으로 일을 해결할 수 있도록 자극하는, 그저 극복해야 할 특성이었을 뿐이다. 그들은 기적의 치료법을 찾고 있지 않았다. 하지만 인공수정체를 이식받으면 리엄의 시력이 개선되어 몇 가지 실질적인 혜택과 생활의 편의를 얻을 수 있을 터였다. 그래서 그들은 수술을 받기로 결정했다.

제2차 세계대전 당시 활동했던 비행기 조종사와 관련한 일련의 예상치 못한 사건들이 최초의 인공수정체로 이어졌고, 그 렌즈는 수십 년 후 리엄의 시력에 근본적인 변화를 가져다준 현재의 인공수정체로 이어졌다.[1] 히틀러가 영국 공군을 공격하던 1940년 8월 14일, 공군 중위이자 비행 에이스였던 고든 '마우스' 클리버가 기지로 돌아가고 있을 때 총알이 전투기 조종석을 관통했다. 클리버는 그날 너무 서두른 나머지 비행 고글을 착용하지 않았는데, 이 실수 때문에 조종석 덮개 창의 파편에 양쪽 눈이 머는 비극을 겪었다. 그럼에도 클리버는 전투기를 거꾸로 뒤집어 낙하산으로 안전하게 탈출했고, 구조된 후 병원으로 급히 옮겨져 치료를 받았다.

클리버는 얼굴과 눈에 총 열여덟 차례 수술을 받았다. 안과 의사 해럴드 리들리가 눈 수술의 전부는 아니지만 대부분을 집도했다. 한쪽 눈은 실명된 반면 다른 눈은 살릴 수 있었다. 하지만 그 눈에도 아크릴 플라스틱 파편이 곳곳에 흩어져 있었다. 리들리는 8년 동안 클리버를 지켜보면서 클리버의 눈이 플라스틱에 반응하지 않는다는 점에 주목했다. 조종석 덮개창의 플라스틱 파편이 눈에 박힌 다른 조종사들의 눈 역시 아무런 반응을 일으키지 않았다. 이 플라스틱은 불활성 물질로 보였다.

전쟁이 끝난 후 리들리는 백내장 제거와 같은 보다 일상적인 안과 수술로 돌아갔다. 하지만 그의 환자들은 수술에서 회복하고 제거된 수정체를 보완하기 위해 두꺼운 안경을 착용해도 여전히 시력이 잘 나오지 않았다. 그러다 1948년, 리들리가 가르치던 의대생 중 한 명인 스티븐 페리가 리들리에게 백내장이 생긴 혼탁한 수정체를 제거한 후 환자의 눈에 새로운 수정체를 삽입하면 어떻겠냐고 물었다. 리들리도 오래전부터 생각해왔던 아이디어였다. 조종사들과 그들의 눈에 박힌 플라스틱 파편이 떠올랐다. 같은 재료로 인공수정체를 만들어 눈에 넣으면 어떨까?

리들리는 광학 회사 레이너 앤드 킬러에 연락하여 비행기 덮개 창에 사용하는 것과 동일한 아크릴 플라스틱으로 인공수정체를 만들어달라고 요청했다. 1949년 11월 29일, 리들리는 한쪽 눈에 백내장이 생긴 마흔다섯 살의 간호사 엘리자베스 애트우드를 수술하며 인공수정체를 삽입했지만 수술 직후 제거했다. 그리고 1950년 2월 8일, 애트우드의 눈에 다시 인공수정체를 삽입했다. 이 수술은 인공수정체로 자연 수정체를 대체한 최초의 사례였지만, 리들리는 수술 과정을 사진이나 영상으로 촬영하거나 수술 기록에서 그 플라스틱 렌즈를 언급하지 않았다. 오히려 동료들의 거센 반대가 두려워 애트우드에게도 인공수정체를 비밀로 해달라고 말했다.

리들리 박사의 두려움에는 근거가 있었다. 1951년 7월, 여러 차례의 수술을 추가적으로 성공시킨 후 그는 옥스퍼드 안과 학회에서 자신의 연구 결과를 발표했다. 하지만 그의 발표는 동료들에게 거의 관심을 받지 못했고 심지어 적대감마저 불러일으켰다. 당시 안과 의사의 일은 환자의 눈에서 이물질을 제거하는 것이지 새로운 물질을 삽입하는 것이 아니었다. 백내장 수술에서 자연 수정체를 대체하기 위해 아크릴 플라스틱으로 만든 인공수정체를 일상적으로 사용하게 되기까지는 그 후로 30년이 더 걸렸다. 해럴드 리들리는 평생에 걸친 좌절 끝에 아흔두 살이 되던 해 마침내 여왕 엘리자베스 2세에게 기사 작위를 받았다. 그의 혁신적인 인공수정체는 백내장 환자 수백만 명의 시력을 개선했을 뿐만 아니라, 인공심장판막과 인공관절 같은 다른 많은 보철 장치의 발명을 촉진했다.

리들리는 백내장으로 혼탁해진 자연 수정체를 대체하기 위해 인공수정체를 사용했지만, 혹시 심각한 굴절 이상(근시 또는 원시)을 가진 사람들에게도 비슷한 렌즈를 사용할 수 있지 않을까? 그런 렌즈는 시력을 떨어뜨리는 안구 길이 변화를 보정해야 한다. 안경도 같은 역할을 하지만, 시력이 몹시 나쁘면 안경이 너무 두꺼워져 다른 광학적 문제를 일으킬 수 있다. 인공수정체를 눈에 직접 넣으면 이런 심각한 시력 장애를 훨씬 더 효과적으로 보정할 수 있다. 하지만 한 가지 문제가 있다. 잘 보기 위해서는 다양한 가시거리에서 초점을 맞출 수 있는 렌즈가 필요하다. 우리가 먼 곳을 보다가 가까운 곳에 초점을 맞출 때 자연 수정체는 모양이 변한다. 하지만 리들리의 인공수정체는 한 가지 거리에서만 초점을 맞출 수 있었다.

1989년 유럽의 안과 의사들은 백내장 말고 심각한 굴절 이상을 지닌 환자들의 눈에 인공수정체를 삽입하기 시작했다.[2] 하지만 그 의사들은 자연 수정체를 그대로 둔 채 제2의 렌즈를 삽입했다. 이렇게 하면 환자는 모양을 바꿀 수 있는 자연 수정체를 인공수정체와 함께 사용할 수 있기 때문에 모든 가시거리에서 또렷하게 볼 수 있었다. 이런 인공수정체의 개선된 버전이 2004년 미국에서 최초로 사용 승인을 받았다. 그리고 이 대목에서 리엄과 그의 담당 의사 로런스 타이크슨이 다시 등장한다.

타이크슨은 젊은 의사일 때 자신이 시각장애인인 줄 알고 있는 중증 뇌성마비 아동을 진찰한 적이 있었다. 하지만 소년의 시각 시스템이 멀쩡하게 작동하고 있는 것을 발견한 타이크슨 박사는 한 선배 의사에게 이 소년은 좋은 안경이 필요하다고 말했다. 그러자 그 선배 의사는 냉담하게 "감자는 눈이 있지만 안경은 필요 없지"라고 답했다. 타이크슨 박사는 이런 냉소적 태도에 충격을 받았지만, 다른 의사들이 포기한 심각한 환자들을 자신이 돕고 싶어하며 그것이 자신의 소명임을 깨달았다. 오늘날 그는 심각한 신경장애와 시각장애를 지닌 많은 어린이 환자를 치료하고 있고, 그를 찾아오는 환자들 중 어느 누구도 포기하지 않는다. 그의 환자 중 일부는 그의 표현을 빌리자면 "시각적 자극이 끔찍하고 두렵게 느껴지는 희뿌연 고치" 속에서 살고 있을 정도로 시력이 나쁘다.[3] 타이크슨 박사는 2005년부터 안경이나 콘택트렌즈가 도움이 되지 않거나 그런 장치를 받아들이지 못하는 어린 환자, 그리고 레이저 수술로 시력을 교정할 수 없는 어린 환자들에게 인공수정체를 이식하기 시작했다.[4] 리엄도 그런 환자 중 한 명이었다.

03

뇌를 들여다보는 창

리엄은 열다섯 살이던 2005년 12월, 첫 번째 눈에 수술을 받았다. 두 번째 눈에 대한 수술은 5주 후에 시행되었다. 수술 후 갑자기 "보인다!"는 순간이 찾아오지는 않았다. 신체 대사를 저하시키는 갑상선기능저하증을 앓고 있던 리엄은 마취에서 회복되는 데 보통 사람들보다 오래 걸렸다. 리엄의 시력은 원래는 6주 후 선명해져야 했지만 실제로는 몇 달이 걸렸다. 하지만 회복되자 시력이 엄청나게 개선되었다. 수술 전 시력은 안경을 쓰지 않을 때 0.01, 두꺼운 안경을 쓰면 0.08이었지만, 수술 여섯 달 후에는 안경을 쓰지 않고도 0.4가 나왔다. 백색증 때문에 1.0은 불가능했다.

회복 속도는 느렸지만, 외래 수술 후 한 시간 내에 리엄의 시각적 행동에 변화가 일어났다. 리엄은 간호사의 격려를 받고 일어서려고 시도했지만 넘어졌다. 하지만 그는 빠르게 적응했고, 걸음이 안정되자 신디와 함께 복도를 걸었다. 그때 복도에서 한 소녀가 손을 흔드는 것을 보고 리엄은 엄마에게 왜 소녀가 팔을 들어올리고 이리저리 움직이는지 물었다. 신디는 당황했다. 리엄이 어렸을 때 함께 산책을 나가면 지나가던 버스 기사가 그들을 향해 손을 흔들곤 했다. 신디는 리엄이 버스 기사를 볼 수 없다는 걸 알고 있었기 때문에 "버스 기사님이 네게 손을 흔들고 있어. 너도 손을 흔들어 인사하렴"하고 말했었다. 리엄이 손을 흔들었기 때문에 신디는 리엄이 그 제스처의 의미를 이해했다고 짐작했다. 하지만 그렇지 않았던 것이다. 리엄은 손을 흔드는 행동이 다른 사람에게 어떻게 보이는지 알지 못했다.

두 번째 수술 후 아홉 달이 지났을 때 인공수정체 중 하나가 제자리를 이탈하면서 리엄은 복시를 경험하게 되었다. 그는 인공수정체를 교체하는 수술을 받았고, 이번에는 시력이 즉시 개선되었다. 처음 두 번의 수술에서 시력 개선이 더뎠던 이유는 뇌가 눈이 제공하는 새로운 정보를 처리하기까지 시간이 걸렸기 때문일 것이다.

리엄의 시력은 의사들이 예상한 것보다 훨씬 더 극적으로 개선되었다. 시력이 엄청나게 좋아졌을 뿐만 아니라 색각도 정상으로 돌아왔다. 날이 갈수록 빨간색이 흐릿하게 보이지도 않았다(그래도 리엄이 가장 좋아하는 색깔은 여전히 파란색이었다). 백색증에서 흔히 나타나는 안구의 불수의적인 반복 움직임인 안진도 줄었다. 양안시도 개선되었고, 깊이 지각도 더 디긴 했지만 좋아졌다.

하지만 이런 개선은 혼란스러웠다. 수술 후 날카로운 선과 모서리로 이루어진 세상에 내던져진 리엄은 색들이 섞여 뭉개져 보였던 수술 전이 그리웠다. 수술 후 시력이 크게 좋아지자 선이 보이기 시작했는데, 특히 색상이나 명도, 또는 질감에 변화가 있는 부분에서 선이 뚜렷하게 보였다. 그런 변화는 사물 내부나 사물들 사이에서 일어날 수 있다. 한 사물이 끝나고 다른 사물이 시작되는 곳, 앞의 사물이 뒤에 있는 사물을 가리는 곳, 또는 표면에 그림자가 드리워지는 곳에서 리엄은 선을 보았다. 사물이나 그림자의 테두리에서 선을 볼 때 우리는 이런 선들이 어느 사물에 속하는지 안다. 하지만 유년기를 거의 보이지 않는 상태로 보낸 리엄은 선을 사물의 테두리로 인식하지 못했다. 그가 보는 세상은 뒤엉키고 파편화되어 있었다.

리엄과 그의 의사들이 곧 깨닫게 되었듯이, 선과 색을 선명하게 볼 수 있다고 해서 본 것을 이해할 수 있는 건 아니다. 우리는 무언가를 흘깃 볼 때 선이나 색 같은 특징들을 따로 인식하지 않는데, 그건 선과 색이 사람, 동물, 사물, 풍경 속의 한 부분에 속한다는 것을 알고 있기 때문이다. 우리는 어떤 사물을 곧바로 알아본다. 즉 보는 즉시 그 사물의 모든 부분을 하나의 통합된 단위로 인식한다. 실제로 실험에 따르면 우리는 사진을 0.02초 동안만 봐도 그 사진에 동물이 있는지 없는지 판단할 수 있다고 한다.[1]

하지만 리엄이 눈으로 본 선과 색으로 하나의 장면을 구성하기 위해서는 끊임없는 집중과 분석이 필요했다. 물론 해가 갈수록 사물을 점점 잘 인식할 수 있게 되었지만, 수술 후 리엄은 처음 본 장면을 다음과 같이 묘사했다.

제게 선은 색이 달라지는 곳, 즉 두 색이 만나는 지점이에요. 이런 선들이 제가 보는 모든 것을 이루고 있어요. (…) 표면은 선이 나타날 때까지는 일관되게 보여요. 그러다 표면에 선이 나타나면, 그건 방의 모서리처럼 수평에서 수직으로의 변화를 의미할 수도 있고, 계단이나 연석처럼 깊이 변화를 의미할 수도 있으며, 바닥 타일이나 보도블록 사이의 균열처럼 물리적 구조에 속하는 별로 중요하지 않은 것을 의미할 수도 있어요. (…) 게다가 전혀 쓸모없는 정보도 존재하는데, 다른 사람들은 이런 것들을 걸러낼 수 있어요. 시각에 문제가 없는 사람들에게 이것을 어떻게 설명해야 할지 모르겠지만, 빛은 어떤 표면에든 선을 추가할 수 있는데(저는 이것을 '거짓말'이라고 불러요), 저는 그 선이 무얼 뜻하는지 알아내야 할 뿐만 아니라, 어떤 선을 무시해도 되고 어떤 선을 무시하면 안 되는지도 판단해야 해요.

성인이 되어 시력을 얻은 사람들은 보통 리엄처럼 색깔에 의존해 선을 구분하고 본 것을 분석한다.[2] 두 사물의 색이 다르다는 것을 아는 데는 이전의 시각 경험이 필요하지 않기 때문이다. 마이클 메이도 각막 줄기세포 이식 후 43년 만에 눈이 보였을 때 처음으로 본 것이 아내와 의사의 옷과 얼굴

색이었다.[3] 어릴 때 백내장으로 시력을 잃은 실라 하켄은 수술 후 붕대를 제거했을 때 색깔들을 보고 놀라움을 금치 못했다. 병원 직원들이 입고 있는 유니폼 색깔은 놀라움 그 자체였다.[4] 리처드 그레고리와 진 월리스가 연구한, 쉰두 살에 시력을 얻은 SB도 초기에는 색에 자극을 받았고, 올리버 색스가 보고한 시력 회복 환자 버질도 마찬가지였다.[5] 하지만 많은 사물이 두 가지 이상의 색으로 이루어져 있으므로, 색을 토대로 사물을 분리하고 식별하는 것은 위험하다.

리엄은 처음에는 깊이 변화를 인식하기 어려워서 보도를 걷는 것과 같은 일상적인 일에서도 시력을 조심스럽게 사용해야 했다. 보도에 선이 보이면 그것이 보도블록 사이의 경계인지, 시멘트에 금이 간 것인지, 막대기의 윤곽인지, 가로등이나 전봇대가 드리운 그림자인지, 보도에 계단이 나타난 것인지 판단해야 했다. 그 선을 딛고 올라가야 하나, 딛고 내려가야 하나, 넘어가야 하나, 아니면 완전히 무시해야 하나? "그래서 저는 걸을 때면 항상 제가 보고 있는 선에 눈을 고정하고, 저 앞에 보이는 선을 통과하는 것이 뭘 의미하는지, 어디를 밟아도 되고 어디를 밟지 말아야 하는지 계산해요." 리엄은 눈앞의 선에 극도로 집중해야 했기 때문에 주변을 전체적으로 보는 감각을 키울 수 없었고, 맥락을 보지 못하니 본 것을 해석하는 것이 훨씬 어려웠다(그림 3.1을 보라). 리엄이 한 번 보는 데 필요한 분석의 양은 피곤할 정도로 어마어마했다.

리엄의 수술 후 시각은, 성인이 되어 서서히 시력을 잃었다

그림 3.1. 이 사진에서 돌과 벽돌은 윤곽이 뚜렷하게 드러난다. 하지만 이런 평면적 조망은 전체적인 맥락을 모르면 해석하기 어렵다. 이 사진은 내가 계단 꼭대기 판석(사진 아래쪽)에 서서 벽돌 계단과 그 너머의 판석 길을 내려다보며 찍은 것이다.

가 15년 후 시력을 회복한 로버트 하인의 경우와 극명한 대조를 이룬다.[6] 로버트 하인은 시력 회복 수술을 받자마자 아내의 얼굴뿐 아니라 진료실의 병과 기구들을 알아보았고, 집에 돌아와서는 정원에 핀 꽃들을 알아볼 수 있었다. 어린 시절의 시각 경험 덕분에 하인은 수술 직후 선과 색만이 아니라 사물을 통째로 볼 수 있었다. 우리 대부분과 마찬가지로 그는 얼굴, 꽃, 자동차의 특징들을 노력하지 않고도 의미 있는 전체로 통합할 수 있었다.

전시된 모든 것을 유심히 살펴봐야 하는 미술관에 가본 적이 있을 것이다. 미술관에서 한 시간을 보내고 나면 피곤해진다. 바닥은 딱딱하고 의자는 불편한데 봐야 할 것이 너무나도 많기 때문이다. 이런 현상을 부르는 이름도 있다. 바로 '미술관 피로museum fatigue'다.[7] 리엄에게는 세상 전체가 미술관과 같았다. 무엇을 보든 집중과 분석이 필요했고, 이는 엄청난 에너지가 필요한 일이었다.

리엄은 유년기에 시력이 나쁘긴 했지만 약간은 볼 수 있어서 몇 가지 시각적 기술을 발달시킬 수 있었다. 태어날 때부터 또는 영아기에 시력을 잃었다가 난생처음으로 보게 된 사람들은 단순한 형태조차 알아보지 못할 수 있다. 그들은 형태를 전체적으로 보지 못하기 때문에, 삼각형과 사각형을 구분하려면 모서리 개수를 세어야 한다.[8] 시력을 회복한 많은 환자는 개별 철자를 알아보는 방법은 아주 쉽게 배운다. 하지만 어떻게 그 철자들이 결합해 단어가 되는지 알기 위해서는 훨씬 더 많은 시간과 연습이 필요하다. 점자를 읽는 데 능숙했던 사람도 마찬가지다. 그래서 시력을 새로 얻은 사람들은 형태와 단어를 볼 때 구성 요소들의 배열에서 전체를 보는 데 어려움을 겪었다.

리엄은 수술 전 종이에 그려진 단순하고 평면적인 기하학 형태를 알아볼 수 있었고 인쇄물도 읽을 수 있었다. 하지만 유년기에 습득한 이런 기술들로는 의자처럼 3차원 공간에 배치된 큰 사물을 알아볼 수 없었다. 실제로 리엄이 선과 색을 묘사하는 방식은 스물다섯 살에 시력을 얻은 선천적 시각장애인 여성이 처음 본 풍경을 묘사한 방식과 흡사하다 "나는 사방에서 빛과 그림자의 혼합, 길이가 다른 선들, 둥글고 네모난 사물들을 본다. 나는 이들이 만들어내는, 시시각각으로 변하는 모자이크를 보며 깜짝 놀라지만 그 의미를 이해할 수 없다."[9]

우리가 어떤 사물을 자주 보고 식별하면 그만큼 기억하기도 쉬워진다. 리엄도 자신이 사물의 모습을 기억했다가 떠올릴 수 있는지 궁금했다. 수술 6년 후인 2011년 어느 날 아침 그는 그것을 시험하기 위해 몇 점의 간단한 만화를 따라 그려봤다. 그리고 그날 오후 자신의 시각적 기억에 대한 평가를 내릴 수 있었다. 리엄은 기억에 의존해 만화를 재현할 수 있었을까? 그림 3.2에서 보듯 그는 실제로 재현할 수 있었지만, 리엄이 자신이 실수한 부분에 관해 설명하는 것을 듣고 나는 다소 놀랐다.

오른쪽에 있는 리엄의 꽃 그림은 왼쪽의 원본과 비슷해 보인다. 리엄은 이렇게 설명했다. "처음에는 '원' 가운데서 막대가 나오게 그렸는데, 원과 원 사이에서 나오는 게 맞는 것 같아서 고쳤어요." 원들은 꽃잎을 나타내지만, 그는 이 구성 요소들을 실제 꽃의 일부분으로서가 아니라 기하학 형태로 묘사했다.

그림 3.2. 리엄이 기억을 떠올려 그린 꽃 그림(오른쪽)과 원본 만화(왼쪽).

그림 3.3. 리엄이 기억을 더듬어 그린 고양이 그림(오른쪽)과 원본(왼쪽).

고양이 그림에서도 리엄은 '삼각형'을 빠뜨렸다고 설명했다(그림 3.3). 삼각형은 고양이의 코를 나타내지만, 여기서도 그는 그것을 얼굴의 일부분이 아니라 기하학적 형태로 취급했다. 리엄의 이 발언은 수술 6년 후에도 그가 사물을 전체적으로 보기보다는 선과 기하학 형태의 조합으로 보고 있었음을 암시한다.

이 시기에 대학생이었던 리엄은 컴퓨터과학과 교수와 이야기를 자주 나누었는데, 교수는 리엄을 말을 들으며 최근 회복한 리엄의 시각이 컴퓨터 시각과 유사하다는 생각이 들었다. 교수는 리엄이 있는 그대로를 보고 세부에 중점을 둔다는 점에 주목했다. 2011년 어느 날 리엄이 교수실에 있다가 출입문 위에서 밝은 형상을 보고, 교수에게 왜 문에 '십자가가 박힌 원'이 있는지 물었다. 교수는 처음에는 리엄이 무슨 말을 하는지 이해하지 못했지만, 얼마 후 리엄이 가리킨 것이 바닥에 떨어진 종잇조각이 유리문에 반사된 형상임을 깨달았다. 문을 전체적으로 본 교수는 빛이 반사되어 생긴 그 패턴이 문과는 아무 관계가 없다는 걸 알았기 때문에 이를 무시했던 것이다.

나는 리엄이 수술을 받은 지 5년이 지났을 때인 2010년에 처음 그를 만나 서신 교환을 시작했고, 리엄이 스물두 살이 되던 해인 2012년과 스물네 살이 되던 해인 2014년에 그를 다시 만났다. 나는 우리가 당연하게 여기는 많은 능력, 예컨대 사물 인식이나 계단 오르기 등이 리엄에게는 일종의 시각적 퍼즐임을 깨닫게 되었다. 실용적이고 분석적인 스타일인 리엄은 이 퍼즐을 풀기 위해 나름의 전략들을 개발했다. 시간이 흐를수록 그는 애쓰지 않고도 볼 수 있게 되었지만, 그럼에도 그에게 보는 건 여전히 어려운 일이고 낯선 장소에서는 특히 그렇다.

세부에 주목하는 것은 시력을 회복한 사람들 사이에서 매우 흔한 현상으로, 유명한 착시 그림을 본 그들의 반응을 이해하는 데 도움이 된다.[10] 2014년에 나는 리엄을 만나러 가면서 몇 가지 착시 그림을 가져가서 리엄과 함께 그의 시각을 탐구했다. 그림을 전체적으로 볼 수 있어야 이런 착시에 속는다는 점에서 착시는 '맥락에 기반한다'. 예를 들어 뮐러-라이어 착시에서 두 개의 선은 실제로는 길이가 같지만 달라 보인다(그림 3.4). 위쪽 그림에서는 화살표가 선을 향하지만, 아래쪽 그림에서는 선 반대쪽을 향한다. 대부분의 사람은 위쪽 선을 더 길게 본다. 리엄은 이 착시를 보았을 때 두 선의 길이를 거의 같게 보았다. 즉 그는 이 착시 그림에 속지 않았다. 그레고리와 월리스가 연구한 SB와, 열일곱 살에 시력을 잃었다가 53년 후 한쪽 눈의 시력을 되찾은 남성인 KP도 마찬가지였다.[11] 반면 프라카시 프로젝트에 참여한 아이들과, 발보가 보고한 시력 회복 환자 LG는 착시에 속았다.[12]

리엄은 헤링 착시(그림 3.5)에도 속지 않았다. 이 그림에서 굵은 수직선은 구부러져 보인다. 하지만 배경에 있는 가느다란 방사형 선들을 제거하면 굵은 수직선이 다시 직선으로 보인다. 리엄은 수직선을 직선으로 보았다. 이는 수직선을 전체 그림의 일부로 보지 못했기 때문일 것이다. SB도 이 착시에 속지 않았다.[13]

리엄은 수술 전에는 개와 고양이를 구분하기 어려웠다고 말했다. 둘 다 땅에 있고 털이 난, 살아 움직이는 생명체였다. 수술 후 내가 개와 고양이가 함께 있는 사진을 보여주었을 때 리엄은 둘을 구별할 수 있었다. 하지만 실루엣 사진에서는 개와 고양이를 구별하지 못했다. 생후 3~4개월이 되면 보통 두

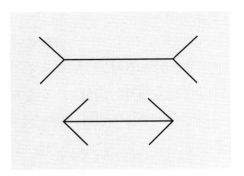

그림 3.4. 뮐러–라이어 착시. 두 선의 길이는 같은가?

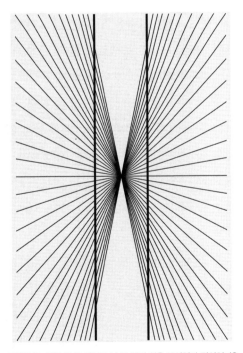

그림 3.5. 헤링 착시. 세로로 난 두 개의 선은 곡선인가 직선인가?

그림 3.6. 우리는 이 그림을, 반투명 종이가 다른 종이 위에 부분적으로 겹쳐져 있는 두 장의 종이로 해석한다.

동물의 실루엣을 구별할 수 있지만, 리엄은 실루엣에서는 두 동물을 구분할 만한 특징을 찾지 못했던 것이다.[14] 그는 지금도 부분은 볼 수 있지만 전체를 보는 데는 어려움을 겪는다.

세 번째 방문 후 1년이 지난 2015년, 나는 리엄에게 이메일로 그림 3.6을 보냈다. 요제프 알베르스의 저서 《색채의 상호작용Interaction of Color》에 나오는 그림이다.[15] 이 그림은 우리가 투명도를 보는 방법을 보여준다. 대부분의 사람들은 이 그림을 두 장의 종이로 해석한다. 오른쪽의 밝은 종이는 반투명하며, 왼쪽의 짙은 종이 위에 놓여 그 종이에 닿는 우리의 시야를 부분적으로 가린다. 리엄은 이 그림을 있는 그대로 묘사했다. "두 개의 직사각형이 있고…… 두 직사각형 가운데에 화살표 모양이 있어요." 그는 이 그림을 깊이가 약간 다른 두 장의 종이로 보지 않고, 기하학적 형태들로 이루어진 평면적이고 추상적인 도안으로 보았다. 그는 그림의 요소들을 보는 데는 어려움이 없었지만 전체적인 의미를 파악하지 못했다.

현재 리엄은 수술 직후에 비하면 많은 사물을 인식할 수 있지만, 여전히 사물의 전체를 보는 데는 어려움을 겪는다. 우리가 어떻게 사물을 보는 즉시 하나의 단위로 인식할 수 있는지에 대해 우리는 진지하게 생각해보지 않지만, 방대한 규모의 뉴런과 네트워크가 이 과정에 관여하고 있다. 실제로 우리 뇌의 약 3분의 1이 시각과 시각 처리에 사용된다. 리엄은 유아기부터 사실상 앞을 보지 못했기 때문에 시각 시스템이 정상적으로 발달하지 못했다. 리엄이 인공수정체를 삽입한 직후 본 장면들과 그 후 겪은 어려움은 그런 시각 네트워크가 무슨 일을 하는지, 그리고 우리가 시각을 얼마나 당연하게 여기는지에 대한 통찰을 제공한다.

리엄이 사물의 전체적인 모습보다 선이나 모서리, 또는 윤곽에 집중하는 것은 시각 생리학자들이 볼 때는 당연한 일이다. 우리의 시각 체계는 실제로 선에 민감하기 때문이다. 선은 대개 밝은 곳과 어두운 곳 사이의 경계를 나타내며, 망막의 많은 아웃풋 뉴런은 명암 대비에 가장 잘 반응한다.[16] 일차시각겉질(V1 또는 줄무늬겉질이라고도 한다)은 망막에서 오는 시각 인풋을 받는 첫 번째 대뇌겉질 영역이다. 1900년대 중반부터 데이비드 허블과 토르스텐 비셀은 처음에는 고양이, 그다음에는 원숭이를 대상으로 V1 뉴런의 발화를 기록하기 시작했다.[17] 각 뉴런은 전형적인 수용영역receptive field(수용

장)을 가지고 있었다. 즉 시야의 특정 영역에서 오는 빛 자극 패턴에 민감하게 반응했다. 예를 들어 한 뉴런은 시야의 중앙 정면에 위치하는 자극에 민감하게 반응하는 반면, 또 다른 뉴런은 중앙에서 약간 왼쪽 밑에 위치하는 빛 자극에 반응한다. VI 영역의 서로 인접한 뉴런들은 망막의 약간 다르지만 중첩되는 부분에서 인풋을 받기 때문에, 약간 다르지만 중첩되는 수용영역을 가지고 있다. 전체 시야가 이렇듯 지형적topographic, 즉 망막위상적retinotopic인 방식으로 일차시각겉질과 대응된다. 어떤 V1 뉴런들은 각기 다른 파장의 빛(우리가 색으로 인식하는 것)에 선택적으로 반응하지만, 대부분의 V1 뉴런은 어두운 배경 속의 밝은 줄 또는 밝은 배경 속의 어두운 줄에 반응한다. 이때 줄의 방향이 중요하다. 어떤 V1 뉴런은 세로줄에 가장 크게 반응하고, 어떤 뉴런은 가로줄, 또 어떤 뉴런은 중간 각도의 줄에 가장 크게 반응한다. 즉 V1 뉴런들은 방향 선택적이다.

사물의 가장자리는 우리가 명도나 질감의 변화를 보게 되는 부분이고, 이런 대비는 V1에 있는 일군의 방향 선택적 뉴런을 자극한다. 우리가 눈으로 가장자리를 따라가는 동안 가장자리의 방향이 변할 때마다 각기 다른 방향 선택적 뉴런이 반응한다. 비슷한 방향을 선호하는 V1 뉴런들 간의 장거리 연결은 길이가 긴 선이나 윤곽을 인식하는 데 도움이 된다.[18]

리엄이 선이나 색 같은 특징만으로는 세상을 이해할 수 없었던 것처럼, 우리도 개별 V1 뉴런을 조사하는 것만으로는 시각 처리 과정을 이해할 수 없다. 1973년에 위대한 신경심리학자 A. R. 루리야는 《작동하는 뇌 The Working Brain》라는 책을 출간했다.[19] 그 책에서 루리야는 환자들을 주의깊게 관찰한 결과를 토대로 우리 뇌의 시각중추가 일차영역과 이차영역으로 구성되어 있다는 결론을 내렸다. 일차영역에는 일차시각겉질, 즉 V1이 있으며, V1의 일부가 손상되면 V1의 해당 부위와 대응되는 시야 부분을 볼 수 없다. 일차시각영역의 뉴런들은 이차시각영역의 뉴런들과 신호를 주고받는데, 이차영역에서는 들어온 미처리 인풋을 분석하고 결합하고 종합한다. 이차시각영역에 손상이 생긴 사람은 시력을 잃지는 않지만 다른 형태의 시각적 실인증(알지 못하는 것)을 겪는다. 이런 사람들은 사물의 윤곽과 색깔을 포함해 사물의 모든 부분을 '볼 수 있지만' 그런 특징들을 종합하여 사물을 전체적으로 인식할 수는 없다.[20] 이들은 그 사물을 예전에 한 번도 본 적이 없는 것처럼 인식한다.[21]

가장 유명한 시각 실인증 사례는 아마 올리버 색스의 환자인 '모자를 아내로 착각한 남자' P 박사일 것이다.[22] 색스 박사가 그에게 장갑을 보여주며 무엇이냐고 묻자 P 박사는 이렇게 대답했다. "연속적인 표면에 주름이 잡혀 있어요. 돌출부가 다섯 개군요." P 박사는 장갑의 핵심 특징을 자세히 묘사했지만 이런 특징들을 종합해 전체를 인식하지는 못했다. P 박사가 장갑이 뭔지 몰랐기 때문이 아니다. 그는 촉감으로 그것이 장갑임을 알 수 있었다. 시각 실인증이 있는 P 박사

같은 사람들이 겪는 문제들은 리엄이 처한 곤경을 거울처럼 보여준다. 그들은 리엄처럼 사물을 자동적, 무의식적으로 인식하지 못하고, 대신 기본적인 특징들로부터 사물의 정체를 추론해야 한다. 시각 실인증의 모든 사례에서 이런 문제는 뇌의 상부 시각 경로와 관련이 있다.

방향 선택적 세포들이 있는 일차시각겉질(V1)은 시각 말단의 망막과 뇌 상부(중추에 더 가까운 영역)의 시각영역들 사이의 시각 경로를 따라 위치한다.[23] 말단(눈을 향하는) 방향에서는 V1 뉴런이 망막세포들과 직접 연결된 시상뉴런으로부터 인풋을 받는다. 중추(뇌를 향하는) 방향에서는 V1 뉴런이 V2(시각겉질 2) 뉴런에 신호를 전달하고, 그런 다음에 두 가지 주요 시각 경로를 따라 존재하는 뉴런들에 직간접적으로 신호를 전달한다. 이 두 가지 경로 중 '무엇' 경로(지각 경로 또는 등쪽 경로)는 사물, 얼굴, 장소 인식에 관여하고, '어디' 경로(동작 경로 또는 배쪽 경로)는 사물의 위치 파악과 동작 안내에 관여한다.[24] 루리야가 "2차 지대secondary zones"라고 말한 곳이 바로 이 경로들이다. V1과 V2는 지각 경로와 동작 경로 모두에 신호를 전달하지만, 상부 영역으로 갈수록 한 경로에 더 치중할 것이다. 상부 영역은 다양한 방식으로 불린다. 어떤 영역은 해당 영역이 시각 위계상 어느 위치인지 나타내기 위해 V 뒤에 숫자를 붙이고, 어떤 영역은 해부학적 위치에 따라 명명된다. 예를 들어 V4와 가쪽뒤통수 영역은 지각 경로인 '무엇' 경로에 속하고, MT(안쪽관자 영역)라고도 불리는

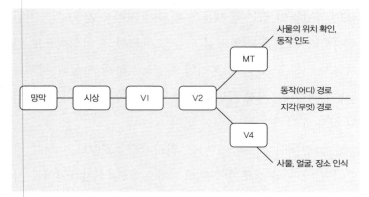

사물의 위치 확인,
동작 인도

MT

망막 시상 VI V2

동작(어디) 경로

지각(무엇) 경로

V4

사물, 얼굴, 장소 인식

그림 3.7. 동작 경로와 지각 경로를 단순화한 도식. 서로 다른 시각영역들 사이의 피드포워드/피드백 연결이 많이 생략된 그림이다.

V5는 동작 경로인 '어디' 경로에 속한다(그림 3.7을 보라).

일차시각겉질은 대뇌의 뒤통수엽(후두엽) 겉질 맨 뒤에 위치한다. 뇌 꼭대기를 따라 겉질 뒤쪽에서 앞쪽으로 이동하면, 뒤쪽의 뒤통수엽에서 중앙 꼭대기의 마루엽(두정엽)을 지나 앞쪽의 이마엽(전두엽)으로 가게 된다. 네 번째 엽인 관자엽(측두엽)은 이마엽과 마루엽 밑, 뒤통수엽 앞에 위치한다. 시각적 지각이 뒤통수엽 겉질의 주요 기능이지만 시각 처리는 여기서 끝나지 않는다. 예를 들어 관자엽 겉질의 영역들은 사물, 얼굴, 장소 인식에 중요하다. 마루엽의 영역들은 눈, 귀, 접촉에서 오는 인풋을 통합하며, 공간을 인식하고 탐색하는 데 중요하다. 다시 말해 관자엽 겉질 영역은 지각 경로에 속하고, 마루엽 겉질 영역은 동작 경로에 속한다. 그리고 이마엽 겉질은 주로 시각 정보에 의해 인도되는 움직임을 조절한다. 따라서 시각 경로는 겉질의 네 엽 전체에 걸쳐 존재한다.

V1에서 V2로, 거기서 다시 뒤통수엽과 그 외의 상부 영역으로 시각적 위계가 높아질수록 뉴런의 수용영역 성질이 변한다.[25] 하부 영역의 세포들이 상부 영역의 뉴런으로 수렴하기 때문에, 상부 영역의 세포들은 망막과 시야의 더 넓은 영역에서 오는 정보에 반응한다. 그 결과 상부 영역의 뉴런은 지형적으로 덜 정밀한 더욱 넓은 수용영역을 갖는다. 또 상부 영역의 뉴런은 더 복잡한 자극에 반응한다. V1 뉴런은 특정 방향의 빛줄기에 반응하지만, 지각 경로의 상부 영역에 속하는 뉴런들은 사물의 전체적인 모습, 신체 부위, 얼굴, 또는 장소에 반응한다. V1과 상부의 사물 인식 영역 사이에 있는 영역인 V4의 뉴런은 선과 전체적인 사물 사이의 중간쯤 되는 자극인 윤곽과 형태에 가장 강하게 반응한다. 리엄과 '아내를 모자로 착각한 남자' P 박사는 삼각형과 사각형 같은 기하학적 형태는 쉽게 인식할 수 있었지만 실제 사물을 인식하는 데는 어려움을 겪었다. 따라서 리엄과 P 박사의 경우 형태를 인식할 수 있는 중간 시각영역은 제대로 기능하지만 사물을 전체적으로 인식하는 데 필요한 상부 영역이 제대로 작동하지 않았을 가능성이 높다.

이런 시각의 위계 구조를 고려하면, 우리는 윤곽과 색상 같은 기초적인 특징들을 결합하여 형태를 인식한 다음에 그것을 의미 있는 사물로 인식하는 방법으로 시각 세계를 구축하는 듯하다. 리엄이 자신이 보는 다양한 선들을 의식적으로 특정 사물의 윤곽으로 배정할 때 바로 이런 작업이 일어나고 있는 것이다. 하지만 리엄의 분석 방식은 우리 대부분이 보는 방식과는 매우 다르다(그리고 사용하는 뇌 회로도 다를 것이다). 우리는 세부 특징들을 전체 사물로 조립하는 과정을 의식하지 않는다. 새로운 장면을 대면하면 즉시 그 장면의 핵심을 파악한다. 우리는 주요 랜드마크와 사물을 보면 그것을 산, 나무, 집, 테이블, 의자 등과 같은 기본 범주에 넣는다. 우리가 보는 즉시 파악하지 못하는 건 정밀한 특징과 세부 사항이다. 세부를 보고 싶으면 주의와 시선을 그곳으로 돌려야 한다. 마찬가지로 우리는 인쇄된 글자를 인식할 때 문자 하나하나에 주의를 기울이지 않고, 악곡을 인식할 때도 음표를 일일이 분해하지 않는다. 시각과학자인 샤울 호크슈테인과 메라프 아히사르는 "전체는 분명 부분들로 구성되는데 어떻게 부분을 모르고 전체에 접근할 수 있게 되는 것일까?"라고 말한다.[26]

이런 방식의 지각은 그리 놀라운 게 아니다. 아마 우리가 태어나 처음 볼 때도 이렇게 할 것이다. 신생아의 시력은 성인의 시력보다 훨씬 떨어진다. 따라서 신생아에게 가장 잘 보이는 것은 배경에서 도드라지는 상당히 큰 사물이다. 신생아는 사물의 특징까지 볼 수는 없지만, 정지된 배경에서 한 덩어리로 움직이는 사물은 쉽게 인식할 수 있다. 생후 첫 몇 년 동안 유아는 탐색을 통해 환경에서 사물을 시각적으로 분리하는 추가 전략들을 개발한다.[27] 우리는 태어날 때부터 그 기능이나 명칭을 모를 때도 사물을 통째로 인식하려고 시도

한다.

호크슈테인과 아히사르는 인간의 시각적 지각에 대한 연구를 바탕으로 역위계 이론reverse hierarchy theory을 세웠다.[28] 우리가 무언가를 언뜻 볼 때 시각 정보는 순식간에 망막에서 시상을 거쳐 V1, V2로, 거기서 다시 상부 시각영역을 향해 순방향으로 빠르게 이동한다. 사물이나 풍경을 모서리나 윤곽, 형태로서가 아니라 의미 있는 전체로 인식하는 최초의 의식적 시각이 생기는 때는 아마도 상부 시각영역이 활성화된 후일 것이다. 우리는 한 장면의 세부를 거의 다 보았다고 생각할지 모르지만, 심리학 검사에 따르면 그렇지 않은 것으로 드러났다.[29] 세세한 부분까지 인식하려면 다시 돌아가 하부 시각영역이 제공하는 정보에 접근해야 한다.

시각 경로의 정보는 한 방향으로만 흐르지 않는다. 상부 시각영역은 하부 영역에 피드백을 준다. 실제로 상부 시각영역에서 하부 시각영역으로 향하는 방대한 피드백 연결이 존재한다. 시각 위계의 모든 수준에서 뉴런 및 신경망들 사이에 순방향과 역방향의 지속적인 대화가 이루어진다. 그림 3.7의 도식에 이 모든 순방향 및 역방향 연결을 화살표로 표시한다면 그 회로는 해독할 수 없는 지경으로 복잡해질 것이다.

우리는 의자나 개가 어떻게 생겼는지 알고 태어나지 않는다. 그것을 알려면 의자와 개를 다양한 명암 조합으로 여러 각도에서 보는 경험이 필요하다. 우리가 사물을 인식하고 그 사물을 기본 범주(테이블, 의자, 집, 개 등)에 넣을 수 있게 되면,

뇌의 상부 시각영역에 새로운 회로와 네트워크가 생긴다. 그리고 하부 영역과 상부 영역 사이에 양방향으로 통하는 새로운 경로가 형성된다. 리엄이 인공수정체를 이식한 후 어디를 가든 길고 연속적인 선을 보았다는 사실은, 그의 방향 선택적 V1 뉴런이 제대로 작동하고 있었으며 그 뉴런들 사이에 장거리 연결이 존재했음을 암시한다. 리엄이 그 선들을 보는 즉시 개별 사물의 윤곽으로 인식하지 못한 것은 그의 상부 사물 인식 영역이 제대로 발달하지 않았기 때문일 것이다.

◆

정상 시력을 가진 사람들은 보이는 것을 해석하기 위한 무의식적이고 자동적인 전략을 가지고 있고, 리엄도 그중 일부를 사용한다. 예를 들어 우리는 어떤 장면을 볼 때 모든 부분에 균등하게 주의를 기울이지 않는다. 우리는 장면을 세분화하여 주로 전경에 있는 것들에 집중하고 배후에 있는 세세한 부분에는 주의를 덜 기울인다. 다시 말해 우리는 세상을 전경 figure과 배경ground으로 나누며, 각 부분은 3차원 공간 속에 배치된다.

덴마크 심리학자 에드가 루빈은 전경과 배경에 관한 연구를 정립한 최초의 시각과학자로, 1915년 발표한 박사학위 논문에서 자신의 이론을 소개했다. 그는 골판지를 아무 모양으로 잘라 천 스크린에 투영하고, 피험자들에게 스크린에 비춰진 장면의 한 부분은 전경이고 나머지 부분은 배경으로 보라고 지시했다. 이것이 사소한 실험처럼 들릴 수도 있지만 그렇지 않다. 루빈은 사람들이 전경을 배경과는 완전히 다르게 경험한다는 사실을 알게 되었다. 전경은 배경과는 별개의 평면상에 있는 것처럼 보였다. 즉 전경은 앞쪽에 두드러져 보임으로써 배경을 시야에서 차단하는 효과를 냈다. 스크린에 비춰진 장면에서 사람들은 선과 윤곽을 배경 일부가 아니라 전경의 테두리로 보았다. 전경은 '객관적 사물성thingness'을 지닌 반면 배경은 형태 없는 바탕이 되어 배후로 사라졌다. 또한 사람들은 전경을 배경보다 훨씬 잘 기억했다.[30]

루빈은 그가 박사학위 논문을 위해 만든 유명한 얼굴/꽃병 착시('루빈의 꽃병'이라고도 부른다)로 가장 잘 알려져 있다(그림 3.8). 이 착시 그림을 한동안 쳐다보고 있으면 검은 배경 속의 흰색 꽃병과 흰 배경 속의 검은 두 얼굴이 번갈아가며 보인다. 이런 전환이 일어날 때, 우리는 무엇이 전경이고(꽃병인가 얼굴인가) 무엇이 배경인지에 대한 해석을 바꾸게 된다. 전경은 앞으로 나오고 배경은 형태 없는 바탕으로 물러나게 된다.

루빈의 꽃병은 그것을 보는 우리가 전경의 경계선을 어떻게 배정하느냐에 따라 달라 보이는 모호한 형상의 대표적 사례이다. 꽃병이 보이면, 우리는 이 착시 그림의 검은 부분과 흰 부분 사이의 경계선을 꽃병에 배정한 것이다. 해석을 바꾸어 얼굴이 보이면, 우리가 경계선을 배정하는 방식을 바꾸어 얼굴에 배정한 것이다. 얼굴과 꽃병을 동시에 볼 수는 없

그림 3.8. 루빈의 얼굴/꽃병 착시. 꽃병인가 마주보는 두 얼굴인가?

다. 그건 모순이다. 우리가 경계선을 꽃병에 배정하면 꽃병이 그림의 앞으로 나오고, 경계선을 얼굴에 배정하면 얼굴이 전면으로 부각된다. 꽃병과 얼굴을 동시에 보려면, 꽃병이 얼굴 앞으로 부각되는 동시에 얼굴이 꽃병 앞으로 부각되어야 하는데, 이는 불가능한 일이다.

상부 시각영역의 뉴런들이 하는 일 중 하나는, 한 장면의 전경에 반응하는 V1 신경망의 발화를 조율하는 것이다.[31] 우리가 두 가지로 해석이 가능한 모호한 전경을 보며 인식의 전환을 경험하는 동안 아마 이런 조율이 일어날 것이다. 내가 전경이 모호한 '윌슨 착시'를 보여주자, 리엄은 두 개의 이미지를 교대로 볼 수 있었다. 하나는 두툼한 외투를 입고 있는 남자이고, 다른 하나는 얼굴이다(그림 3.9). 리엄이 윌슨 착시를 보며 이런 식의 지각적 전환을 일으킬 수 있었다는 것은, V1과 어떤 상위 시각영역 사이에 유연한 소통 경로가 생겼

그림 3.9. 윌슨 착시. 외투를 입은 남자인가 얼굴인가?

음을 암시한다.

하지만 실세계 속의 장면은 일반적으로 형태 없는 배경에 하나 이상의 전경을 포함한다. 그 장면에는 많은 사물이 보이고, 몇몇 사물들은 다른 사물들을 부분적으로 가린다. 20세기 초 오스트리아와 독일에서 새로운 심리학 학파인 게슈탈트 심리학이 생겨났다. 게슈탈트 심리학자들은 우리가 한 장면의 개별적인 특징들을 따로따로 보지 않는다고 주장했다. 그보다 우리는 요소들을 지각적 단위로 묶는데, 이런 그룹화는 의식적 사고를 거치지 않고 자동적으로 일어난다. 게슈탈트 심리학자들은 이런 그룹화를 인간 시각 체계의 기본적인 성질로 간주했고, 우리가 한 장면을 분석하고 그 안의 사물들을 구분할 때 자동적으로 사용하는 몇 가지 게슈탈트 원리를 제시했다.[32]

예를 들어 우리는 그림 3.10의 형태들을 보는 즉시 게슈탈

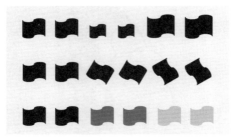

그림 3.10. 게슈탈트 그룹화의 사례.

그림 3.11. 윤곽 통합. 원이 보이는가?

그림 3.12. 나뭇잎 속에서 뱀을 찾을 수 있는가?

트 '유사성 원리'를 토대로 시각적 요소(윗줄은 크기, 가운뎃줄은 방향, 아랫줄은 명도)에 따라 묶을 수 있다. 또한 우리는 하나의 경계로 둘러싸인 요소들을 한 덩어리로 보려는 경향이 있는데 이를 게슈탈트 '폐쇄성 원리'라고 부른다. '연속성 원리'는 방향이 비슷하고 연속적인 선을 이루는 요소들을 지각적 전체로 묶는 경향이다. 그림 3.11을 한동안 집중해서 보면 원이 '부각되어' 보일 것이다.

위장偽裝은 주로 게슈탈트 원리를 이용함으로써 작동한다. 동물의 다양한 몸 부위들을 파편화시켜 몸의 일부가 아니라 주변 환경의 일부처럼 보이게 하면 그 동물을 알아보기 어려워진다. 그림 3.12에서 우리는 아메리카살무사의 가죽 패턴을 나뭇잎을 포함한 주변의 배경과 혼동하여 뱀을 전혀 보지 못할 수 있다.

비판자들은 게슈탈트 이론이 지각 체계가 작동하는 방식에 대한 타당하고 검증 가능한 메커니즘을 제시하기보다는 기술記述적이고 다소 모호하다고 비판해왔다. 그렇다 해도 게슈탈트 심리학자들이 우리가 보는 것을 기술한 것은 사실이다. 게다가 시각 뉴런에 대한 연구들에 따르면, 몇몇 뉴런들이 게슈탈트 원리에 따른 그룹화에 반응하며, 상부 시각영역의 뉴런들이 하부 영역 뉴런의 활성화를 조율하는 것 같다.[33]

리엄도 장면 속에서 사물들을 찾기 위해 게슈탈트 원리를 이용하는 듯하다. 하지만 그의 경우에는 이 과정이 항상 자동적으로 이루어지지는 않고 주의깊은 분석이 필요하다. "제게 선은 색이 달라지는 곳, 즉 두 색이 만나는 지점이에요." 리엄은 이렇게 말했다. 게슈탈트 법칙들에 따라서, 리엄은 한 장면을 볼 때 유사성 원리를 이용해 각 색깔 영역을 그룹화한 다음, 연속성 원리를 이용해 선을 식별한다. 리엄이 처음에는 의식적으로, 그다음에는 자동적으로 사물들을 그룹화함에 따라, 그의 뇌에서 서로 다른 시각영역들 사이에 새로운 경로와 네트워크가 형성되고 있었을 것이다.

리엄은 수술 7년 후인 2012년에 타이크슨 박사를 위한 그림을 그렸다(그림 3.13). 나는 화려한 색상(이 흑백 사진에는 보이지 않는다)과 대담한 형태로 가득한 이 그림이 몹시 마음에 들어 내 컴퓨터의 화면보호기로 사용했다. 그의 그림은 여러 게슈탈트 원리를 보여준다. 그림 속에는 비슷한 형태들끼리 묶을 수 있는 부분들이 있다. 일부 형태들은 굵은 윤곽선으로 묶을 수 있다는 점에서 폐쇄성 원리를 보여준다(예를 들어, 그림의 오른쪽 가장자리에는 짙고 두꺼운 윤곽선으로 구분되는 원과 직사각형이 있다. 일부 직사각형은 더 큰 직사각형 안에 들어 있고, 이 사각형은 다시 더 큰 직사각형 안에 있다). 또 어떤 형태들은 연속된 선을 이루는데, 이는 연속성 원리를 보여주는 예다(그림의 중간 부분을 통과하는, 사각형들로 이루어진 선을 보라).

리엄의 그림에서 대담한 선과 색은 실제 사물들을 연상시킨다. 나는 그가 타이크슨 박사를 위해 그린 이 그림을 이메일로 받아보고, 답장에 그림에서 본 몇 가지 이미지들을 구

그림 3.13. 리엄의 추상화.

체적으로 묘사했다. 곡선으로 연결된 두 원은 눈과 안경처럼 보였고, 그림 중간에 있는 삼각형과 그 옆에 붙은 직선은 깃 대에 꽂힌 깃발처럼 보였다. 리엄은 내 답장에 대한 답에서, 다른 사람들도 이 그림에서 실제 사물들을 보았다고 말했다. "제게는 그런 사물들이 보이지 않아요." 그가 말했다. "저는 그려진 그대로를 볼 뿐이에요." 그러면서 특유의 유머 감각을 살려 이렇게 덧붙였다. "그림 어딘가에 용이 있을지도 모르죠."

우리는 윤곽선을 정하거나 형태를 만드는 등, 보이는 것들을 특징별로 그룹화하여 사물의 범주를 만든다. 접이식 의자와 리클라이너 의자는 생김새가 매우 다르지만 우리는 보자마자 공통 성질을 포착해 이 둘을 '의자'라는 범주로 묶는다. 치와와와 셰퍼드는 서로 쉽게 구별되지만 우리는 아무런 문제 없이 이 둘을 '개'라는 범주에 넣는다. 이렇게 한 집단의 구성원들이 가진 공통점을 찾고 추출하는 능력은 자연스럽게 지각 학습으로 이어진다. 우리가 추출해내는 패턴들은 뇌 전체에 위치하는 상호 연결된 뉴런 네트워크에 의해 표상될 것이고, 이런 네트워크들은 가장 자주 마주치는 사물들에 반응해 형성된다.[34] 따라서 리엄은 새로운 장면들을 보았을 때, 자신이 가진 다른 감각들과 분석 기술을 사용해 이 새로운 시각적 자극을 친숙한 범주에 넣음으로써 시각영역과 기타 감각영역들 사이에 새로운 네트워크를 만들어야 했다.

사물들은 풍경에 속하는데 풍경은 어느 정도 예측이 가능하다. 한 뇌 영상 실험에서 사람들에게 숲, 해변, 산업 단지 같은 다양한 장면을 보여주었다.[35] 이때 각 장면의 4분의 1을 흰 종이로 가렸다. 실험 결과, 흰색으로 가려진 부분에 반응하는 V1, V2 뉴런들은 눈으로부터 아무런 인풋을 받지 못했음에도 가려지지 않은 부분들과 연관된 활성화를 보였다. 이런 활성화를 일으킨 것은 장면을 전체적으로 보는 데 관여하는 상부 시각영역에서 온 인풋이었다.

실험 참가자들에게 해당 장면에서 흰 종이로 가려진 부분을 직접 그려 넣으라고 요청하자, 그들은 누락된 정보를 정확하게 채워넣을 수 있었다. 참가자들이 누락된 부분을 그려넣을 수 있었다는 건, 가려져 생략된 부분에 대한 내적 모델을 만들었음을 암시한다. 이 모델은 상부 시각영역에서 만들어져 피드백 연결을 통해 하부 영역의 뉴런을 활성화시킬 것이다. 우리는 실생활에서 눈앞에 보이는 것 외에 무엇이 있는지 예측하기 위해 이런 종류의 마음의 모델을 지속적으로 만들고 수정한다.

리엄은 그림을 잘 해석하지 못하며 풍경 그림을 가장 싫어한다. 유년기에 넓은 지역을 본 경험이 없기 때문에 광대한 경관에 대한 적절한 내적 모델을 만들 수 없는 것이다. 리엄의 초기 시각영역(시각 체계의 초기 처리 단계)들에 위치하는 뉴런들이 경관의 개별 요소에 반응하지만, 더 넓은 장면에 대한 내적 모델을 만들지 못한 탓에 그의 시각 뉴런과 신경망은 풍경 속에서 가장 중요하게 구별해야 할 구조나 패턴을 인식하도록 조정되어 있지 않다. 리엄은 특히 먼 풍경을 이해하는 데 어려움을 느낀다.

내 학생들에게 식물 잎 내부를 처음 보여주었을 때 나는 눈에 보이는 것을 분석하는 데 내적 모델이 얼마나 중요한지 다시 한번 깨달았다. 나뭇잎은 평평하고 얇아 보이지만, 실제로는 아름답고 질서정연한 3차원 구조를 이루고 있다. 예전 경험으로부터 나는 앞으로 학생들에게 어떤 변화가 일어날지 알고 있었다. 나는 학생들에게 잎의 외피를 벗겨낸 다음에 그 시료를 현미경으로 보는 방법을 알려주었다. 그리고 학생들에게 뭐가 보이는지 묻자 그들은 "녹색만 보여요"라고 대답했다. 그들은 의미 있는 것을 전혀 보지 못했다. 그다음으로 나는 학생들에게 플라스틱으로 만든 나뭇잎의 3차원 모형과, 잎의 내부 구조들을 각기 다른 색으로 염색한 슬라이드를 보여주었다. 그 후 다시 나뭇잎 시료를 보았을 때 학생들은 녹색 바다 대신 새로운 구조들을 알아볼 수 있었다. 그들은 조각퍼즐처럼 맞물려 있는 외부 세포와 내부 세포의 구조, 이산화탄소와 산소를 교환할 수 있게 하는 세포 내부의 공기층과 표면의 기공 등 복잡한 구조들을 볼 수 있었다. 나는 무엇보다 학생들이 몇 시간 만에 녹색 바다 외의 것들을 볼 수 있었다는 점에 고무되었다. 이것은 지각 학습의 좋은 사례였다.[36] 학생들의 눈을 통해 들어오는 미처리 데이터는 그대로였지만, 훈련과 집중을 통해 학생들은 그 데이터에서 훨씬 더 많은 정보를 추출하여 자신이 본 것에 의미를 부여할 수 있었다. 학생들이 나뭇잎을 발견하는 과정을 지켜보면서 나는 그들 뇌의 시각영역들 사이에 어떤 종류의 연결이 바뀌었을지 궁금했다.

대부분의 학생은 몇 달 후 나뭇잎 구조의 세부적인 특징들을 잊어버렸다. 그 정보는 그들의 일상생활과 관련이 없기 때문이다. 하지만 시각 기억과 심상화 능력(감각을 통해 경험한 것을 마음속에서 다시 떠올리는 능력)에 뛰어난 학생들은 그 정보를 더 오래 기억했을 것이다. 리엄이 일상에서 마주치는 사물들을 인식하기 위해서는, 수년간 보지 못했던 탓에 약해져 있는 시각 기억과 심상화 기술을 개발해야 했다.

예상도 우리가 무엇을 보느냐에 큰 역할을 한다. 나는 몇 년 전 부엌 창문을 통해 바깥의 새 모이통을 무심코 바라보다가 그 사실을 깨달았다. 원래 새 모이통에는 내가 보자마자 알아볼 수 있는 박새와 핀치 같은 작은 새들이 자주 찾아왔다. 그런데 그 순간에는 커다란 야생 칠면조 다섯 마리가 모이통 주변에서 창문 너머로 나를 보고 있었다. 칠면조의 출현은 너무나 기괴하고 예상치 못한 일이어서 나는 그 장면을 납득하는 데 한참이 걸렸다. 칠면조는 박새와 핀치보다 훨씬 크고 형태가 뚜렷이 구분되는데도 내가 칠면조를 인식하는 데 많은 시간이 걸린 이유는 칠면조를 볼 거라고 예상하지 못했기 때문이다. 처음에 고개를 돌려 창밖을 내다볼 때 내 시각 시스템은 작은 새들의 특징을 포착할 준비를 하고 있었을 것이고, 그래서 야생 칠면조가 나타났을 때 순간적으로 혼란이 생겼을 수 있다.

이런 사례들은 우리의 시각이 '상향식' 처리와 '하향식' 처리가 조합된 결과라는 것을 잘 보여준다. '상향식'이라는 건 시각 정보의 가장 작은 조각들로부터 시각 세계를 구축한다는 뜻이다. 이 과정은 하부 시각영역으로 들어오는 인풋에 달려 있다. 하지만 시각 뉴런이 오직 우리 눈이 보는 '상향식' 자극에만 반응한다고 생각하면 오산이다. 시각 뉴런의 발화는 이웃 뉴런, 즉 시각 위계상의 다른 수준과 뇌의 다른 영역에서 오는 인풋에 의해 수정된다. 앞선 경험, 과거의 일, 당면 과제를 위한 목표 등이 모두 하부 영역 뉴런의 발화에 영향을 미친다. 이 과정은 상부 시각영역에서 받는 피드백에 의존한다고 해서 '하향식'이라고 불린다. 우리 모두는 저마다 다른 경험, 필요, 욕구가 있으므로 '하향식' 처리는 사람마다 다른 영향을 미친다. 우리 모두는 각자의 지각적 렌즈를 통해 세상을 본다.

리엄은 이렇게 말했다. "가까이서 보면, 혼돈보다는 사물에 더 가깝게 보여요. 하지만 멀리 있는 것을 볼 때는 분명한 차이가 있어요. 그런 장면은 제게 아무 의미가 없어요. 특정 색의 막대가 트럭 앞면인지, 버스 옆면인지, 건물 지붕인지 구분하기 어려워요. 사람들이 조금만 멀리서 말을 건다든지, 복도를 걸어오며 인사를 건네면, 실제 상황처럼 느껴지지 않을 정도로 다른 느낌이 들어요." 인공수정체 수술 후 리엄의 눈은 그의 V1 뉴런이 그동안 내내 기다려왔던 인풋을 제공했다. 하지만 그는 몇십 센티미터보다 더 먼 곳을 본 시각적 경험이 없었기 때문에, 국소적 세부를 일관된 사물과 경관으로 구성하는 '하향식' 처리 과정이 발달하지 않은 상태였다. 따라서 그는 주로 '상향식' 처리에 의존해 부분들로부터 의식적으로 시각 세계를 짜맞춰야 했다. 세부가 제대로 보이지 않는 먼 곳을 볼 때는 이런 작업이 특히 힘들었다.

우리 대부분은 어떤 장면을 볼 때 그 장면을 구성하는 사물들을 보지 않은 채 선과 색만 보는 것이 거의 불가능하다. 그러므로 리엄이 보는 장면을 우리가 상상하기는 어렵다. 우리는 세상을 저마다 다르게 보지만, 특정 순간에 내가 인식하는 사물들을 근처에 있는 사람들도 똑같이 인식한다고 가정해도 무방하다. 이런 사물들은 우리 모두가 이해하는 기본 범주에 속한다. 만일 내가 의자나 개를 본다면 다른 사람들도 그럴 것이다. 하지만 리엄이 보는 시각 세계는 맥락 잃은 요소들로 가득한 파편화된 장면이고 이것을 상상하는 것은 전혀 다른 문제다. 나는 입체시를 얻은 후 새로 생긴 3차원 시각을 다른 사람들에게 설명하며 얼마나 답답했는지 기억한다. 늘 입체시로 보던 사람들은 그것을 당연하게 여기기 때문에 자신들이 무엇을 볼 수 있는지 몰랐고, 또 항상 입체맹인 사람들은 자신들이 무얼 놓치고 있는지 상상할 수 없었다. 내가 이럴진대 리엄이 자신이 본 새롭고 낯선 세계를 다른 사람들에게 설명하는 것은 얼마나 더 어려웠을까.

하지만 도로의 바퀴 자국처럼 뉴런 연결도 사용할수록 깊어진다. 리엄이 선들의 혼돈 속에서 개별 사물을 인식하기 시작함에 따라, 사물을 인식하는 그의 상부 시각영역에 새로운 네트워크가 생겼을 것이다.[37] 그뿐 아니라, 상부 시각영역의 뉴런들은 해당 사물에만 반응하는 하부 시각 뉴런의 발화를 선택적으로 촉진하고, 배경에 반응하는 뉴런의 발화는 억제했을 것이다. 리엄의 시각이 점점 더 '하향식'이 되어감에 따라 그의 시각 세계는 더 많은 의미를 갖게 되었다.

얼굴을 인식할 때만큼 부분에서 전체를 보는 능력이 분명히 드러나는 상황은 없다. 우리 대부분은 수년간 만나지 못한 사람들을 포함해 수백 명의 얼굴을 식별할 수 있다. 실제로 얼굴을 인식하는 능력은 인간의 가장 인상적인 시각 기술 중 하나다. 리엄은 인공수정체를 이식하기 전에는 얼굴의 개별 요소를 볼 수 없었다. 그렇다면 좀 더 선명하게 볼 수 있게 되었을 때 그가 얼굴만으로 사람을 알아볼 수 있었을까?

얼굴

주세페 아르침볼도는 사람 머리가 채소와 나무뿌리로 되어 있는 기괴한 초상화를 그린 르네상스 화가이다. 그가 그린 관습적인 종교화는 오래전에 잊혔지만 채소 초상화는 여전히 인기가 있다. 채소 초상화는 보는 재미 외에도 우리의 얼굴 인식 능력에 대해 무언가를 말해준다. 다음 페이지의 아르침볼도 그림에서 우리는 주먹코와 둥그런 뺨을 가진 머리를 볼 수 있다(그림 4.1). 그런데 그림을 거꾸로 뒤집으면 얼굴은 사라지고 채소들이 담긴 사발이 나타난다.

그림을 똑바로 놓았을 때 보이는 얼굴의 각 부분들은 실제 이목구비가 아니다. 코는 당근이고 뺨은 양파다. 그래도 우리는 그림을 보는 즉시 초상화로 인식한다. 우리는 얼굴을 이루고 있는 채소들을 개별적으로 보지 않고 그것들을 인간의 얼굴로 조합한다. 실제로 (아르침볼도의 채소 얼굴뿐만 아니라) 실

그림 4.1. 주세페 아르침볼도가 그린 채소들로 구성된 초상화.

제 얼굴을 인식하는 것은 이미지가 거꾸로 뒤집혀 있을 때 훨씬 더 어려운데, 그렇게 하면 이목구비가 완전히 잘못 배열되기 때문이다.[1]

화가 척 클로스는 널리 알려진 거대한 초상화에서 비슷한 아이디어를 실험했다. 그는 피사체를 촬영한 후 그 사진을 격자로 나눈 다음, 거대한 캔버스에 격자를 그대로 옮겨놓고 격자 내부를 채웠다. 각 칸을 채운 이미지는 얼굴 특징과는 전혀 비슷하지 않았다. 하지만 캔버스의 명암 분포는 사진 속 인물의 얼굴 음영을 그대로 따랐다. 이 그림을 가까이서 보면 형형색색의 작은 사각형들로 이루어진 추상화로 보인다. 하지만 멀리서 보면, 모든 사각형이 하나로 합쳐지면서 거대한

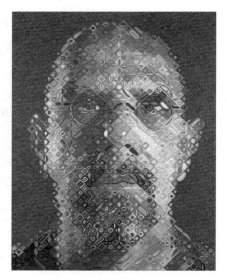

그림 4.2. 척 클로스, 〈자화상〉, 2007년.

얼굴이 나타난다. 몇 미터 떨어진 곳에서 캔버스에 서서히 다가가면, 초상화가 사각형들로 구성된 추상화로 바뀌는 것을 경험할 수 있다.[2]

아르침볼도와 클로스의 그림은 우리가 얼굴의 모든 세부를 면밀하게 살피는 대신 전체적으로 얼굴을 인식한다는 사실을 가르쳐준다. 이는 생태적인 관점에서 합리적인데, 얼굴의 세부는 시시각각 바뀌기 때문이다. 우리는 상대방이 찡그리든 웃든, 머리카락을 자르든 머리 색깔을 바꾸든 알아볼 수 있다. 또한 수염을 기르나 깎으나, 안경을 쓰나 벗으나 알아볼 수 있다. 수년 동안 만나지 못한 사람도, 심지어 그사이에 어린아이에서 어른으로 성장했더라도 알아볼 수 있다.

얼굴 인식 능력은 사람마다 천차만별이며 어떤 사람들은 특별히 뛰어나다. 나는 최근에 베이비샤워에 다녀왔는데, 참석한 친구들은 저마다 자신의 아기 때 사진을 가져오기로 했다. 우리 대부분이 1950년대에 태어났기 때문에 사진은 작은 흑백 스냅사진이었고, 따라서 얼굴 크기는 기껏해야 엄지손톱만 했다. 우리는 사진들을 큰 게시판에 붙여놓고 각 사진이 누구 것인지 맞춰보기로 했다. 내가 "뇌가 둘인 여자"라고 부르는 친구는 수년 동안 보지 못한 얼굴도 스치듯 잠깐 보고 알아볼 수 있는 불가사의한 능력이 있는데(그리고 그 사람의 인생사를 세세히 기억한다), 이 친구는 모든 아기 사진을 보자마자 알아맞혔다. 우리 얼굴이 60년 동안 많이 변했으므로 그 친구는 우리 얼굴을 전체적으로 인식한 것이 틀림없다.

성인이 되어 시각을 얻은 사람들이 대체로 그렇듯이, 리엄은 세부에 집중했지만 그것들을 의미 있는 전체로 조립하는 데 어려움을 겪었고, 그런 까닭에 얼굴을 잘 이해하지 못했다. 사람을 본 첫인상을 아름답다거나 설렌다고 묘사하는 일도 없었다. 첫 수술 직후 리엄은 어머니가 말을 할 때 입이 움직이는 모습을 보고 역겨움을 느꼈다. 인공수정체를 삽입하기 전에는 다른 사람의 얼굴이 자세히 보이지 않았기 때문에 코와 입은 그저 뿌연 얼룩처럼 보였다. 그는 말할 때 입이 움직인다는 걸 알고 있었지만 다른 사람의 붉은 입술과 혀를 자세히 보고는 혐오감에 충격을 받았다.

실제로 얼굴을 전체적으로 파악하지 않는다면 순간순간

사람을 알아보는 것은 불가능하다. 표정이 바뀌거나 말을 하면 얼굴이 완전히 달라진다. 나는 이런 장애에 대해 생각하며 척 클로스의 말이 떠올랐다. 얼굴을 알아보지 못했던 클로스는 안면인식장애에도 불구하고(어쩌면 그 이유 때문에) 초상화를 그린다. 그는 2010년 세계과학축제의 강연에서 "어떤 사람이 고개를 1.3센티미터만 움직여도 생전 처음 보는 사람처럼 보인다"라고 말했다.[3] 어렸을 때 시력이 나빴다가 성인이 되어 시력을 잃고, 그후 백내장 수술로 시력을 회복한 실라 하켄도 마찬가지였다. 그는 회고록 《엠마와 나Emma and I》에서 "사람은 얼굴을 한 개가 아니라 수백 개 가지고 있다"라고 썼다.[4] 대부분의 사람은 움직이고 있는 얼굴을 볼 때 표정뿐만 아니라 얼굴 이면의 사람을 본다. 하지만 척 클로스와 실라 하켄은 상대방의 얼굴이 움직이거나 표정이 바뀔 때마다 그가 다른 사람으로 보인다. 얼굴에 변화가 생길 때마다 완전히 새로운 얼굴이 된다. 얼굴과 표정을 인식하지 못하는 장애는 오래 눈이 보이지 않다가 성인이 되어 시력을 회복한 사람들이 매우 흔히 겪는 문제다.[5] 태어나면서부터 백내장으로 앞이 보이지 않았지만 1년 이내에 시력을 회복한 사람들조차, 얼굴을 인식하는 데 약간의 장애를 보인다.[6]

아기는 태어나 9분이 되면 벌써 인간의 얼굴에 대한 선호를 보인다.[7] 신생아의 시야에 세 가지 다른 사진을 내밀어보는 실험에서 이 놀라운 사실이 발견되었다. 얼굴 패턴(머리 형태를 닮은 타원과 눈, 코, 입처럼 생긴 도형들)을 아기 앞에서 흔들자 아기는 고개와 눈을 돌려 그 패턴을 따라갔다. 하지만 그런 특징들을 마구 섞어 패턴이 더 이상 얼굴처럼 보이지 않게 만들자 아기는 그 사진을 적극적으로 따라가지 않았다. 집 안의 물건이나 자연물은 인식하는 능력은 타고나지 않아도, 얼굴을 감지하는 기초적인 기술은 타고나는 듯하다.

게다가 생후 48시간이 되면 아기는 다른 여성의 얼굴보다 어머니의 얼굴을 선호한다.[8] 생후 이틀 내에 아기는 자궁에서 듣던 엄마 목소리와 어울리는 얼굴을 찾을 수 있다. 어떤 사물이 보이는지는 아기가 사는 환경에 따라 달라져도, 모든 아기는 살아남으려면 다른 사람들과 상호작용해야 한다. 따라서 아기가 사람의 얼굴, 특히 주 양육자의 얼굴에 특별한 선호를 보이는 것은 당연한 일이다.

얼굴을 볼 때 유독 활성화되는 뇌 영역을 방추형얼굴영역(FFA)이라고 부른다.[9] 흥미롭게도 전문 체스 플레이어가 체스판을 볼 때도 이 영역이 '켜진다'.[10] 왜 체스 전문가가 체스 게임을 할 때 얼굴 인식에 중요한 뇌 영역이 활성화되는 걸까? 얼굴을 인식하려면 눈, 코, 입을 보는 것만으로는 부족하다. 이목구비의 공간적 관계도 분석해야 한다. 마찬가지로 체스에서 이기려면 체스 말들 사이의 공간적 관계를 이해하는 것이 필수다. 방추형얼굴영역은 전체적인 공간 패턴을 인식하는 데 뛰어나다. 우리는 태어날 때 또는 태어난 직후부터 뇌 회로를 어느 정도 갖추며, 유아는 본능적으로 얼굴을 보는 것을 좋아한다. 이러한 선천적 특성을 토대로 방추형얼굴

영역이 얼굴 인식에 특화된 영역으로 발달하는 것 같다. 그리고 여기에 평생 얼굴을 보는 경험과 일상생활에서 얼굴을 인식하는 일의 중요성이 더해져 이 역할이 더욱 강화된다. 체스 전문가는 방추형얼굴영역의 공간 관계 회로를 활용해서 체스를 분석하는 듯하다.[11]

리엄은 대학에 들어갔을 때 체스 클럽에 가입해 체스를 즐겼지만 결국에는 포기했다. 자신의 공격적인 수와 상대방의 위협적인 수를 알아보지 못하고 계속 놓쳤기 때문이다. 일상생활에서도 비슷한 일이 일어났다. 리엄은 바로 옆에 있는 사람과 사물을 못 보고 지나치기 일쑤였다. 그래서 사방에서 오는 공격을 피해야 하는 비디오 게임을 좋아하지 않았다. 리엄은 이 모든 상황을 고려할 때 자신이 주변시가 좋지 못하고, 공간 패턴을 잘 인식하지 못하며, 방추형얼굴영역이 제대로 발달하지 않았다는 의심이 들었다.

신생아의 시력은 성인의 시력보다 훨씬 떨어지기 때문에 아주 어린 아기는 얼굴의 세부 특징을 잘 보지 못한다. 그래서 어머니의 얼굴을 코와 입 사이의 거리와 같은 직접적인 얼굴 특징을 통해 알아보기보다는, 머리 모양이나 색깔 같은 외적 특징을 통해 더 쉽게 알아본다.[12] 리엄도 얼굴 외적인 특징에 의존해 어머니를 알아봤기 때문에 어머니에게 모자를 쓰지 못하게 했던 것이다. 하지만 아기는 성장하면서 얼굴의 세부 특징을 더 잘 보게 된다. 리엄의 경우는 인공수정체를 이식하기 전에는 그런 일이 일어나지 않았다. 그는 수술 후에도 얼굴 인식에 어려움을 겪었고, 실제 얼굴보다 사진이나 텔레비전에 나오는 얼굴을 더 쉽게 알아봤다.

습관도 중요한 역할을 하는 것 같다. 리엄은 인공수정체를 이식하기 전에는 코와 입의 모양 같은 얼굴 특징과 그 특징들 사이의 공간 관계가 모두 흐릿하게 보였기 때문에 얼굴을 관찰해서 얻을 수 있는 정보가 거의 없었다. 따라서 사람의 얼굴에 대한 선천적인 선호를 가지고 있었다 해도 유년기에 리엄은 얼굴을 관찰하는 습관을 기르지 못했다. 그런데 도전 앞에서 주눅드는 법이 없는 리엄은 대학에 다닐 때 소리가 아니라 동작을 기반으로 하는 언어인 수어 수업을 선택했다. 이 수업은 분명 그의 시각 능력을 시험대에 올렸을 것이다. 한번은 수업에서 수어 동영상을 시청했는데, 동영상에 등장하는 사람이 안면 틱이 너무 심해서 학생들이 그의 수어를 따라가기 힘들었다. 하지만 리엄은 안면 틱을 알아채지 못했다. 다른 학생들은 그 사실에 깜짝 놀랐다. 그들은 리엄에게 "어떻게 그걸 눈치채지 못할 수가 있지!?"라고 물었다. 이 일화는 리엄의 얼굴 인식 문제가 어느 정도는 자동적으로 얼굴을 관찰하는 습관을 들이지 못했다는 단순한 사실에서 비롯된 것일 가능성을 암시한다.

리엄이 새로운 시각으로 가장 먼저 알아본 사람들 중 한 명은 대학교수 조였다. 2012년 리엄이 타이크슨 박사에게 보낸 이메일에는 이렇게 적혀 있다. "조 교수님은 머리카락과 콧수염에 검은 가닥과 흰 가닥이 섞여 있어요. 나는 얼굴보다 머리카락을 더 잘 알아봅니다. 특히 여러 색깔이 섞인 머리카락과 얼굴 털을 잘 알아봐요(나중에 정확하게 설명할 수는 없지만요). 그래서 강의실 밖 캠퍼스에서 교수님을 한눈에 알아봤을 때, 나는 교수님에게 다가가 이건 정말 특별한 일이며 교수님은 내가 그렇게 알아본 첫 번째 사람이라고 말했어요."

리엄은 자신이 가장 잘 알아보는 특징(짧은 머리 또는 긴 머리, 안경을 착용했는지 여부 등)을 바탕으로 사람들의 외모를 넓은 범주로 분류한다. 이런 범주가 사람들 사이의 닮은 점을 찾는 데 도움이 된다고 느낀다. 리엄이 비디오를 보다가 타이크슨 박사와 닮은 사람을 보았을 때도 그랬다. 어머니에게 저 사람이 타이크슨 박사와 닮았다고 말하자 신디의 답답함이 해소되었다. 신디는 영상 속 인물이 자신이 아는 사람과 닮았다고 생각했지만 그게 누군지는 생각나지 않았던 것이다. 영상 속 인물이 타이크슨 박사보다 훨씬 어렸기 때문에 신디는 타이크슨 박사를 떠올리지 못했다. 하지만 리엄은 곧바로 알아챘다.

안면인식장애가 있는 많은 사람이 얼굴을 알아보는 데 어려움을 겪지만 표정을 알아보는 데는 전혀 문제가 없다. 하지만 리엄은 표정을 알아보는 데도 곤란을 겪었다. 수술 8년 후 내가 리엄에게 다양한 감정(행복함, 놀람, 의심, 못마땅함, 혼란, 두려움, 슬픔 등)을 보이는 얼굴 만화를 보여주었을 때 리엄은 자신이 이해할 수 있는 표정은 행복과 슬픔뿐이라고 말했다. 이 문제는 리엄이 얼굴을 보는 방식(또는 보지 않는 방식)에서 비롯되었을까? 나는 SM이라 불리는 여성에 관한 기사를 읽고 깊은 인상을 받았다. 그는 편도체를 손상시키는 희귀 질환을 앓고 있었는데, 편도체는 앞뇌(전뇌)에서 두려움을 경험하는 데 중요한 역할을 하는 구조다.[13] SM은 정상적인 두려움 반응을 보이지 않고 아무나 믿고 친근감을 표시했다. 그는 행복, 슬픔, 놀람, 분노, 혐오감을 나타내는 얼굴 그림은 그릴 수 있지만 두려움을 보이는 얼굴은 그릴 수 없었다. 또한 얼굴 사진에서 두려움을 알아보지 못했다.

우리 대부분은 주로 눈을 보고 표정을 판단한다. 그러나 SM은, 과학자들이 그가 얼굴 사진을 보는 동안 눈동자 움직임을 관찰한 결과 눈을 응시하지 않았다. 입을 보고도 행복 등 많은 감정을 판단할 수 있지만, 두려움을 알아보기 위해서는 눈을 봐야 한다. 실제로 얼굴 사진에서 눈을 지우면 대조군에 속한 피험자들도 두려운 표정을 알아보지 못한다. 그런데 놀랍게도 SM에게 얼굴 사진에서 눈을 보라고 구체적으로 지시하자, 두려움을 알아보는 능력이 정상 수준으로 높아졌다. 리엄은 SM이 겪는 신경학적 문제를 가지고 있지 않은데도 불구하고 SM처럼 특정한 얼굴 표정을 알아보지 못하는데, 이는 유년기를 눈이 거의 보이지 않는 상태로 보낸 탓에 타인의 눈과 얼굴을 보는 습관을 들이지 못했기 때문일 것이다.

하지만 만일 리엄이 상대방의 눈을 똑바로 쳐다보며 얼굴을 유심히 살핀다면 그 사람은 불편함을 느낄 것이다. 아기는 상대방을 뚫어지게 보지만 대부분의 성인은 그렇게 하지 않는다. 우리는 상대방에게 주의를 기울이면서도 상대가 사적 영역을 침범당한다고 느낄 만큼 뚫어지게 보지 않도록 일종의 균형을 찾는다. 리엄이 사진이나 텔레비전 속 인물을 더 쉽게 알아볼 수 있는 이유 중 하나는 아무리 자세히 살펴봐도 상대방이 그런 관찰하는 시선을 의식하지 못하기 때문일 것이다.

실라 하켄은 회고록《엠마와 나》에서, 시력 회복 후 타인의 표정을 볼 수 있게 되자 표정이 풍부해졌으며 생동감을 띠게 되었다고 썼다.[14] 리엄을 처음 만났을 때 리엄도 나를 똑바로 쳐다보지 않았고, 얼굴에 표정이 거의 없었으며, 조용히 차분하게 말했다. 하지만 이제는 그의 얼굴에 생기가 돌고 활짝 웃기도 한다. 그런데 표정을 통해 타인의 감정을 알아차릴 수 있다면 타인도 내 감정을 알아차릴 것이다. 따라서 리엄처럼 수줍음 많은 사람은 자신을 더 많이 의식하게 된다.

리엄이 시각과 관련하여 가장 중요하게 생각하는 점은 그것이 일상생활에 도움이 되느냐이다. 그는 현재 세인트루이스의 친목 모임에서 편안하게 어울리고, 자신의 얼굴 인식 능력에 대해서는 크게 걱정하지 않는다. 지금은 독립적인 생활을 위해 시각을 활용할 수 있는 방법들에 집중하고 있다.

05

물건 찾기

2012년, 리엄이 대학에 다니며 미주리주 컬럼비아의 자택에서 생활하던 중 어머니와 동생이 할머니를 돌보기 위해 오클라호마주로 떠났다. 그래서 리엄은 식료품을 사기 위해 혼자 슈퍼마켓에 가게 되었다. "쇼핑은 정말 끔찍해요." 리엄은 T 선생님에게 보낸 이메일에 이렇게 썼다. "어디를 봐야 하는지도 모르겠고, 찾고 있는 물건이 진열대에서 어떻게 보일지도 알 수 없고, 그게 예전에 어떤 모습이었는지도 기억나지 않아요. (…) 농산물은 도무지 모르겠어요. 색깔이 저마다 다른 것 같다가도 똑같아 보여요. 모순이죠."

구내식당에서 줄을 서서 음식을 구별하고 선택할 때도 리엄은 비슷한 문제를 겪었다. 밥 요리나 과일 샐러드는 여러 가지 모양과 색깔이 혼재되어 있다. 리엄은 2013년 워싱턴대학교의 포박post-bac 프로그램(학사 후 과정)에 등록했을 때 자신이 식당에서 했던 '실험'에 대해 말해주었다. 그는 벽에 붙은 메뉴판을 읽을 수 없었지만 계산원이 혹시 짜증을 낼까봐 재빨리 고르고 이동해야 한다는 압박감을 느꼈다. 그래서 처음 몇 주 동안은 영양실조 상태였고, 샐러드바를 주로 이용했는데 음식의 종류를 구별하지 못해서 정체불명의 음식을 먹기 일쑤였다. 하지만 언제나 재치가 있었던 리엄은 온라인에서 구내식당 메뉴를 찾아냈다. 이 방법은 효과가 있었지만, 한번은 없는 음식을 달라고 하기도 했다. 직원은 "보이는 게 다예요"라고 말했다.

—◆—

우리가 살아가는 세상은 가지런히 정돈되어 있지 않다. 상점에 가면 궤짝에 사과들이 아무렇게나 담겨 있고, 샐러드에는 여러 가지 음식이 섞여 있다. 그래서 우리는 모든 사물의 완전한 윤곽을 볼 수 없다. 보통은 앞에 있는 사물이 뒤에 있는 다른 사물에 닿는 우리의 시야를 부분적으로 가리기 때문에 앞에 있는 사물만 완전한 윤곽을 볼 수 있다. 부분적으로 가려진 사물들의 누락된 부분은 유추해내야 한다.

리엄은 내게 "저는 무언가를 묘사할 때 3차원 사물보다는 2차원 도형과 선을 사용하는 것 같아요"라고 말했다. 리엄처럼 장면을 2차원적으로 해석하면, 어질러진 장소에서는 사물의 전체적인 모습을 인식하기가 어렵다. 실제로 3차원적으로 해석할 수 있는 몇 가지 이미지를 보여주었을 때 리엄은 그 것을 평면으로 보았다.

2014년에 나는 리엄에게 유명한 카니자 삼각형(그림 5.1)을 보여주었다. 이 그림을 보면, 보통은 바로 놓인 삼각형 위에 밝은 흰색의 역삼각형이 떠 있는 것처럼 보인다. 역삼각형의 세 꼭짓점을 팩맨Pac-Man 같은 도형이 둘러싸고 있다. 이 팩맨으로 인해 꼭짓점은 분명하게 드러나지만 삼각형의 나머지 윤곽은 실제로는 없다. 윤곽은 단지 암시될 뿐으로, 마치 있는 것 같은 착시를 일으킨다.[1] 이 착시에서 특히 눈에 띄는 점은, 역삼각형이 똑바로 놓인 삼각형보다 밝고 그 위에 떠 있는 것처럼 보인다는 사실이다. 즉 이 그림은 3차원적으로 보인다. 리엄은 역삼각형의 세 꼭지점을 어렴풋이 인지했지만 삼각형의 중간 부분은 보이지 않았다. 즉 나머지 부분보다 부각되는 밝은 삼각형으로 보이지 않았다.

리엄은 학교에서 네커 입방체 그리는 방법을 배울 때 설명을 따라 그릴 수 있었다(그림 5.2). 하지만 그는 집중해야 그 것이 입방체로 보이고, 대충 보면 평면상의 선들로 보일 뿐이었다.

마찬가지로, 우리 대부분은 그림 5.3을 세 부분으로 접힌 종이로 본다. 왼쪽 3분의 1은 앞쪽을 향해 접혀 있고 오른쪽 3분의 1은 뒤로 접혀 있는 것처럼 보인다. 그런데 이 그림은 다르게도 보인다. 이번에는 왼쪽 3분의 1이 뒤로, 오른쪽 3분의 1은 앞으로 접혀 있다. 리엄도 종이가 접힌 방향이 바뀌는

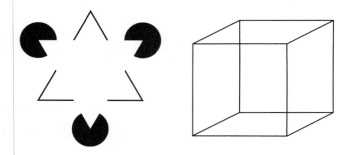

그림 5.1. 카니자 삼각형.　　　　　　　**그림 5.2.** 네커 입방체.

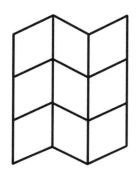

그림 5.3. 종이가 어느 방향으로 접혀 있을까?

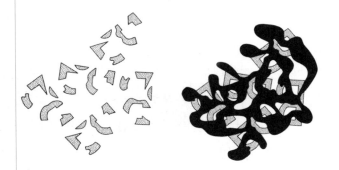

그림 5.4. 왼쪽의 조각들은 오른쪽 그림을 보고 나면 새로운 의미가 생긴다.

것을 보았다. 그런데 그는 이 그림을 제3의 방식, 즉 가장자리가 들쭉날쭉한 평면으로도 보았다.

그래서 그로부터 2년 후 그림 5.4의 퍼즐을 리엄에게 이메일로 보내주고 그의 반응을 들었을 때 사뭇 놀랐다. 왼쪽 그림을 볼 때 우리 눈에는 조각들이 흩어져 있을 뿐 형태는 딱히 보이지 않는다. 하지만 오른쪽 그림에서는 어떤 형태가 보인다. 힌트를 주자면, 그림 속에는 동일한 문자 여러 개가 포함되어 있다. 이제는 검고 두꺼운 선 밑으로 여러 개의 문자 B가 보일 것이다. 오른쪽 그림에서 검은 선 뒤로 보이는 문자 B의 일부분은 왼쪽 그림의 조각들과 정확히 일치한다. 하지만 왼쪽 그림에서 문자 B를 포착해내기는 매우 어렵다. 아이러니하게도 문자 B를 부분적으로 가리고 있는 검은 선이 오히려 B를 알아보는 데 도움이 된다.

우리가 오른쪽 그림에서는 B를 알아보지만 왼쪽에서는 알아보지 못하는 이유는 윤곽선을 부여하는 방식이 바뀌기 때문이다. 왼쪽 그림에서 문자 B의 조각들을 볼 때 우리는 윤곽선을 각각의 조각에 부여한다. 따라서 이 조각들은 한데 모여 문자 B를 이루는 대신 평면상의 개별적인 실체로 남는다. 반면 오른쪽 그림에서 우리는 검은 부분과 점점이 흩어진 회색 부분이 공유하는 윤곽선을 검은 선에 부여한다. 이렇게 함으로써 우리는 흩어진 조각들을, 검은 선에 부분적으로 가려진 채 뒤에서 계속 이어지는 문자 B들의 일부분으로 인식할 수 있다. 우리가 공통 윤곽선을 문자 B를 가리고 있는 검은 선에

부여하면 뒤쪽의 조각들이 서로 덩어리로 연결되어 식별 가능한 문자가 된다.[2]

나는 문자 B가 숨어 있는 이 그림을 리엄에게 이메일로 보내고 뭐가 보였는지 물었다. 그는 왼쪽 그림에서는 조각들이 보였고, 오른쪽은 오래 들여다보자 비로소 문자 B가 보였다고 답했다. 리엄은 검은 부분이 하나의 표면을 나타내고 회색 부분이 또 다른 표면을 이룬다는 것을 알 수 있었다. 오른쪽 그림의 윤곽선이 문자 B를 덮고 있는 검은 부분에 속한다는 것을 알았을 때 비로소 그는 문자 B의 누락된 부분을 채울 수 있었다. 즉 이 그림을 3차원적으로 해석한 것이다. 이런 식의 이해는 리엄이 일상생활에서 부분적으로 가려진 물체를 인식하는 데 도움이 될 것이다.

✦

물론 입체시로 볼 수 있으면 세상을 3차원적으로 해석하는 것이 더 쉽다. 한 사물을 이루는 표면들 중에는 더 먼 면과 더 가까운 면이 있을 수 있기 때문에, 우리가 사물을 알아보려면 윤곽선을 보는 것뿐만 아니라 심도를 추적해야 한다. 입체시는 이런 심도 변화를 보는 데 도움이 된다. 나는 중년에 입체시가 생겼을 때 주위의 모든 것이 너무나도 선명하게 보여서 깜짝 놀랐다.[3] 사물들의 윤곽이 칼로 자른 듯 또렷했다. 리엄이 슈퍼마켓에서 채소와 과일들을 잘 식별하지 못하고, 구내식당에서 샐러드를 알아보는 데 어려움을 겪는 이유 중 하나도 입체시가 좋지 않기 때문일 수 있다.

입체시로 보기 위해서는 두 눈을 동시에 같은 지점에 맞추고 두 눈에 맺힌 상을 머릿속에서 합쳐야 한다. 이때 선명한 3차원 시각이 생겨서 우리는 사물을 입체적으로 볼 수 있을 뿐 아니라 사물들 사이의 공간이 얼마나 되는지도 볼 수 있다. 영아는 생후 3~4개월이 되면 입체시로 볼 수 있는데, 입체시가 이렇게 일찍 생기는 이유는 아마도 시각 발달에 입체시가 중요하기 때문일 것이다.[4] 반면 생후 6~7개월이 될 때까지는 원근감과 명암 같은 '그림 단서pictorial cue'를 사용하여 깊이를 해석하지 못한다.[5] 실제로 몇몇 시각과학자들은 입체시가 이런 후기 지각 기술의 발달을 이끈다는 가설을 제기했다.[6]

유년기에 리엄은 왼쪽 눈으로 볼 때 가장 잘 볼 수 있었다. 눈의 정렬이 맞지 않는 사시는 복시와 시각적 혼란을 초래했고, 이 때문에 리엄의 뇌는 오른쪽 눈에서 오는 인풋을 억제했다. 그는 오른쪽 눈으로 무언가를 보려면 왼쪽 눈을 감아야 했지만, 오른쪽 눈으로 몇 초만 봐도 고통스러워졌다. 그런 탓에 아기 때부터 간헐적으로 오른쪽 눈을 감는 버릇을 기르게 되었다.

수술 5년 후인 2010년 여름, 리엄은 아침에 일어나 자신이 더 이상 오른쪽 눈을 감지 않는다는 사실을 깨닫고 놀랐다. 그는 오른쪽 눈이 "내 의지를 꺾고" 본다고 말했다. 놀랍게도 오른쪽 눈으로 보는 것이 더 이상 고통스럽지 않았지만 이제는 "두려워"졌다. 눈을 감지 않자 오른쪽 시야가 넓어졌고, 그 결과 새로운 시각 인풋이 감당하기 벅찰 정도로 증가했기 때문이다. 리엄은 오른쪽 눈을 가늘게 뜨려고 해봤지만 그런 상태로 오래 버틸 수는 없었다. 다행히 날이 갈수록 새로운 방식으로 보는 것이 조금씩 견딜 만해졌고, 일주일이 지나자 익숙해졌다. 지금은 왼쪽 시야에서 오른쪽 시야로 부드럽게 넘어갈 수 있게 되었다.

타이크슨 박사의 진료실에서 임상검사를 실시한 결과, 리엄은 양쪽 눈으로 본 이미지를 하나로 융합할 수 있으며 융합된 이미지를 입체적으로 볼 수 있었지만, 두 사물이 얼마나 떨어져 있어야 깊이 차이를 인식할 수 있는지를 측정하는 척도인 '입체시력'은 정상 이하(3000아크초)였다. 유아기에 눈의 정렬이 맞지 않았던 점과 백색증 탓에 눈과 뇌를 연결하는 경로가 정상적으로 발달하지 않았다는 사실을 고려하면, 리엄이 양쪽 눈에 맺힌 이미지를 합쳐서 무언가를 입체시로 볼 수 있다는 것 자체가 대단한 일이다. 자신의 입체시에 호기심이 생긴 리엄은 그림 5.5의 쌍안 이미지를 보면서 눈동자를 안쪽으로 돌려 두 이미지를 하나로 융합해보았다. 이미지가 융합되자, 안쪽 원이 오른쪽이나 왼쪽으로 치우치지 않고 바깥쪽 원 중앙에 있는 것처럼 보였다. 하지만 안쪽 원과 바깥쪽 원을 각기 다른 깊이로 보지는 못했다.

그래서 나는 2014년 6월에 리엄을 만나러 가면서 '벡토그

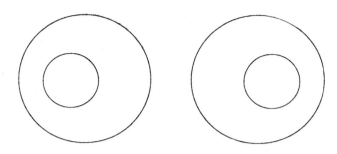

그림 5.5. 눈동자를 안쪽으로 돌려서 두 이미지를 융합하면, 안쪽 원이 바깥쪽 원 앞으로 튀어나오는 것처럼 보인다. 페이지를 뚫어지게 쳐다보거나 페이지 너머를 보며 두 이미지를 융합하면, 안쪽 원이 바깥쪽 원 뒤로 물러나는 것처럼 보인다.

그림 5.6. 고리 벡토그램.

램Quoits vectogram'을 가져갔다. 벡토그램은 두 장의 편광판으로 이루어져 있으며 각 장에는 고리 형태의 밧줄이 들어 있다(그림 5.6). 편광 안경(3D 영화를 볼 때 사용하는 것과 비슷하다)을 쓰면 각 눈에는 두 고리 중 하나만 보인다. 두 밧줄 고리를 수평 방향으로 떼어놓고 편광 안경을 쓴 채 두 이미지를 융합하면, 고리 하나가 공중에 떠 있는 것처럼 보인다. 리엄은 약간의 노력을 기울이자 밧줄 고리가 편광판 앞에 붕 뜨는 것을 볼 수 있었다. 융합에는 노력이 필요하기 때문에 리엄이 항상 융합에 성공하지는 못할 것이다. 아무 노력 없이도 3차원으로 볼 수 있으려면, 내가 그랬듯이 리엄도 시각 훈련을 통해 융합하는 습관을 길러야 할 것이다.

마리우스 폰 센덴은《공간과 시각》에서, 어릴 때 시력을 잃은 사람들이 양쪽 눈의 시력을 회복한 경우 한쪽 눈의 시력만 회복한 사람들보다 시력을 더 쉽게 회복한다고 보고했다.[7] 리엄은 두 눈을 함께 사용해서 입체시로 보는 데 아주 서투르다. 그래서 이제 막 보기 시작한 갓난아기의 경우와 달리, 그는 장면을 해석하고 식료품점 궤짝에 든 사과들 같은, 장면에 포함된 사물들을 분리할 때 이 강력한 단서에 의지하지 않는 법을 배워야 한다.

✦

2014년에 세인트루이스에서 리엄을 만났을 때 나는 그가 슈퍼마켓이나 대형마트에서 쇼핑할 때 사용하는 전략을 목격했다. 수술 9년 후 리엄은 자신의 아파트에서 혼자 살고 있었지만, 그날은 어머니 신디가 컬럼비아에서 왔다. 우리가 가장 먼저 간 곳은 월마트였다. 리엄은 펑크난 자전거 타이어에 갈아끼울 튜브를 구매하면서 자신이 월마트처럼 크고 붐비는 매장에서 쇼핑하는 요령을 우리에게 보여줄 계획이었다.

조명이 밝게 켜진 건물 내부로 들어갔을 때 내가 처음으로 한 생각은 리엄이 얼마나 회복력이 뛰어난가였다. 그는 괴로운 눈부심을 유발하는 매장의 형광등 불빛을 견뎌야 했다. 침침한 불빛 속에서 가장 편안함을 느끼는 그는 집에 있을 때는 항상 햇빛 차단막을 내려놓는다.

언제나 논리적이고 분석적인 리엄은 월마트에서 쇼핑하는 요령을 자세히 들려주었다. 그는 세인트루이스 사람들이 고향 사람들보다, 운전하는 방식에서만이 아니라 쇼핑하는 방식에서도 과격하다고 말했다. 매장에서 리엄은 반려동물 코너와 같은 한적한 곳에 쇼핑카트를 세워두고 원하는 상품을 찾아다녔다. 카트를 끌고 사람들을 피해다니는 것보다 그쪽이 더 쉬웠기 때문이다.

냉동식품 통로에서 우리는 린 퀴진Lean Cuisine 브랜드 제품들을 하나씩 살펴봤다. 리엄은 포장에 그려진 그림을 이해할 수 없었기 때문에 포장에 적힌 글자를 보았다. 내가 통로 위에 매달린 커다란 표지판을 가리키자 그는 표지판에 적힌 글자를 읽을 수 있었지만, 혼자서는 표지판을 알아보거나 이용하지 못했다. 나는 안경을 벗고 리엄의 시력과 비슷한 시력으로 표지판을 쳐다보았다. 그랬더니 표지판의 글자들이 약간 흐릿하게 보였을 뿐 읽는 데는 아무 문제가 없었다.

우리는 토스티토스 살사Tostitos sala 소스 병이 줄줄이 놓인 통로로 갔다. 중간 맛과 순한 맛 살사 병은 뚜껑의 줄무늬 색깔을 제외하고는 거의 똑같아 보였다. 병 중앙에 작은 글자로

'중간 맛'과 '순한 맛'이라고 적혀 있었다. 리엄은 병뚜껑의 줄무늬 색깔을 알아보지 못했기 때문에 두 병을 구별하기가 어려웠다. 이 문제는 토스티토스 병에서 끝나지 않았다. 많은 품목의 포장이 시각적으로 복잡하고 너무 많은 내용이 표시되어 있다. 리엄이 종종 엉뚱한 맛이나 크기의 제품을 사는 것, 그리고 집에 이미 있는 것을 알아보지 못하고 또 사는 탓에 모든 제품이 다섯 개씩 생기는 것이 이상한 일도 아니었다.

그다음으로 우리는 약 코너로 갔다. 리엄이 신디와 나를 그곳으로 안내했다. 그 매장은 리엄이 평소에 가던 월마트가 아니었지만, 월마트는 어느 지점이든 비슷하게 배치되어 있기 때문에 그는 약 코너가 어디쯤 있는지 짐작할 수 있었다. 리엄은 다른 통로들을 기준으로 45도 각도에 위치하는 근처 화장품 코너를 지표로 삼았다.

우리는 약 통로에 도착하여 뮤시넥스Mucinex를 찾기 시작했다. 린 퀴진 상자나 토스티토스 살사 병과 마찬가지로, 약 포장과 약병들은 색깔을 빼고는 대동소이했다. 색깔을 언급하지는 않았지만 리엄은 몸을 제품 가까이 기울여 라벨을 읽었다. 그 라벨들은 토스티토스 병의 라벨보다 알아보기 쉬웠다.

✦

리엄이 뭔가를 찾을 때마다 항상 좌절을 경험하는 것은 아니다. 세인트루이스 한가운데 있는 녹색 오아시스인 포레스트 파크Forest Park에서 우리가 함께 시간을 보낸 날 오후에 그랬던 것처럼, 그는 뭔가를 찾는 데서 재미를 느끼기도 한다. 공원에 다다랐을 때 우리는 물에 젖은 보도를 지나가게 되었다. 그곳은 보도의 균열 부위에 물이 고여서 주변 시멘트색보다 어둡게 보였다. 리엄은 이 어두운 지대를 넘어가야 할 낮은 난간으로 착각했다. 빛과 어둠의 유희와 불쑥불쑥 나타나는 선들이 때때로 '거짓말'처럼 느껴진다고 리엄은 말했었다.

우리는 공원에서 '지오캐싱geocaching'을 했다. GPS를 사용해 '캐시cache'라고 불리는 용기를 숨기거나 찾는 게임이다. 리엄은 이런 종류의 퍼즐과 보물찾기를 좋아하는데, 그의 시각 세계가 온통 퍼즐 같다는 점을 생각하면 참으로 다행스러운 일이다. 리엄은 플라스틱이나 금속으로 된 작은 용기를 찾기 위해, 그것이 숨겨져 있는 곳의 좌표와 지도를 자신의 휴대용 GPS에 내려받았다. 캐시 중 두 개는 나무에 숨겨져 있었고 다른 하나는 덤불 속 장난감 쥐 속에 있었다. 리엄은 그중 두 개를 누구보다 먼저 발견했다. 뽕나무에서 지오캐시를 발견했을 때 그는 "뻔히 보이는" 곳에 있었다며 너스레를 떨었다. 내가 신발끈을 묶으려고 하자, 그는 조금 떨어진 곳에 있는 공원 벤치를 가리켰다. 고요하고 넓은 포레스트 파크에서 리엄은 자신의 시각을 아주 잘 활용했다.

슈퍼마켓이나 월마트에서 물건을 찾는 데 어려움을 겪었던 리엄이 어떻게 포레스트 파크에서 지오캐시를 찾는 일은 수월하게 해낼 수 있었을까? 포레스트 파크에는 나무, 벤치,

길처럼 볼 대상이 많았지만 이들은 크기가 컸기 때문에 리엄은 새로 얻은 시력으로 그것들을 쉽게 알아보고 기본 범주로 묶을 수 있었다.[8] 지오캐시를 찾는 동안 그는 우리가 지나치는 나무의 종이나 벤치의 디자인까지 일일이 알 필요는 없었다. 역위계 이론에 따르면, 장면의 핵심을 파악하는 데 세부는 중요하지 않다.[9] 뭔가에 부딪히지 않고 지오캐시를 찾을 수 있을 정도로만 주변을 알아볼 수 있으면 된다. 게다가 플라스틱이나 금속으로 된 작은 용기인 지오캐시는 자연환경 속에서 도드라져 보인다.

하지만 슈퍼마켓에 가면 모든 진열대가 다양한 물건으로 채워져 있으며, 그 물건들은 포장되어 벽돌처럼 차곡차곡 쌓여 있다. 원하는 맛의 살사 소스를 찾으려면 먼저 특정 브랜드를 찾은 다음에 해당 브랜드 안에서 원하는 맛을 찾아야 한다. 리엄이 좋아하는 살사는 범주 안의 범주 안의 범주에 속했다. 살사의 모든 하위 범주가 비슷한 포장에 담겨 나란히 배열되어 있었으므로, 찾는 하위 범주가 좁아질수록 찾기가 더 힘들었다.

리엄은 최근에 획득한 시력 덕분에 상품 라벨의 글자를 선명하게 볼 수 있을 뿐 아니라 색상과 모양, 윤곽선도 구분할 수 있다. 하지만 리엄은 라벨의 색과 디자인을 무시했다. 그는 그림을 잘 해석하지 못하기 때문에 주로 라벨을 읽는 데 의존한다. 읽기는 그가 유년기에 숙달한 기술이다. 글자를 읽을 수 있다는 건 리엄에게 큰 이점이다. 시력을 회복한 많은 사람이 선천적으로 눈이 보이지 않았거나 아주 어릴 때 시력을 잃은 탓에 글자 읽는 법을 배운 적이 없다. 그들은 시력을 회복한 후에도 문자, 그중에서도 대문자는 알아볼 수 있지만 문자를 단어로 연결해 읽는 데는 어려움을 겪는다.[10] 리엄의 유년기 시력은 글자 읽는 법을 배우기에는 충분했다. 고등학교에 들어가서는 읽는 데 어려움을 겪었지만, 인공수정체를 이식받은 후 그는 과거에 익힌 읽기 기술을 현명하게 되살려 연마했다. 우리가 매일 수많은 표지판과 라벨을 본다는 사실, 그리고 내가 일본에 갔을 때 일본어를 몰라서 길을 잃고 헤맸던 일을 떠올리며 나는 리엄이 비단 마트에서만이 아니라 문자로 이루어진 환경 전반에서 길을 찾는 데 읽기 능력이 얼마나 중요한지 깨달았다.

06

시각의 가장 위대한 스승

인공수정체 이식수술을 받기 전 리엄은 사물에 초점을 맞추는 데 시간이 너무 오래 걸려서 움직이는 사물을 볼 수 없었다. 하지만 수술 후에는 움직이는 사물을 볼 수 있었을 뿐만 아니라 사물이 어느 쪽으로 움직이는지도 판단할 수 있었다. 성인이 되어 시각을 회복한 다른 사람들도 마찬가지다. 올리버 색스는 시력을 회복한 지 몇 주밖에 안 된 버질을 방문했을 때, 버질이 움직임에 매우 민감하게 반응하는 것을 보고 깊은 인상을 받았다. 움직이는 사물이 무엇인지 몰랐는데도 버질의 눈은 사물의 움직임을 좇아갔다.[1] 세 살 때 시력을 잃고 마흔여섯 살에 시력을 회복한 마이클 메이에 관한 책에서, 로버트 커슨은 메이가 다섯 살 난 아들과 함께 캐치볼을 하는 모습을 감동적으로 묘사한다.[2] 시력을 회복한 지 하루밖에 안 된 그날, 메이는 눈으로 움직이는 공을 추적했고, 달리는 도중에도 공을 던지거나 잡을 수 있었다.

리엄은 인공수정체 이식수술에서 회복하자마자 신디와 함께 캐치볼을 하기 위해 밖으로 나갔다. 신디가 공을 팅기자 리엄은 공이 처음 튀어오르는 순간 공을 잡으려고 시도했다. 잡는 데 성공했을 때 두 사람은 길가에서 소박한 승리의 춤을 추었다. 신디는 아들이 처음으로 눈으로 공을 추적하고 잡았던 일에 대해 들려주면서 함박웃음을 지었다. 리엄이 인공수정체를 이식받은 그해 겨울은 춥고 얼음이 얼었지만, 리엄은 축구공 차는 연습을 하기 위해 어머니에게 밖으로 나가자고 졸랐다. 심지어 고등학교 축구팀에 들어가기까지 했다. 리엄이 축구를 눈과 뇌를 훈련하는 수단으로 삼고 있다는 사실을 신디가 깨닫기까지는 시간이 좀 걸렸다.

나는 수술 9년 후인 2014년에 리엄을 만나러 가면서, 리엄에게 새로운 시력으로 가장 즐겁게 하는 일을 보여달라고 했다. 스포츠가 그 목록의 맨 위에 있었다. 오전에 월마트에 다녀온 후 리엄과 나는 테니스공으로 캐치볼 놀이를 하기 위해 자전거를 타고 운동장으로 갔다. 리엄은 공을 손쉽게 잡아 정확하게 던졌다. 내가 공을 공중으로 높이 던진 탓에 잡기 힘들 때도 리엄은 어떻게든 잡았다. 땅볼을 굴리거나 팅겨주면, 처음엔 공 위에 손을 얹어 공을 잡으려 하다가 몇 번 해보고 나서는 공 밑으로 손을 넣고 퍼올리는 시도를 하기 시작했다. 나는 그다음에는 리엄이 달리고 있을 때 공을 던졌다. 리엄은 처음 한두 번은 공을 잡으려다 미끄러졌지만 그다음부터는 넘어지지 않고 잡을 수 있었다. 그것이 하키 퍽을 쫓는 것과 비슷했기 때문에 그는 달리며 공을 잡는 동작을 연습하고 싶어했고, 결국에는 아이스하키팀에 들어갔다.

캐치볼이 지겨워졌을 때 리엄은 나를 실외의 탁구대로 이끌었다. 우리는 실력이 비등비등했다. 리엄의 포핸드는 백핸드보다 약했다. 리엄은 특유의 분석적인 태도로, 포핸드는 탁구채가 옆으로 나가 있어서 약하지만 백핸드는 공을 칠 때 온몸이 공 뒤에 있기 때문에 힘이 더 세게 들어간다고 설명했다. 그래서 리엄은 탁구대 구석, 특히 내 포핸드 쪽으로 공을 쳤다. 그는 내가 어디 있는지, 공을 어디로 보내야 하는지 잘 알고 있었다.

리엄은 움직이는 사물을 보며 놀라는 한편 직관적인 깨달음을 얻었다. 리엄은 이렇게 썼다. "처음으로 보기 시작했을 때 캐치볼은 할 수 있었지만 그 밖에는 할 수 있는 게 별로 없었어요. 누군가가 흰 공을 던졌는데, 처음에는 그것이 동그라미로 보였어요. 그 동그라미가 왜 점점 커지는지 생각하며 가만히 서 있었죠. 그러다 '그래! 저 하얀 동그라미를 잡으면 되는구나. 이제 알았어' 하고 깨닫는 순간 공에 맞았어요. 그 다음부터는 공을 잡는 데 아무 문제가 없었어요." 캐치볼을 통해 리엄은 공이 (그리고 다른 사물들도) 가까이 다가올수록 커진다는 사실을 깨달았다. 그리고 구형 공은 (예를 들어 미식축구공과 달리) 모든 각도에서 똑같이 보이기 때문에 더 쉽게 잡을 수 있다는 것을 알게 되었다.

내가 방문하기 2년 전 리엄은 타이크슨 박사에게 보낸 편지에 "저는 스포츠가 좋아요. 시각적으로 어려움이 없어요. 불안해하거나 계산할 필요 없이 그냥 보기만 하면 돼요"라고 썼다. 언뜻 듣기에는 의외라는 생각이 들지도 모른다. 움직이는 사물을 보고 잡는 것이 정지해 있는 사물을 여유 있게 보고 잡는 것보다 어렵지 않을까? 하지만 움직임은 색깔과 마찬가지로 시각의 원초적 성질, 즉 사전 경험 없이도 인식할 수 있는 성질이다. 인간은 태어날 때부터 움직임에 민감하고, 생후 6~8주부터 운동 방향을 감지하기 시작한다. 움직이는 물체의 방향을 정확하게 파악하기 위해서는 출생 시 미성숙 상태인 시각겉질이 성숙해야 할 것이다. 시각겉질은 V1 영역에서 시각 정보를 처리한 후 MT 영역으로 전달하며, MT 영역의 뉴런 활동은 우리가 보고 있는 물체가 어디 있으며 어떤 방향으로 얼마나 빨리 움직이느냐에 따라 달라진다. 따라서 이 경로가 성숙함에 따라 물체의 이동 방향을 더 잘 인식할 수 있게 될 것이다.[3]

✦

움직이는 사물을 볼 수 있을 때 우리에게 사물이라는 것이 무엇인지에 대한 개념이 생긴다. 움직이는 사물은 정지해 있는 배경과 쉽게 구별된다. 실제로 생후 4개월 된 아기는 사물의 일부가 가려져 있어도 보이는 부분이 함께 움직이면 하나의 사물로 인식한다.[4] 게슈탈트 심리학자들은 사물이 통째로 움직이는 속성을 '공동 운명의 법칙'이라고 부른다.[5]

우리는 사진을 보고 사진 속 사물들을 쉽게 이해할 수 있기 때문에 우리가 한순간의 스냅사진을 보듯 세상을 본다고 생각하기 쉽다. 하지만 현실에서 우리를 포함해 세상 대부분은 움직이고 있다. 다른 사물들의 움직임은 물론 자기 자신의 움직임을 감지하는 것은 시공간을 이해하는 데 대단히 중요하다. 사물이 움직이는 모습을 지켜보거나 직접 움직여보면 공간의 한 구역을 가로지르는 데는 시간이 걸린다는 사실을 알게 된다. 심리학자 바버라 트버스키는《움직이는 마음Mind in Motion》에서, 우리가 보는 방식 그리고 공간을 분석해서 그 속을 움직이는 방식이 우리의 생각에 영향을 미칠 수 있다고 썼다.[6]

실제로 자기 자신의 움직임을 감지하는 것은 시각 발달과 인지 발달에 대단히 중요하다. 시각과학자 제임스 깁슨은 우리가 고개를 왼쪽으로 돌리면 오른쪽에 있는 사물이 시야에서 사라졌다가 고개를 다시 오른쪽으로 돌리면 그 사물이 다시 시야에 들어온다고 지적한다.[7] 이때 사물은 존재 자체가 사라지는 것이 아니라 우리 시야에서 사라지는 것뿐이다. 나는 손녀가 생후 4개월쯤 되었을 때 깁슨의 그 이야기가 떠올랐다. 내가 손녀를 안고 있는 동안 손녀는 한 방향을 한참 쳐다보다가 고개를 돌려 새로운 방향을 잠시 쳐다보았고, 그런 다음에 다시 원래 위치로 고개를 돌리곤 했다. 손녀는 이런 행동을 몇 번이고 반복했는데, 나는 이 모습을 보며, 손녀가 고개를 돌리면서 사물이 사라지는지 사라지지 않는지 시험하고 있는 것 같다는 생각이 들었다. 어쩌면 앞을 볼 수 있는 모든 아기가 까꿍놀이를 좋아하는 것은 이 때문일지도 모른다.

움직이는 사물을 보는 것과 직접 움직이는 것은 인과관계를 파악하는 데도 도움이 된다. 우리는 무언가를 밀면 그것이 넘어지는 것을 볼 수 있다. 바람이 불면 나뭇잎이 흔들리는 것을 볼 수 있다. 심리학자 알베르 미쇼트는 간단하면서도 정교한 실험들을 통해 인과관계를 연구했다.[8] 그는 실험 참가자들에게 사각형 사물이 수평선을 따라 움직이다가 다른 사각형에 닿아 멈추는 장면을 보여주었다. 두 번째 사각형이 뭔가에 닿자마자 움직이면 관찰자들은 첫 번째 사각형이 두 번째 사각형을 움직였다고 보고했다. 이때 타이밍이 중요했다. 만일 첫 번째 사각형이 두 번째 사각형에 닿았지만 두 번째 사각형이 움직이기 전에 잠시 뜸을 들였다면, 관찰자들은 두 번째 사각형이 저절로 움직였다고 믿었다. 우리는 생애 초기인 생후 6~7개월쯤부터 이런 식으로 사물의 움직임을 통해 인과관계를 판단하기 시작한다.[9]

움직임을 좋아한 리엄의 우연한 기호가 그의 시각 발달에 중요한 촉매가 된 이유는 움직임이 사물을 인식하는 데 도움이 되기 때문이다. 실제 사물들은 입체적이고 대개 불투명하다. 그래서 우리는 각 사물의 전체 모습은 볼 수 없다. 예를 들어 사물의 앞면을 보고 있을 때 뒷면은 보이지 않는다. 따

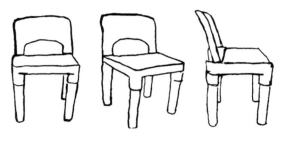

그림 6.1. 세 각도에서 본 의자.

라서 한 위치에서 한 번만 보고 사물의 모든 부분을 볼 수는 없다.

그림 6.1은 세 각도에서 본 의자의 모습이다. 왼쪽 그림에서는 의자 다리가 세 개만 보인다. 다리 하나는 의자의 일부에 가려져 있기 때문이다. 하지만 우리는 의자의 다리가 네 개임을 안다. 세 그림 모두에서 의자 좌판은 완전하게 보이지 않는다. 의자를 위에서 또는 아래서 봐야 좌판의 전체 길이와 너비를 볼 수 있다. 왼쪽 그림에서와 같이 의자를 정면에 보면, 좌판의 좌우 길이는 있는 그대로 보이지만 앞뒤 길이는 짧아 보인다. 반대로 의자를 측면에서 보면, 오른쪽 그림에서와 같이 좌판의 앞뒤 길이는 있는 그대로 보이지만 좌우 폭은 그렇지 않다. 너비였던 것은 이제 깊이가 되었고, 깊이였던 것은 너비가 되었다.

보는 각도에 따라 의자가 다르게 보인다고 해서 리엄이 의자를 알아보기 힘들었던 것은 아니다. 그 주변으로 한 바퀴 돌면 사물을 더 쉽게 알아볼 수 있다는 것을 그는 일찌감치 깨달았다. 리엄이 의자를 한 바퀴 돈다면 도는 동안 의자의 모습이 연속적으로 변할 것이다. 그림 6.1은 리엄이 의자를 시계 반대 방향으로 돌 때 보게 될 세 가지 스냅사진을 보여준다. 그는 의자의 모습이 달라지는 것을 보고 의자의 3차원 구조를 알 수 있을 것이다.[10] 유년기를 지나서 시력을 회복한 다른 사람들도 이동이 3차원 구조를 유추하는 데 도움이 된다고 보고했다.[11]

사물의 견고하고 입체적인 성질을 이해하는 일은 아주 어릴 때부터 일어난다. 시각 발달에 관한 한 연구에서 생후 14~20주 아기에게 특정 축을 중심으로 회전하는 사물의 영상을 보여주는 실험을 했다. 그런 다음에 같은 사물이 다른 축을 중심으로 회전하는 모습을 보여주자 아기는 그것이 앞 영상에서 본 것과 같은 사물임을 알아보았고, 그 축을 중심으로 회전하는 다른 사물들과 그것을 구별할 수 있었다. 회전하는 사물을 동영상으로 보여주는 대신 연속적인 정지 화면으로 보여주자, 아기는 그 정지 화면들이 같은 사물을 여러 각도에서 본 모습임을 인식하지 못했다. 사물을 인식하기 위해서는 그것이 회전하는 모습을 연속적으로 봐야 했다. 이 연구에 참여한 아기들은 기거나 걷기 전의 갓난아기들이었지만, 눈과 머리를 움직이거나 누군가에게 안겨 돌아다니거나 움직이는 사물을 보면서, 같은 사물이 연속적으로 변하는 모습을 본 적이 있었을 것이다.[12]

리엄은 공이 날아가는 것을 지켜보다가 손을 뻗어 공을 잡는 순간만큼은, 보이는 모든 것을 끊임없이 분석하던 습관에서 잠시 해방된다. 공은 움직이기 때문에 배경과 쉽게 구별되고, 그래서 그는 쉽게 식별할 수 있는 하나의 목표물에 온 신경을 집중할 수 있다. 3장에서 언급했듯이 우리 시각계는 두 가지 시스템으로 구성된다. 하나는 사물과 장소를 인식하는 '지각' 시스템이고, 다른 하나는 동작을 지시하는 '동작' 시스템이다. 책상에서 글을 쓰고 있을 때 나는 머그잔이 내 오른쪽에 있다는 것을 인지한다. 내가 머그잔을 인식할 때 지각 시스템이 작동하고 있는 것이다. 머그잔이 거기 있다는 것을 인지한 나는 나 자신에게 머그잔으로 손을 뻗으라고 지시한다. 그런데 커피를 마시라고 나 자신에게 지시를 내리긴 했지만, 나는 손을 뻗어 컵을 잡는 동안 내 동작 시스템이 어떻게 작동하는지는 모른다. 이 모든 일은 저절로 일어난다. 그건 좋은 일이다. 만일 우리가 모든 동작을 의식적으로 생각하고 행한다면 그것 외에는 아무 일도 할 수 없을 것이다.

지각 시스템과 동작 시스템은 사물에 대한 매우 다른 정보를 알려준다.[13] 우리가 의자와 커피잔 등의 사물을 크기나 보는 각도와 관계없이 인식할 수 있는 것은 지각 시스템 덕분이다. 실제로 지각 경로의 상부 영역에는 사물을 어느 방향에서 보든, 사물이 얼마나 크든, 얼마나 멀리 떨어져 있든, 사물이 시야의 어느 부분에 있든 관계없이 주어진 사물에 반응하는 뉴런들이 있다. 이런 뉴런이 없다면 우리는 고개를 돌리거나 새로운 각도에서 볼 때마다 같은 사물이라도 전혀 알아보지 못할 것이다. 하지만 동작 시스템에게는 우리가 사물을 어느 방향에서 보고 있는지가 중요하다. 어떤 사물에 정확하게 다가가기 위해서는 그 사물을 기준으로 자신이 어디 있는지 알아야 한다. 우리가 두 가지 시각 시스템을 가지고 있는 이유는 이 때문일 것이다. 즉 하나는 사물, 사람, 장소를 인식하는 데 쓰이고, 다른 하나는 이들과 상호작용하는 데 쓰인다.

리엄이 이메일에 컵 뚜껑을 고르는 문제에 대해 썼을 때 나는 지각 시스템과 동작 시스템의 차이에 대해 좀 더 깊이 생각해보게 되었다. 리엄은 커피숍이나 구내식당에서 일회용 컵에 딱 맞는 크기의 뚜껑을 고르는 데 어려움을 겪었다. 이 일에 관여하는 건 지각 시스템이다. 하지만 리엄은 일단 뚜껑을 고르고 나면, 아무런 어려움 없이 팔을 뻗고 손을 알맞게 벌려서 뚜껑을 집어올린다. 이 일에 관여하는 건 동작 시스템이다. 2014년에 내가 리엄, 신디와 함께 월마트에 갔을 때 신디는 리엄이 길이에 대한 개념이 없어서 5센티미터와 15센티미터의 차이를 모른다고 말했다. 리엄도 그렇다고 시인하며 고개를 끄덕였다. 하지만 그날 오후 리엄은 신디가 나에게 타라고 빌려준 자전거의 펑크 난 타이어를 고쳐주었다. 그러기 위해서는 타이어 아이언으로 타이어를 빼내어 내부 튜브를 교체해야 했는데, 리엄은 내가 미처 지켜볼 새도 없이 쉽고 빠르게 그 일을 마쳤다. 그의 지각 시스템이 길이와 크기를 혼동할지라도 그의 동작 시스템은 여러 가지 크기의 도구와 부품을 어떻게 다루어야 하는지 알았기 때문이다.

생후 4개월 된 아기는 움직이는 사물을 향해 정확하게 손을 뻗는 놀라운 능력을 보여준다. 아기는 움직이는 사물을 잡기 위해 그 순간에 사물이 있는 곳으로 팔을 뻗지 않고, 손이 닿을 때 사물이 있게 될 위치로 팔을 뻗는다. 즉 아기는 사물의 궤적을 예측한다.[14] 실제로, 움직이는 사물을 보고 손을 뻗는 능력은 사물을 세밀하게 보는 능력보다 계통발생론적으로 더 오래되었을 것이다. 나는 우리의 척추동물 사촌인 개구리를 키우면서 이 사실을 깨우쳤다. 개구리의 눈앞으로 파리가 지나가면 개구리는 파리를 잡기 위해 혀를 잽싸게 내민다. 하지만 파리가 가만히 있으면 개구리는 반응하지 않는다. 개구리는 오직 움직이는 것만을 먹이로 여긴다. 개구리에게 먹이로 줄 살아 있는 귀뚜라미나 벌레 유충이 없으면 나는 개사료를 주었다. 하지만 개 사료를 작은 접시에 담아놓으면 개구리가 그것을 찾지 못했다. 그래서 나는 축축한 개 사료 덩어리를 실에 매달아 개구리 앞에서 흔들었다. 개구리는 사료덩어리가 움직일 때만 그것을 향해 혀를 내밀었다. 개구리든 사람이든 동작을 감지하는 것은 사물을 움직이고 사물과 상호작용하는 데 반드시 필요한 기본 능력이다.

그리고 적당한 신체 활동은 시각을 더 예리하게 만드는 것 같다. 쥐를 대상으로 실험해본 결과, 운동(트레드밀에서 쥐를

뛰게 했다)은 시각겉질 뉴런이 시각적 자극을 식별하는 속도와 정확도를 높이는 것으로 나타났다.[15] 연구 결과 사람의 경우도 적당한 운동은 시각겉질의 민감도를 높이는 것 같다.[16] 신체 운동은 시각 가소성(경험에 반응해 시각 회로가 변하는 능력)도 높여준다.[17] 리엄은 내가 던진 공을 따라서 뛸 때 시각을 향상하는 효과적인 방법을 활용하고 있었던 것이다.

인도의 프라카시 프로젝트를 통해 새로 시력을 얻은 어린이와 청소년들에게도 움직임은 중요한 역할을 한다. 매사추세츠공과대학 교수인 파완 신하 박사가 설립한 이 프로그램은 치료 가능한 형태의 시각장애를 지닌 사람들을 치료한다. 환자들의 상당수가 양쪽 눈에 백내장이 심하게 진행되어 빛과 어둠을 겨우 인식할 수 있을 뿐 앞을 보지 못했다. 그들은 백내장이 생긴 수정체를 제거하고 인공수정체를 이식하는 수술을 받고 시력을 회복할 수 있었다. 이 수술은 생후 몇 개월 내에 하는 게 가장 좋지만, 인도의 많은 아이들이 너무 가난하거나 외딴 지역에 살아서 치료를 받기 어렵다. 신하 박사는 안과 의사 및 검안사 팀과 함께 인도 시골 지역에 검진 캠프를 설치하고, 치료 가능한 형태의 시각장애를 지닌 어린이와 청소년을 찾아내어 수술과 치료를 주선했다. 하지만 많은 과학자와 의사들이 시각장애는 발달이 끝나는 여덟 살 이전에만 치료할 수 있다고 믿었던 터라, 신하 박사 팀의 시도는 일종의 모험이었다. 그 시기를 지난 뇌는 새로운 시각 정보의 공세를 감당할 만큼 유연하지 않다고 여겨졌다. 하지만 프라카시 프로그램에는 여덟 살이 넘은 환자가 많이 있었는데도 모두가 예상을 뛰어넘는 결과를 얻었다. 이 환자들은 처음 세상을 보았을 때 리엄과 마찬가지로 의미 있는 사물로 조직되지 않는 조각난 형태와 색깔을 보았다. 하지만 움직이는 사물은 모든 부분이 통째로 움직였기 때문에, 시력을 회복한 환자들은 움직이는 사물의 여러 부분을 하나로 연결하여 배경에서 분리해낼 수 있었다. 실제로 프라카시 환자들이 가장 먼저 알아본 것은 동물, 자동차, 병과 같이 스스로 움직이거나 다른 동인에 의해 움직이는 사물이었다.[18] 리엄과 프라카시 프로젝트의 모든 환자, 그리고 사실상 우리 모두에게 운동은 시각의 가장 위대한 스승일 수 있다.

흐름 타기

리엄과 내가 자전거를 타고 세인트루이스를 돌아다
닐 때 리엄은 나보다 빠르게 달렸다. 리엄이 교차로에서 주위
를 살피기 위해 멈추지 않았다면 나는 그를 따라잡을 수 없
었을 것이다. 나도 달리면서 방향을 전환하는 것을 꺼리지만,
우리가 달린 도로가 대체로 넓고 탁 트인 데다 조용했기 때
문에 나는 멈추지 않고도 마주 오는 차량을 확인해가며 계속
달릴 수 있었다. 한번은 좁은 아치형 통로에 이르렀는데, 리
엄은 속도를 줄이지 않고 통과했지만 나는 그렇게 할 수 없
었다. 그는 연석을 타고 넘기도 했지만 나는 연석 앞에서 멈
추고 자전거를 끌고 걸어갔다. 리엄은 연석을 못 봤다고 농담
했다. 그가 정말로 연석을 못 봐서 두려움 없이 연석을 넘었
을지도 모르지만, 내가 보기에는 리엄의 균형 감각이 뛰어난
것 같다. 우리는 넓은 길을 계속 달리다가 포레스트 파크로

들어가 리엄이 수업을 듣고 있는 워싱턴대학교 의과대학에 도착했다. 그는 북적이지 않는 조용한 길에서는 자전거를 타는 데 아무 문제가 없었다.

리엄은 수술 직후, 몸을 움직이면 공간 배치를 해석하기 쉽다는 사실을 깨달았다. 앞뒤로 몸을 흔드는 동안 공간 속의 사물들이 깊이에 따라 분류되었다. 가까운 사물은 그가 움직이는 방향의 반대 방향으로 보다 빠르게 움직이는 것처럼 보이는 반면, 멀리 있는 사물은 그의 운동 방향으로 좀 더 느리게 움직이는 것처럼 보였다. '운동 시차motion parallax'라고 부르는 이 현상은 사물들의 심도에 대한 중요한 정보를 제공한다. 생후 12~16주 된 아기는 운동 시차를 통해 깊이 감각을 발달시키는데, 이렇게 조기에 깊이 감각이 발달하는 데는 생태학적으로 합리적인 이유가 있다.[1] 사물이 움직일 때 발생하는 일체성과 3차원적 공간 배치는 색깔이나 질감에서 얻는 정보보다 훨씬 더 믿을 만하다. 하나의 사물은 아무리 여러 색상과 질감으로 이루어져 있어도 다 계속해서 한 덩어리로 움직인다.

똑바로 서 있기 위해 우리는 시각뿐만 아니라 전정기관(속귀에 있는 균형 기관)과 고유감각(우리의 근육, 힘줄, 관절에 있는 센서)을 함께 사용한다. 물론 시각이 가장 큰 역할을 한다. 눈을 떴을 때와 감았을 때 한 발로 얼마나 오래 서 있을 수 있는지 비교해보면 무슨 말인지 알 것이다. 그런데 리엄은 유년기 내내 시력이 나빴는데도 균형 감각이 잘 발달했다. 인공수정체를 이식하기 전에도 스노보드를 즐겼을 정도다. 하지만 유년기 내내 시력이 나빴기 때문에 시각이 극적으로 개선되었을 때 균형 감각이 좋아지기보다 오히려 나빠졌을 수도 있다. 그러나 그는 빠르게 적응했다.

"너무 느리게 달리고 있는 건 아니죠?" 리엄이 한 지점에서 물었다. 자전거에 달린 속도계를 보며 리엄은 우리가 시속 13킬로미터의 속도로 달리고 있다고 말했다. 내게는 적당한 속도였지만, 리엄은 평소 시속 16킬로미터로 달렸고, 늦으면 24킬로미터로 달렸다. 이 정도면 대단한 속도라고 할 수 있는데, 자전거를 타고 달리는 동안에는(또는 걷거나 운전을 하는 동안에는) 주변 세계가 안정적인 가운데서도 지속적으로 움직이는 것처럼 보이기 때문이다. 우리가 앞을 똑바로 쳐다보고 앞으로 이동하는 동안에는 양옆의 풍경이 뒤로 물러나는 것처럼 보인다. 눈과 고개를 시계 방향으로 돌리면 세상이 시계 반대 방향으로 움직이는 것처럼 보인다. 눈을 위로 올리면 세상이 아래로 움직이는 것처럼 보인다. '광학 흐름optic flow'이라고 부르는 이 현상은 시각적 수수께끼를 해결하는 데 도움을 준다. 나는 가만히 있고 사물들이 움직이면, 사물들의 상이 내 망막을 가로질러 움직인다. 그런데 내가 움직이고 사물들은 정지해 있어도 사물들의 상이 내 망막을 가로질러 움직인다. 그렇다면 내가 움직이는지 사물이 움직이는지 어떻게 알까? 속귀와 관절, 그리고 근육의 센서가 이 수수께끼를 푸는 데 도움이 되지만, 광학 흐름도 중요한 역할을 한다. 내가 움직이는 동안 망막을 가로질러 움직이는 것은 단지 사물의 상만이 아니다. 사물과 배경 등 세상 전체가 한 덩어리로 움직이는 것처럼 보이고, 이런 일체적인 움직임은 개별 사물이 아니라 내가 움직이고 있다는 사실을 인식하는 데 도움이 된다.

시각심리학자 제임스 깁슨은 광학 흐름의 중요성을 깨닫고 이 현상에 이름을 붙인 사람이다. 제2차 세계대전 중 훌륭한 조종사의 요건을 알아내는 임무를 맡은 그는 조종사가 비행기를 착륙시킬 때 주변 풍경이 스쳐지나가는 방식을 관찰한다는 사실을 깨달았다.[2] 조종사는 착륙을 준비할 때 시선의 중심을 활주로에 맞추는데, 이렇게 하면 양옆의 땅이 조종사를 향해 앞으로 움직이면서 주변으로 확장되는 것처럼 보인다. 활주로는 양 측면으로 확장되는 흐름의 중심이다. 고속도로에서 자동차를 운전하면 양 측면의 차선 표시선이 운전자 주위로 갈라지는 것처럼 보이는데, 표시선이 접근하는 속도는 차가 얼마나 빨리 달리고 있는지를 알려준다. 영화감독들은 항상 광학 흐름을 활용한다. 자동차 추격 장면에서 우리는 빠르게 달리는 자동차 안에 실린 카메라의 시점으로 액션을 본다. 그래서 마치 운전석에 앉아 있기라도 하듯 세계가 빠르게 스쳐지나가는 것처럼 보인다. 자동차가 회전하면 광학 흐름의 패턴이 바뀌어, 새로운 방향으로 가고 있다고 느낀다.

인공수정체를 삽입하기 전 리엄은 지름 30센티미터도 안

되는 시각적 고치 속에 갇혀 있었기 때문에 움직일 때 주변 시야가 보이지 않았고, 그래서 세상이 스쳐지나가는 것을 보지 못했다. 그는 첫 인공수정체 이식수술을 받고 회복하는 동안 일어서려고 시도했다가 곧바로 넘어지고 말았다. 그 이유에 대해 검안사인 제임스 헤켈 박사는, 그간 착용했던 이중 오목렌즈 안경 탓에 모든 것이 실제보다 작아 보였기 때문이라고 설명해주었다. 안경을 벗고 새로운 인공수정체를 이식받자 리엄은 사물이 예전보다 크게 보여서 마치 사물이 자신을 향해 다가오는 것처럼 느껴졌다. 그래서 자동적으로 몸을 뒤로 젖히다가 균형을 잃었던 것이다. 우리는 의자에서 일어설 때 몸을 앞으로 기울이는데, 이렇게 하면 양옆의 세상이 나를 향해 다가오는 것처럼 보인다. 리엄의 주변 시야가 갑자기 극적으로 개선되었기 때문에 이런 겉보기 운동이 훨씬 더 뚜렷하게 보였고, 그 반응으로 몸을 뒤로 젖히다가 균형을 잃은 것이다. 하지만 리엄은 금방 균형을 되찾고 새로운 시각을 사용할 수 있게 되었는데, 이는 그의 적응력이 얼마나 뛰어난지를 보여주는 증거다.

리엄은 자전거를 탈 때 보도의 중심을 시선 중앙에 맞추었고, 그러자 양옆의 지면이 흐르거나 자기 주변으로 확장되는 것처럼 보였다. 커브 길에 이르면 이 흐름은 바깥쪽으로 더 확장되었다. 리엄이 자전거를 타고 아치형 통로를 지나갈 때 통로의 입구는 그가 가까이 다가갈수록 확장되는 것처럼 보였다. 이런 현상을 '루밍looming'이라고 한다. 통로 입구가 더 빨리 확장되는 것처럼 보일수록 빠르게 달리고 있는 것이다. 아치형 통로를 통과하기 위해 리엄은 확장되는 통로 입구를 시선 중앙에 놓고 계속 주시해야 했다. 그는 이 요령을 매일 자전거를 타면서 무의식적으로 배웠을 것이다.

광학 흐름은 자기 자신의 움직임을 감지하는 데 매우 중요하기 때문에, 동작 경로의 일부인 MST(안쪽위관자엽)라는 겉질 영역이 특정 패턴의 광학 흐름을 처리하는 임무를 전담한다.[3] 하지만 광학 흐름에 대한 민감성은 때때로 혼란을 야기할 수 있다. 기차 창문 너머로 보이는 다른 기차가 시야를 완전히 장악했던 경험이 있을 것이다. 창밖으로 보이는 기차가 앞으로 나아가기 시작하면, 순간적으로 내가 뒤로 가고 있는 것처럼 느껴진다. 하늘을 가로질러 빠르게 이동하는 큰 구름을 보거나, 대형 아이맥스 스크린으로 영화를 볼 때도 비슷한 혼란이 일어날 수 있다. 앞의 사례에서와 같이, 시야의 대부분이 한 덩어리로 움직일 때 우리는 그 움직임을 외부 사물이 아니라 나 자신의 움직임이 만들어내는 광학 흐름으로 해석한다.

리엄이 자전거를 타면서 표지판을 읽기 위해서는 표지판에 시선을 고정한 다음 표지판을 지나치는 동안 눈으로 표지판을 따라가야 했다. 고개를 오른쪽으로 돌리면, 표지판을 지나치는 동안 표지판을 시야 중앙에 유지하기 위해서 눈을 오른쪽으로 움직여야 할 것이다. 표지판이 가까이 올수록 표지판의 상이 망막을 가로질러 빠르게 이동했고, 따라서 눈으로 표지판을 더 빠르게 따라가야 했다. 두 눈이 함께 표지판을 조준하고 뇌에 동일한 정보를 제공한다면 이 일이 더 쉬워질 것이다.⁴ 나는 시훈련 치료를 받으며 오정렬된 두 눈을 잘 맞추게 되었을 때 이 사실을 알았다. 수년간 운전 도중 길을 잃고 헤매기 십상이었던 나는 마침내 도로 표지판을 따라가며 읽을 수 있었다. 리엄이 교차로마다 멈추고 건너도 될지 확인했던 이유도 이동하면서 표지판을 따라가는 것이 어렵기 때문일 것이다.

리엄은 밤늦게 식료품점에 갔던 날에 대해 이렇게 말했다. "상점 밖은 모든 것이 정지되어 있어서 뭔가를 본다는 건 상상할 수도 없었어요. 그런데 매장 안에 들어간 순간, 제 주위 모든 것이 움직이고 있었어요. 제자리를 빙글빙글 돌거나 특정 방향으로 움직이는 게 아니라요. 즉 저만 빼고 모든 것이 움직이고 있다는 느낌이 들었어요." 아마 매장의 통로가 좁아서 더 그렇게 느껴졌을 것이다. 리엄은 통로를 따라 빽빽하게 쌓인 상품들이 갑자기 쏜살같이 다가오는 것처럼 보여 불안했을 것이다.

리엄은 대화하는 도중 한 사람에게서 다른 사람에게로 고개를 돌리면 광학 흐름 때문에 어지러움을 느낄 때가 있다. 실제로 성인이 되어 시각을 회복한 다른 사람들도 광학 흐름으로 인해 비슷한 문제를 겪는다고 말한다. 실라 하켄은 백내장 수술을 받고 시력을 얻었을 때 상점으로 걸어가다가 발아래 땅이 자신을 향해 어지러울 정도로 빠르게 다가오는 것을 경험했다. 나무들은 그를 쓰러뜨릴 것처럼 빠르게 다가왔다. 그래서 남은 길은 눈을 감고 안내견에 이끌려 걸어야 했다.[5]

그렇다 해도 리엄은 걷거나 자전거를 타는 동안 자신의 움직임이 유발하는 광학 흐름에 대체로는 불편을 느끼지 않는다. 하지만 빠른 자동차나 기차를 타고 있을 때는 그렇지 않다. 우리 대부분은 빠르게 달리는 기차 안에서 창밖을 내다볼 때도 세상이 흐릿하게 보이지 않는다. 오히려 질서정연한 풍경이 매끄럽게 지나가는 것으로 인식한다. 우리는 어떻게 두 발로 낼 수 있는 속도보다 훨씬 빠르게 움직일 때도 지나가는 풍경을 편안하게 볼 수 있을까? 인류 역사 대부분 동안 이렇게 빠르게 이동하는 수단은 없었다. 우리는 '시선이동안진optokinetic nystagmus'이라 불리는 반사 반응의 도움을 받는다. 빠르게 움직이는 기차나 자동차 안에서 창밖을 내다볼 때 우리는 반사적으로 나무나 집 같은 특정 사물에 눈을 고정한 채 그 목표물이 시야에서 사라질 때까지 계속 그것을 따라간다. 그다음에는 자동적으로 다른 대상에 눈을 고정하고 그것을 따라간다. 리엄은 시선이동안진 반응이 약하기 때문에, 빠르게 달리는 자동차나 기차 창문을 통해 내다보이는 풍경이 불안정하고 일관되지 못하며 이해하기 어려워진다.

리엄은 2010년 동계올림픽 금메달리스트인 고 스티븐 홀컴이 자신의 시각에 관해 이야기하는 책인 《이제 보인다But Now I See》를 읽고 흥미를 느꼈다.[6] 홀컴은 각막 질환으로 눈이 멀어가고 있었지만 그럼에도 봅슬레이 선수로 훈련을 계속

했다. 이는 불가능한 묘기처럼 보이지만, 홀컴은 빠르게 달리는 썰매의 방향을 전환할 때 거의 감에 의존했다. 홀컴이 놀라운 새로운 치료법으로 시력을 회복했을 때, 그는 경기 도중 주변 풍경이 쌩쌩 지나가는 것이 보여 정신이 없었다. 그가 찾은 해법은 지저분한 헬멧을 써서 잘 보이지 않도록 하는 것이었다.

리엄은 걷거나 자전거를 타는 등 자력으로 느리게 움직이는 동안에는 광학 흐름을 이용해 자신이 어느 방향으로 얼마만큼의 속도로 움직이고 있는지 판단할 수 있었다. 하지만 리엄은, 아니 사실상 우리 모두는 광학 흐름이 주는 정보만으로는 목적지에 도달할 수 없다. 우리는 목적지를 기준으로 지금 내가 어디에 있는지 알려주는 일종의 마음의 지도가 필요하다. 도로 표지판과 눈에 잘 띄는 랜드마크를 확인하는 것부터 하늘에 뜬 태양의 위치를 관찰하는 것까지, 시각은 길 찾기에 중요한 역할을 한다. 하지만 이제 막 보는 법을 배우는 중이라면 어떻게 길을 찾을까?

08

자기만의 방식을 찾다

어느 날 아침 내가 매사추세츠주 케임브리지에서 지하철역으로 걸어가는데 회사원 다섯이서 대화에 몰두한 채 길을 막고 있었다. "실례합니다." 내가 부드럽게 양해를 구했지만 회사원들은 꼼짝도 하지 않았고, 그래서 나는 조심스럽게 옆으로 돌아갔다. 그들이 무례하게 굴었다는 말이 아니라, 대화에 너무 몰두한 나머지 나를 보지 못했거나 내 말을 듣지 못했을 것이다.

한 블록쯤을 지났을 때 길바닥을 짚은 흰 지팡이 끝이 눈에 들어왔고, 곧이어 지팡이의 주인이 보였다. 나는 그 시각장애인이 지팡이 끝을 따라 성큼성큼 걸어가는 모습을 유심히 지켜보았다. 지팡이가 보도의 턱에 닿았지만 그는 보폭을 줄이지 않고 그 장애물을 건너 계속 걸어갔다. 그가 너무도 빠르고 자신 있게 움직여서, 나는 그가 횡단보도에 멈추어섰을 때 비로소 그의 속도를 따라잡을 수 있었다. "언제 길을 건너야 안전한지 어떻게 아세요?" 나는 '가시오'와 '멈추시오' 신호를 살피며 그에게 물었다. 그는 한쪽에서 들려오는 목소리에 조금도 놀라지 않은 듯했고, 내 물음에 차량이 지나가는 소리를 주의깊게 듣는다고 대답했다. 그러면서 어떻게 차들이 한쪽 방향에서 다가온 다음에 반대 방향으로 지나가는지 묘사했다. "오랫동안 몸으로 익혔어요." 나는 신호가 바뀐 줄도 몰랐는데 그가 길을 건너기 시작하면서 말했다. 그 남성은 보도를 계속 걸어갔고, 길 한 부분에 설치된 비계 밑을 아무런 어려움 없이 통과했다. 그러다 갑자기 방향을 틀어 출입구 안으로 들어가버렸다. 그 남성은 눈이 보이지 않았는데도 자신이 어디에 있으며 어디로 가는지 정확하게 알았다. 아이러니하게도, 내가 아까 마주쳤던 대화에 몰두한 회사원들보다 그 남성이 주변 환경을 훨씬 더 잘 인식하고 있었다.

거의 평생을 시각장애인으로 살아온 실라 하켄은 저서《엠마와 나》에서, 시각장애인이 주변 사물을 기준으로 자신이 어디 있는지 안다고 말하면 사람들은 깜짝 놀란다고 이야기한다.[1] 하지만 하켄에게 그건 당연한 일이었다. "각자의 방식이 있는" 법이다. 우리는 어떤 감각을 가지고 있든, 입수할 수 있는 정보를 이용해 자기만의 길 찾기 기술을 발달시킨다. 2부에서 만나게 될 내 제자 조흐라는 귀가 들리지 않는 탓에 주로 시각에 의존한다. 조흐라는 뛰어난 '인간 내비게이션'이라서, 가족 여행을 떠나면 식구들은 조흐라에게 의존해 최적의 경로를 찾는다. 토론토에서 조흐라와 함께 거리를 함께 걷는 동안 조흐라는 내게 자신의 길 찾기 전략을 들려주었다. 그는 큰 건물을 가리키며, 우선 눈에 가장 잘 띄는 랜드마크들을 찾아 머릿속 지도에 표시한다고 설명했다. 조흐라는 대부분의 사람은 정보를 그렇게 선택적으로 받아들이지 않을 거라고 어렴풋이 짐작한다.

작가 존 맥피는 전 상원의원 윌리엄 브래들리에 관한 저서에서, 볼 수 있는 사람들의 뛰어난 공간 감각에 관해 설명했다.[2] 대학 농구 스타였던 브래들리는 완벽한 슈팅으로 유명했는데, 경기 도중 패스할 사람이 보이지 않으면 골대를 등지고 어깨 너머로 공을 던져 정확히 골대에 넣었다. 어떻게 그렇게 할 수 있느냐고 묻자 브래들리는 농구장에서 오랜 시간을 보내다보면 "내가 어디 있는지에 대한 감각이 생긴다"라고 답했다. 리엄 역시 인공수정체를 삽입하기 전에도 '자신이 어디 있는지에 대한 감각'이 있었고, 브래들리처럼 농구대를 등지고 골을 넣을 수 있었다. 또한 어둠 속에서도 아무런 어려움 없이 집 안을 돌아다닐 수 있었다. 너무 자신 있게 다녀서 리엄의 할머니는 리엄의 시력이 얼마나 나쁜지 몰랐다. 눈이 보이든 보이지 않든 모든 사람은 자기만의 방식을 찾아야 한다.

1940년대에 심리학자 에드워드 톨먼은 굶주린 쥐들이 미로 한쪽 끝에 놓인 먹이를 찾아가는 모습을 지켜보았다.[3] 미로를 학습한 쥐들은 같은 경로를 따라 이전 훈련에서 먹이가 있던 곳에 도달했다. 하지만 쥐들은 이 특정 경로에만 의존하지 않았다. 톨먼이 경로의 일부를 차단하면 쥐들은 시행착오를 통해 학습하는 것보다 훨씬 빠르게 다른 경로를 찾아냈다. 쥐들은 출발점과 목표점에 대한 전방위적 감각이 있는 것처럼 보였다. 쥐들은 환경에 대한 마음의 지도를 구축하고 이지도를 이용해 여러 가지 대체 경로를 유연하게 사용할 수있는 것 같았다. 톨먼은 공간에 대한 이런 마음의 지도를 '인지 지도cognitive map'라고 불렀다.

톨먼의 선구적인 연구 이후로 인지 지도의 존재를 뒷받침하는 증거가 동물과 사람을 대상으로 한 많은 연구에서 나왔다. 내가 가장 좋아하는 사례는 유명한 동물행동학자 콘라트 로렌츠가 들려준 일화다. 로렌츠는 '마르티나'라는 새끼 거위를 길렀다.[4] 마르티나가 아직 날지 못하는 새끼였을 때 로렌츠는 집 근처의 마을과 초원, 숲을 산책할 때 마르티나를 안고 다니거나 옆에서 걷게 했다. 마르티나가 나는 법을 막 배우기 시작한 어느 날, 로렌츠는 집에서 꽤 멀리 떨어진 곳에서 거위를 날게 했다. 그런데 날아다니던 마르티나가 그만 그의 시야에서 사라져버렸다. 마르티나는 날려보낸 지점에서 집까지의 경로, 즉 초원과 숲을 지나 집으로 돌아가는 경로를 비행한 적이 없기 때문에, 로렌츠는 마르티나가 길을 잃었을 거라고 확신했다. 그는 하루 종일 마르티나를 찾아 헤매다 해질녘 절망한 채 녹초가 되어 집에 도착했다. 그런데 문 앞에서 마르티나가 안절부절못하며 기다리고 있었다. 로렌츠는 산책하는 동안 마르티나가 지역 경관에 대한 전반적인 마음의 지도를 만들어놓은 것이 틀림없다고 생각했다. 이는 먼 거리를 걷고 헤엄치고 나는 동물에게는 필수적인 기술이다.

길을 찾기 위해 인지 지도를 만들고 사용하는 능력은 사람마다 크게 다르다. 리엄과 함께 세인트루이스를 돌아다닐 때나는 그가 시각에 문제가 있음에도 불구하고, 아니 어쩌면 그때문에 인지 지도를 만드는 능력이 탁월하다는 사실을 알게되었다. 그는 보물찾기와 모든 종류의 지도를 좋아한다. 포레스트 파크에서 리엄과 함께 지오캐싱을 하면서 그것을 분명하게 알았다. 리엄은 지오캐시를 찾기 위해 지도와 좌표를 휴대용 GPS나 스마트폰에 내려받아 작업하는 것을 즐긴다. 때로는 종이에 격자를 그린 다음 랜드마크를 표시해 자기만의 지도(예를 들어 학교의 의학 도서관 지도)를 만들기도 한다. 그는 엘리베이터 옆에서 의과대학 건물의 지도를 발견하고는 놀라움과 기쁨을 감추지 못했고, 곧바로 지도를 살펴보며 완전히 익혔다. 나는 2014년에 리엄을 만났을 때 함께 의과대학 캠퍼스를 걸으며 그에게 대학 건물들의 위치나 그가 사는 아파트의 대략적인 방향을 물어보았다. 그는 그 장소들의 위치를 즉시 자신 있게 가리켰다(나는 나침반을 가져갔기 때문에 그가 가리키는 위치를 확인할 수 있었다). 그리고 그는 머릿속으로 북쪽을 상상할 수 있다고 덧붙였다. 하지만 머릿속에 지도를 떠올리는지 묻자 그는 "꼭 그렇진 않아요"라고 답했다.

리엄은 자신이 시각적 이미지를 떠올리는 데 능숙하지 못하다고 말하지만, 시각적 이미지를 떠올리지 못한다고 해서

인지 지도를 만들고 사용하지 못하는 건 아니다. 실제로, 내가 아는 많은 사람은 시력에 문제가 없고 길을 잘 찾는데도, 머릿속으로 지도를 떠올리는 대신 장소와 사물의 위치를 감으로 파악한다고 말한다. 리엄이 마음의 지도를 만드는 능력을 연마할 수 있었던 건 어찌 보면 제한된 시력 덕분이었다. 정상 시력을 가진 사람들은 주위를 둘러보며 사물들이 어디 있는지 빠르게 파악할 수 있지만, 리엄은 주로 기억과 인지 지도에 의존해야 한다. 게다가 자전거를 타거나 걸을 때 좌회전을 최대한 피하려고 노력하기 때문에(신호등 같은 시각적 단서에 의존해야 할 상황을 피하기 위해 – 옮긴이) 인지 지도를 사용하여 다른 경로를 찾아야 한다.

유년기 경험도 리엄이 인지 지도를 잘 만들 수 있도록 도움을 주었다. 우리는 특정 장소로의 왕복 여행을 할 때 출발 시점에는 한쪽 방향으로 가는 길을 상상하고, 돌아오는 시점에는 반대 방향으로 가는 길을 상상해야 한다. 이를 위해서는 인지 지도의 거울상이 필요하다. 리엄은 어렸을 때 점관slate 와 점필stylus을 사용해 점자 쓰는 법을 배웠다. 점필로 페이지 뒷면에 점자를 찍을 때는 읽을 때 손에 느껴지는 방식의 거울상으로 찍어야 한다. 리엄은 이 일을 쉽게 배웠고, 덕분에 훗날 유기화학 시간에 다른 학생들이 어려워하는 개념인 거울상 (입체) 이성질체를 쉽게 이해할 수 있었다. 이처럼 공간 배치를 상상하고 머릿속에서 돌려볼 수 있는 리엄의 능력은 인지 지도를 작성하고 사용하는 데 도움이 된다.[5]

인간과 여타 척추동물에서 해마와 그 주변 겉질은 인지 지도를 작성하고 저장하고 불러오는 뇌 영역으로 추정된다.[6] 해마는 시각, 청각, 촉각, 신체 움직임을 포함해 여러 경로로 인풋을 받기 때문에 모든 인풋이 인지 지도를 작성하는 데 기여한다. 볼 수 있는 사람들의 경우 시각이 지도 작성에 주된 역할을 하지만, 리엄을 보면 알 수 있듯이 눈이 보이지 않아도 훌륭한 마음의 지도를 작성할 수 있다. 리엄은 주변 환경에 대한 인지 지도를 만드는 데는 아무런 문제가 없었다. 그러나 눈으로 거리를 판단하는 것은 완전히 다른 문제였다.

—✦—

내가 2012년 8월 세인트루이스에 갔을 때 리엄은 나를 데리고 포레스트 파크 꼭대기로 갔다. 우리가 잠시 멈추어 전망을 바라보는 동안, 리엄은 멀리 보이는 평행한 두 길이 서로 가까이 있는지 아니면 멀리 떨어져 있는지 잘 모르겠다고 말했다. 그는 일반적으로 사물의 거리를 실제보다 가깝게 본다. 그래서 거리를 측정할 때는 스마트폰이나 휴대용 GPS를 사용한다. 이 사실을 알고 나는 리엄의 어린 시절 시력이 글자 읽는 법을 배우는 데는 문제가 없었다는 것이 얼마나 중요했는지, 그리고 그가 인공수정체를 이식받은 후 읽기 기술을 되살려 연마한 것이 얼마나 영리한 판단이었는지 깨달았다. 리엄은 현재 10포인트 폰트를 읽을 수 있기 때문에 길 찾기에

스마트폰을 많이 활용한다. 게다가 현명하게도 점자 읽기도 그만두지 않았는데, 밝고 화창한 날은 야외에서 스마트폰 화면을 읽기가 어렵기 때문이다. 재치가 뛰어난 그는 그럴 때 점자 표시 장치(작은 키보드처럼 생겼다)를 스마트폰에 연결하여 필요한 정보를 얻는다. 점자 표시 장치는 버스 안에서 책을 읽을 때도 편리하다.

리엄이 두 길 사이의 거리를 판단하는 데 곤란을 겪는 이유는 3차원 공간 배치를 잘 해석하지 못하기 때문이다. 개별 사물을 인식하는 것과 경관의 전체 구도를 이해하는 것은 완전히 다른 문제다. 포레스트 파크 언덕 꼭대기에서 리엄은 사물들 사이의 거리와 사물의 실제 크기를 파악하려 애썼다. 곧 설명하겠지만, 그는 공간과 깊이를 해석하는 데 원근법과 그림자를 활용하지 못했다. 아기는 생후 약 7개월부터 이런 단서를 사용하기 시작하며, 대부분은 이 능력이 자동으로 생긴다.[7] 반면 리엄은 깊이와 공간 배치를 이해하기 위해 자기만의 전략을 의식적으로 개발해야 했다. 함께 공원을 둘러본 후 워싱턴대학교 의과대학 캠퍼스를 거니는 동안 리엄은 내게 자신의 전략을 설명해주었고, 나는 그의 말을 들으며 리엄이 보는 세상을 상상해보려고 노력했다.

✦

우리는 눈으로 광범위한 거리를 볼 수 있다. 가깝게는

0.2밀리미터 떨어진 두 점을 각각의 점으로 볼 수 있으며, 밤 하늘을 올려다볼 때는 몇 광년 떨어진 별들도 볼 수 있다. 하지만 특수 장비와 계산 없이는 그 별들이 서로, 그리고 우리로부터 얼마나 멀리 있는지 알 수 없다. 마찬가지로, 달이 지구와 꽤 가깝고 태양보다 작다는 사실도, 일식 때가 아니면 맨눈으로는 알 수 없다. 하지만 지상에 있는 구조물들의 거리는 맨눈으로 판단할 수 있다. 시각심리학자 제임스 깁슨이 지적하듯, 우리는 지면을 참조 기준으로 삼을 수 있다.

깁슨은 제2차 세계대전 때 군에서 조종사 지망생들을 훈련시키는 임무를 맡은 후 거리 판단에 지면이 중요하다는 사실을 깨달았다.[8] 우리 생각에는 깊이 지각이 뛰어난 사람이 최고의 조종사가 될 것 같지만, 깊이 지각을 평가하는 표준검사 점수로 조종 능력을 판단할 수는 없었다. 조종사는 비행기를 착륙시킬 때 허공을 보고 거리를 판단하지 않았다. 대신 조종사는 지상의 공간 배치를 참조했다. 직접 하늘을 날아보면, 시각 세계가 어떻게 배치되어 있는지 이해하는 데 지면이 얼마나 중요한 역할을 하는지 깨달을 수 있을 것이다.

허공에서는 사물이 얼마나 멀리 있는지, 얼마나 큰지 알 수 없다. 몇 년 전 나는 산책하다가 먼 나무 옆을 날고 있는 새를 보았다. 그런데 잠시 후, 새인 줄 알았던 비행하는 생물이 생각보다 훨씬 가까이 있다는 것을 깨달았고, 그러자 그 생물이 큰 새가 아니라 작은 곤충 크기로 줄어들어 보였다. 내가 실제로 보고 있었던 건 나비였다. 거리와 크기에 대한 이런 인식 변화는 의식적으로 일어난 것이 아니었다. 그 변화는 자동적으로 일어났다. 당시 내가 경험한 것은 '크기 항등성size constancy' 현상이다. 사물이 다가오면 망막에 맺히는 상이 커지고, 멀어지면 상이 작아지지만 우리는 상당한 거리 범위에 걸쳐 사물을 망막에 투사되는 크기가 아니라 실제 크기대로 인식한다.

크기 항등성의 한 가지 예를 들어보겠다. 농구공(지름 75센티미터)을 팔 끝에 올려놓고 있을 때 어떻게 보이는지 상상해보라. 이렇게 가까운 거리에 있을 때 농구공은 우리 시야의 상당 부분을 차지한다. 시야각은 눈을 꼭짓점으로 하여 왼쪽 끝에서 오른쪽 끝까지 거의 180도, 아래쪽에서 위쪽까지 135도에 이르는데, 팔 끝 정도 거리에서 농구공이 실제로 차지하는 시야각을 계산하면 약 64도가 된다. 반면에 농구장 절반 길이(14미터 거리)에서 공은 3도의 시야각만 차지하며, 농구장 전체 길이(28미터 거리)에서 공은 겨우 1.5도의 시야각만 차지한다. 팔 끝에서 농구장 전체 거리까지 공의 시야각은 97퍼센트 감소하지만, 우리 눈에 공은 여전히 실제 크기 그대로 보인다. 명백한 모순이 아닐 수 없다! 물론 이런 크기 항등성에는 한계가 있다. 눈앞으로 다가오는 공은 아주 가까이 오면 실제보다 크게 보이고, 고층 빌딩 꼭대기에서 보면 지상에 있는 사람이 개미처럼 작게 보인다. 또한 수직 방향, 즉 위를 올려다볼 때도 크기 항등성이 떨어진다. 고속도로 상단에 설치된 녹색 표지판을 지상에서 올려다보며 생각보다 커서 놀란 적이 있을 것이다. 신호등도 마찬가지다. 그런데도 우리는 상당한 거리 범위에 걸쳐 사물이 얼마나 멀리 있고 얼마나 큰지 판단할 수 있는데, 이런 판단은 주변 환경을 통해 맥락을 파악하는 능력에 달려 있다.

새인 줄 알았는데 실제로는 나비였던 내 경험처럼 우리는 크기와 거리를 판단할 참조 기준이 필요하다. 지면은 매우 풍부한 정보가 담긴 참조물이며 (지진이 일어나지 않는 한) 가장 안정된 기준이다. 키가 1.8미터인 사람은 지상에서 약 4.8킬로미터 거리를 볼 수 있다. 먼 지평선은 눈높이로 보이기 때문에, 지평선보다 가까운 모든 사물은 시야에서 지평선보다 낮게 보인다. 따라서 시야에서 사물이 어느 높이에 있는지를 보면 그 사물이 내게서 얼마나 멀리 있는지 알 수 있다. 즉 시야에서 높이 위치할수록 멀리 있는 것이다.

리엄을 수술 5년 후인 2010년 처음 만났을 때, 그는 몇 미터 떨어진 바닥에 놓인 배낭을 가리키면서, 배낭 너머의 카펫이 배낭보다 높이 있는 것처럼 보인다고 말했다. 실제로 카펫이 배낭보다 멀리 있었기 때문에 그의 시야에서 배낭보다 더 높이 위치했지만, 리엄에게는 배낭이 카펫보다 '낮은' 위치, 즉 지하에 있는 것처럼 보였다. 4년 후인 2014년, 우리는 함께 길을 걷던 중 카페 외부에 줄줄이 놓인 테이블을 보았다. 리엄은 멀리 있는 테이블이 앞에 있는 테이블 뒤에 있다는 사실을 알았지만, 그의 눈에는 먼 테이블이 가까운 테이블 '위에' 놓여 있는 것처럼 보였다. 우리 대부분은 시야에서 높

그림 8.1. 리엄에게는 복도 맞은편에서 다가오는 소녀가 사다리꼴 위에 서 있는 것처럼 보였다.

이 있는 사물이 더 멀리 있다는 것을 보는 즉시 무의식적으로 알아차리지만, 리엄은 곰곰이 생각하고 나서야 그렇게 해석할 수 있었다.

우리가 즉시 해석할 수 있는 것은 선 원근법을 이해하고 있기 때문이다. 선로의 두 레일과 고속도로 차선 등과 같은 평행선은 멀리서 수렴하는 것처럼 보인다. 리엄은 인공수정체 이식수술을 받은 직후 복도 반대쪽에 서 있는 소녀를 유심히 살펴본 적이 있다. 우리가 복도 반대쪽을 바라보면 양쪽 벽이 점점 좁아지는 것처럼 보이지만, 리엄의 눈에는 양쪽 벽이 멀리 뻗어나가지 않고 수직으로 올라가는 것처럼 보였다. 그래서 소녀는 멀리 서 있는 것이 아니라 사다리꼴 위에 서 있는 것처럼 보였다.

리엄이 거리를 자동으로 판단하지 못하는 이유는 시각 경험이 부족하기 때문이기도 하지만, 입체시가 좋지 않기 때문이기도 하다. 나는 비록 마흔여덟 살까지 입체맹이었지만 항상 직선 도로가 내 얼굴과 수직인 평면상에 펼쳐져 있다고 생각했다. 그런데 입체시가 생겼을 때 도로가 지면과 훨씬 더 나란히 펼쳐져 있어서 깜짝 놀랐다. 도로는 내가 생각했던 것보다 훨씬 아래쪽 바깥으로 펼쳐져 있었다. 나는 예전에 내가 보던 방식을 되돌아보면서, 테이블들이 앞뒤로 놓여 있다는 사실을 알면서도 수직으로 쌓여 있는 것처럼 보인 리엄의 시각을 이해할 수 있었다.

질감 구배texture gradient는 선 원근법과 밀접한 관계가 있는데, 이 사실도 깁슨이 처음 연구했다.[9] 타일 바닥을 보면, 멀리 있는 타일이 가까이 있는 타일보다 크기가 작고 촘촘해 보인다. 초원의 풀잎이나 도로변을 따라 규칙적으로 배치된 전신주도 마찬가지다. 선 원근법을 토대로 얻은 거리 감각과 질감 구배에 대한 이해를 결합하면, 거리와 크기를 판단하는 효과적인 방법이 생긴다. 이런 판단은 보는 즉시 자동적으로 이루어지며, 착시에 이용되기도 한다.

그림 8.2의 폰조 착시를 보면 철도 선로가 멀어져가는 것처럼 보인다. 아래쪽의 흰 막대는 위쪽의 흰 막대보다 짧아 보인다. 실제로는 두 막대의 길이가 같지만 우리 눈에 위쪽 막대가 더 길어 보이는 이유는, 선로가 수렴하고(선 원근법) 선로 가로대의 밀도가 증가함(질감 구배)에 따라 우리가 위

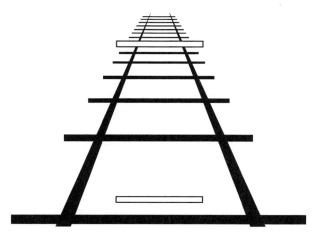

그림 8.2. 폰조 착시. 두 개의 흰색 수평 가로대는 길이가 같을까?

쪽 막대를 더 멀리 있다고 해석하기 때문이다. 그림 8.2에서와 같이 두 막대의 길이가 똑같지만 우리가 위쪽 막대를 더 멀리 있다고 해석한다면, 실제로 위쪽 막대의 길이가 더 길게 인식될 것이다. 이것이 폰조 착시의 작동 원리다. 이런 해석은 자동으로 일어나기 때문에 두 막대의 길이가 같다는 사실을 알더라도 똑같은 길이로 보는 것이 거의 불가능하다.

2014년에 리엄에게 폰조 선로 착시 그림을 보여주었을 때, 그는 선로가 멀어져가는 것이 아니라 평면상에서 수직으로 올라가고 있다고 해석했다. 결과적으로 그는 착시에 속지 않고 두 흰색 막대를 같은 크기로 보았다. 리엄이 실제 선로나 선로 사진을 본 적이 거의 없기 때문에 그림을 제대로 알아보지 못했을 가능성도 있다. 하지만 내 생각에는 리엄이 직접

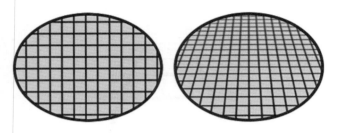

그림 8.3. 선의 수렴과 질감 구배에 따라 우리 눈에는 오른쪽 타원 안의 표면이 멀어지고 있는 것처럼 보인다.

설명한 이유가 더 타당한 것 같다. 리엄은 거의 시각장애인으로 보낸 유년기 동안 멀어져가는 사물을 본 경험이 없었다. 그래서 그는 실제 장면과 그 장면의 사진을 2차원적으로 해석하는 경향이 있다. 리엄이 선로 그림을 해석한 방식은 소녀가 사다리꼴 위에 서 있고 카페 테이블이 포개져 있다고 본 것과 비슷하다.[10]

그림 8.3에서 왼쪽 타원 안에는 교차하는 선들이 평평한 격자를 이루고 있다. 반면, 오른쪽 타원 안은 수렴하는 선과 질감 구배 때문에 표면이 뒤로 물러나고 있는 것처럼 보인다. 하지만 리엄의 눈에는 두 타원의 내면이 모두 평평해 보였다. 그는 폰조 착시와 타원 착시를 볼 때 거리와 크기를 판단하는 데 선 원근법과 질감 구배를 사용하지 못했다.

그래서 나는 리엄이 복도 착시(그림 8.4)를 해석하는 방식에 정말 놀랐고 깊은 인상을 받았다. 이 그림을 보면, 타일을 붙인 복도에 검은 막대 또는 기둥이 두 개 세워져 있다. 두 막

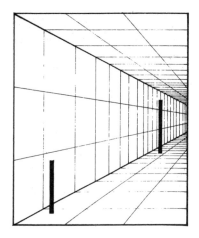

그림 8.4. 복도 착시. 두 기둥의 높이가 같을까?

대는 실제로는 높이가 같지만, 수렴하는 선들이 주는 원근감과 복도 네 면에 붙인 타일들의 질감 구배 때문에 오른쪽 기둥이 더 멀고 높아 보인다. 리엄에게 이 그림이 어떻게 보이는지 묻자, 그는 이렇게 답했다. "두 막대의 크기가 같아 보였다가 서서히 달라 보였어요. 대부분 같아 보이는 동시에 달라 보였지만, 앞쪽 기둥이 (벽면에 교차선의 수가 더 적기 때문에) 약간 더 작아요." 리엄의 해석은 불안정했다. 두 기둥은 같은 크기로 보이는 동시에 다른 크기로 보였다. 리엄은 특유의 분석적인 스타일로, 벽면의 교차선이 더 많기 때문에 멀리 있는 기둥이 더 높아 보여야 한다고 결론내렸다. 즉 리엄은 그림을 분석하기 위해 매우 의식적으로 질감 구배를 사용했다. 그림을 처음 보았을 때 자연스럽게 두 기둥의 크기가 변하는 것을 보았기 때문에, 그는 처음에는 아마 기둥의 높이를 해석하는 데 질감 구배를 무의식적으로 활용하기 시작했을 것이다. 장면을 지금보다 덜 분석적이고 더 자동적으로 해석할 수 있게 된다면, 리엄은 경관을 지금보다 더 빠르고 쉽게 이해하게 될 것이다.

✦

우리가 계단을 오르내릴 때마다 높이와 깊이, 그리고 크기에 대한 판단이 일어나기 때문에, 리엄에게 계단 오르내리기는 여전히 심각한 도전이다. 인공수정체 이식으로 리엄의 시력이 개선된 후 신디는 리엄이 계단에 다가가면 불을 켜주려 했지만, 리엄이 불을 켜지 말라고 했다. 시력이 개선되기 전에는 계단 오르내리기가 더 쉬웠다. 시각을 사용해 계단을 오르내리기 위해서는 강도 높은 분석이 필요했기 때문이다. 리엄은 이렇게 썼다. "올라가는 계단은 밝은 막대와 어두운 막대가 번갈아 있고, 내려가는 계단은 일련의 선들이에요. 제 전략은 균형을 잘 잡은 채로 선을 밟지 않고 선 사이에 발을 디디는 거예요. (⋯) 계단을 내려갈 때는 선 사이를 밟지만, 올라갈 때는 선을 하나씩 건너뛰어요. 제가 몸을 움직이면, 계단이 비스듬해지며 모양이 바뀌어요. 계단을 성큼성큼 오르내리면, 올라가는 계단이 내려가는 계단처럼 보이는 등 이상한 현상이 일어나기도 해요."

그림 8.5. 계단이 만드는 막대와 선 패턴에 주목하라.

계단에 대한 리엄의 묘사는 내게 아주 낯설게 들린다. 계단
을 오를 때는 선을 하나 건너뛰고 내려갈 때는 선 사이에 발
을 디딘다는 것이 무슨 말인지 알 수 없었다. 하지만 리엄이
보는 2차원 패턴이라고 생각하고 계단을 보자, 전에는 미처
보지 못했던 막대와 선이 보였다.

실제로 리엄이 친구들에게 어떤 방식으로 계단을 인식하
고 오르내리는지 물었을 때 친구들은 무슨 말을 해야 할지 몰
랐다. 계단을 오르는 건 아주 일상적이고 무의식적인 행동이
라서 생각하고 말고 할 것이 없었기 때문이다. 우리도 어두운
막대와 밝은 막대가 번갈아 나타난다는 사실을 이용해 계단
의 단을 구분할지도 모르지만, 그렇다고 해서 우리가 계단을
그저 2차원적인 막대나 선으로 보는 것은 아니다. 오히려 우

리는 밝은 단과 어두운 단이 교대로 나타나는 패턴을 보고 높이와 깊이에 대한 정보를 얻어 계단에서 높아지는 부분과 평평한 부분을 판단한다. 예를 들어, 계단 끝으로 갈수록 막대나 선이 더 오밀조밀해지는데, 이런 질감 구배를 토대로 우리는 거리와 높이를 판단한다. 하지만 리엄은 선이 오밀조밀해지는 것을 보고 계단의 높이를 판단한다는 말은 하지 않았다.

입체시도 계단의 단을 3차원적으로 보는 데 도움이 된다. 리엄은 입체시가 별로 좋지 않아서, 계단 전체가 한 평면에 있는 것처럼 납작해보였다. 올리버 색스도 계단 오르내리기는 버질에게 무엇보다 위험한 일이라고 언급했다. 버질에게 계단은 "평행선과 교차하는 선들이 있는 평면"으로 보였기 때문이다. "그는 계단이 3차원 공간을 올라가거나 내려가기 위한 사물이라는 사실을 알고 있었지만 그의 눈에는 그렇게 보이지 않았다."[11] 나도 마흔여덟 살까지 사시와 입체맹으로 살았기 때문에 이것이 어떤 상황인지 잘 안다. 내가 다녔던 대학의 의학도서관 계단은 모든 단의 타일과 줄눈이 정확히 일치했다. 다른 사람들은 그것을 보고 타일 작업이 깔끔하게 잘되었다고 생각했을 테지만, 나는 오히려 그렇기 때문에 위험에 처했다. 입체맹이었던 나는 한 단이 끝나고 다음 단이 시작되는 지점을 구별하기 어려웠다. 그래서 가져갈 책이 많으면 여러 번에 걸쳐 나눠서 들고 가야 했다. 그리고 그림자가 매우 짧은 한낮에는 외부 계단을 피했다. 계단의 높이와 폭을 판단하는 데 음영을 활용할 수 없었기 때문이다.

리엄은 양 측면이 벽으로 막혀 있지 않은 계단을 피했으며, 개방형 발코니도 좋아하지 않았다. 2014년에 그를 만나러 가서 우리가 의과대학의 넓은 방들을 걸을 때는, 리엄은 큰 로비 한가운데 있는 화려한 개방형 계단을 사용하지 않고(물론 필요한 경우에는 그 계단을 오를 수 있었다) 건물 측면에 있는 폐쇄형 계단으로 나를 안내했다. 그 계단은 양 측면이 벽으로 막혀 있었기 때문에, 일반인을 위한 계단이 아니라서 지저분했는데도 리엄은 그 계단을 선호했다.

계단만이 문제가 아니었다. 리엄에게는 평지가 아닌 모든 표면이 힘들었다. 리엄은 2017년에 처음으로 비행기를 탔는데, 비행기를 타고 내릴 때 딛는 발판이 불안정하다는 것을 알고 자신의 시각을 믿는 대신 지팡이를 사용하기로 했다. 리엄은 시각장애인 친구가 지팡이를 이용해 열차 승강장을 다니는 방법을 알려주기 전까지 수년 동안 세인트루이스 메트로링크MetroLink(세인트루이스의 경전철 시스템)을 피했다.

◆

그는 개방형 계단뿐 아니라 시야가 갑자기 변하는 모든 상황을 싫어했다. 거울이나 창문은 둘 다 주변 공간과 연결되지 않는 불연속적인 3차원 장면을 제공하기 때문에 싫어했다. 리엄은 2012년에 이렇게 설명했다. "저는 아직도 거울을 어떻게 다루어야 할지 모르겠어요. (…) 거울은 제 세계를 너무 혼란스럽게 만들어서 어떻게 해야 할지 모르겠어요. 저는 그럴 때 항상 기본적인 시각 법칙 중 하나를 떠올려요. (…) 그 법칙은 '거울은 같은 쪽이고 창문은 다른 쪽이다'예요. 제게는 거울이나 창문이나 틀 안에 있는 복잡한 시각 정보에 불과하기 때문이죠." 리엄이 '같은 쪽'과 '다른 쪽'이라고 표현한 것이 무엇을 뜻하는지 내가 이해하기까지는 시간이 좀 걸렸다. 그건 안과 밖을 가리키는 것이었다. 실내 거울은 (거울에 창밖 풍경이 비치지 않는다면) 방 안쪽의 장면을 비추고, 창문은 방 안에서 볼 때 외부 풍경을 보여준다.

방 안에 서서 유리창 밖을 보고 있다고 상상해보라. 창밖으로 외부 풍경이 보일 테지만, 대체로는 방안의 모습도 유리창에 반사된다. 이런 상황은 리엄에게 그림 8.6의 사진과 같은 매우 혼란스러운 장면을 연출할 수 있다.

우리는 원근법과 질감 구배 외에도 무의식적으로 음영과 그림자 같은 다른 단서들을 이용해 깊이를 판단한다. 예를 들어 그림 8.7에서 우리 대부분은 융기된 곳과 움푹 파인 곳을 볼 수 있다. 유심히 살펴보면 융기된 곳들은 윗부분이 밝고 아랫부분이 어두운 반면, 움푹 파인 곳들은 반대 패턴을 보인다는 것을 알 수 있다. 경험에 따르면 빛은 거의 항상 위에서 온다. 융기된 곳의 윗부분은 빛이 닿아 환하지만 아랫부분에는 빛이 닿지 않는다. 움푹 파인 표면은 반대되는 명암 패턴을 보인다. 이 페이지를 거꾸로 뒤집으면 융기된 곳이 움푹 파여 보이고 움푹 파인 곳은 융기되어 보인다.[12] 시각 경험이

그림 8.6. 통유리창에 비친 모습.

그림 8.7. 음영은 깊이 감각(심도 인지)이 생기게 한다. 이 그림을 거꾸로 뒤집으면, 융기된 곳이 파여보이고 파인 곳은 볼록해 보인다.

적었던 리엄은 그림 8.7의 융기된 곳과 파인 곳이 둘 다 평평하게 보였다. 하지만 이제는 다른 사람들처럼 볼록하고 움푹 파인 패턴이 좀 더 잘 보이고, 예전처럼 평평하게 보는 것이 점점 어려워지고 있다. 그는 점점 더 자동적으로 음영을 이용해 입체와 깊이를 해석하고 있다.

그렇다 해도 리엄에게 그림자 해석은 어려운 일이다. 보도를 걷다가 땅바닥에서 선 모양의 그림자를 보면 그는 그것이 실제로 무시해도 되는 그림자인지, 아니면 걸려 넘어질 수 있는 막대인지 헷갈린다. 리엄은 이렇게 설명한다. "빛은 어떤 표면에든 선을 추가할 수 있는데(저는 그것을 '거짓말'이라고 불러요), 저는 그 선이 무얼 뜻하는지 알아내야 할 뿐만 아니라, 어떤 선을 무시해도 되고 어떤 선을 무시하면 안 되는지도 판단해야 해요." 따라서 그림자로 가득한 날이나 다른 사람과 함께 걸으며 말을 해야 할 때는 지팡이를 이용해 장애물인지 그림자인지 확인한다.

보도에 드리워진 전봇대 그림자는 전봇대 밑에서부터 이어져 있다. 하지만 어떤 그림자는 그림자의 본체와 어느 정도 떨어진 곳에 드리워져서 우리에게 사물의 위치에 대한 추가적인 단서를 제공한다. 그림 8.8의 윗부분에는 그림자가 공과 붙어 있는 반면, 아랫부분에는 그림자가 떨어져 있다. 분리된 그림자는 공이 바닥 위에 떠 있는 것처럼 보이게 만든다. 하지만 리엄에게는 윗부분의 공과 아랫부분의 공이 같은 위치에 있는 것처럼 보였고, 아랫부분의 세 공과 그림자는 다섯

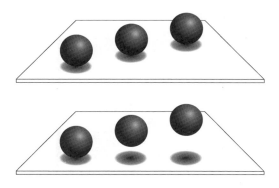

그림 8.8. 그림자는 공의 위치를 해석하는 데 도움이 된다.

개 점이 옆으로 누운 V자 모양을 만드는 것처럼 보였다. 그는 3차원 공간에서 공이 어느 위치에 있는지 해석하는 데 그림 자를 이용하지 않았다.

리엄은 풍경을 잘 해석하지 못하는 탓에 그림을 이해하는 것이 어려웠다. 새롭게 시력을 얻은 사람이 그림을 처음 보면 그것을 그림으로 인식하지 못할 수 있다.[13] 손으로 만져서 그 림의 내용을 알 수도 없고, 그림이 실제 장면의 축소판이라는 것이 무슨 말인지도 이해할 수 없을 것이다. 실제로 그는 그 림보다는 그림을 둘러싼 액자에 더 많은 관심을 기울일 것이 다. 여기서도 리엄은 유년기에 나쁜 시력이나마 가지고 있었 던 덕을 보았다. 리엄은 어릴 때 그림을 접한 적이 있기 때문 에 그림을 그림으로 인식할 수 있으며 간단한 드로잉과 만화 를 이해할 수 있다. 내가 재치 있는 설명이 있는 그림 퍼즐(그 림 8.9)을 리엄에게 보여주었을 때 그는 그 농담을 바로 이해

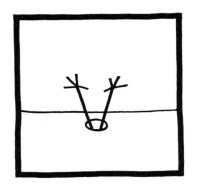

그림 8.9. "일찍 일어났으나 너무 힘센 벌레를 잡은 새."

했다.

하지만 리엄은 추상화가 아닌 한 복잡한 그림을 좋아하지 않는다. 무엇보다 원근법, 질감 구배, 음영, 그림자를 잘 활용한 풍경 그림을 싫어한다. 그런 반면 지도는 좋아하는데, 지도는 거리와 방향 같은 공간 관계를 나타내지만 이미지가 필수적이지는 않기 때문이다.

✦

그림자와 반사된 이미지는 혼란을 초래하기 때문에, 리엄은 사물을 인식하고 경관을 해석하기 위해 주로 동작 기반 단서들에 의존한다. 그는 사물을 식별하기 위해 해당 사물을 한 바퀴 돌려보면서 여러 각도에서 보고, 운동 시차를 바탕으로 사물들의 깊이 배치를 알아내기 위해 앞뒤로 몸을 흔들어

본다. 우리는 태어날 때 리엄처럼 동작 기반 정보를 우선적으로 받아들인다. 아기는 생후 4개월이 되면 동작 기반 단서를 잘 감지하는데, 생후 7개월이 될 때까지는 음영과 그림자를 활용하는 능력이 발달하지 않는다.[14]

하지만 동작 기반 정보도 헷갈릴 수 있다. 나는 2014년에 리엄을 따라 워싱턴대학교 의대 건물들을 잇는 멋진 유리 통로에 갔을 때 그 사실을 알았다(그림 8.10). 그 유리 통로는 지면보다 한 층 이상 높았기 때문에, 걸어갈 때 스쳐지나가는 풍경이 지상에서 보는 것과는 달랐다. 유리 통로 아래로 지나가는 차량과 사람들은 실제보다 훨씬 작게 보였다(그림 8.11).

이것은 크기 항등성 때문에 생기는 문제다. 게다가 리엄이 통로를 걸어가는 동안 창문에서 가까운 곳에 있는 외부의 정지된 사물은 멀리 있는 사물보다 더 빨리 움직이는 것처럼 보였다. 이런 운동 시차 효과는 지상에서와 마찬가지로 균형을 유지하며 걷는 데 도움이 되지 않았다. 그래서 리엄은 흰 지팡이를 꺼내 통로 바닥을 짚으면서 지팡이가 바닥에서 떨어지지 않도록 했다. 그리고 양쪽 창문에서 가능한 한 멀리 떨어져서 통로 한가운데를 걸을 수 있도록 카펫 무늬에 눈을 고정했다. 세인트루이스 메트로링크를 타고 가는 동안 열차가 고가 선로를 지나갈 때도 같은 불편을 느꼈다. 지상보다 한 층 위에 있을 때 경관을 이해하는 문제는 리엄에게 완전히 새로운 도전이었다.

리엄은 3차원적 배치와 사물들 간 거리를 판단하는 데 능

그림 8.10. 유리 연결 통로.

그림 8.11. 유리 통로에서 본 풍경.

숙하지 못해서 처음에는 길을 건널 때마다 아슬아슬했다. 교차로에 이르면, 다가오는 차들이 얼마나 멀리 있는지 확신할수 없었다. 바로 앞에 도로가 있는 교차로에 이르면, 차들이교차점으로 접근하는 중인지, 아니면 이미 진입했는지 알 수가 없었다. 그래서 그는 복잡한 교차로, 특히 횡단보도와 신호등이 없는 교차로를 피했고, 좌회전하지 않으려 비상한 노력을 기울였다. 그는 길을 건널 때마다 심장이 두근거렸다. 그래서 길을 건너자마자 달렸는데, 두려움으로 심장이 두근거리는 것보다는 격렬한 운동으로 심장이 두근거리는 편이나았기 때문이다.

수술 후 리엄은 앞을 볼 수 있는 사람으로 거듭나기 위해스스로를 심하게 압박했다. 우선 지팡이 대신 주로 시각을 이용해 세상을 헤쳐나가보기로 했다. 2016년, 아파트에서 13킬로미터 떨어진 병원에서 의료 보조원으로 일하던 시절에, 그는 걷거나 자전거를 타고 4킬로미터 떨어진 버스 정류장까지가야 했다. 통근에는 총 한두 시간이 걸렸는데, 그 사이에 걷고 자전거를 타고 지상보다 높은 버스에 오르며 다양한 풍경을 접했다. 햇빛이 눈부심을 유발하거나 그림자 때문에 헷갈릴 일이 없는 밤에는 그럭저럭 잘 헤쳐나갈 수 있었다.

리엄은 내게 "앞에 무엇이 있는지 파악하려면 운동선수 수준의 집중력이 필요해요"라고 말했다. 그런데 앞에 있는 것에집중하다보면 전체적인 경관을 볼 수 없다. 한번은 리엄이 보도를 걷던 도중에 공사 현장을 우회해야 한다고 알리는 표지판을 보았다. 표지판은 공사장을 가리키고 있었지만, 그는 가리키는 화살표만 보고 공사 현장을 보지 못했다. 그래서 화살표가 가리키는 방향을 무작정 따라가다가, 공사 현장의 인부가 막아서지 않았다면 대형 덤프트럭에 치일 뻔했다. 그날 리엄은 충격을 받았다. 그는 보고 있었지만 폭넓은 시각을 갖지 못했던 것이다.

실제로 리엄은 시력을 잃은 사람 중에서도 독특한 상황에 있다. 진료실에서 균일한 조명 아래 가만히 앉은 채로 움직이지 않는 시력검사 차트 위의 선명한 글자를 보면, 그는 0.3의 시력선까지 읽을 수 있다. 이 정도면 특별한 편의 장치 없이도 움직일 수 있을 만큼 양호한 시력이다. 하지만 밖으로 나가면 밝은 햇빛과 눈부심 때문에 앞이 보이지 않는다. 게다가 그는 시력검사 결과가 알려주지 않는 시각 처리 경로의 결함을 가지고 있는데, 이는 나머지 사람들은 상상할 수 없을 정도로 힘든 결함이다. 법적 시각장애인으로 간주되는 0.1 이하의 시력을 가진 리엄의 친구들이 있지만 그들은 그 시력으로도 리엄보다 주변 경관을 잘 이해하고 헤쳐나간다. 그들은 세세한 부분까지는 보지 못하겠지만, 어렸을 때는 시력이 정상이었기 때문에 노력하지 않고도 전체적인 상황을 즉시 이해할 수 있다.

하지만 리엄에게는 유년기 이후에 시력을 잃은 많은 친구가 갖지 못한 한 가지 장점이 있다. 어렸을 때부터 앞을 거의 보지 못한 탓에 흰 지팡이로 길을 헤쳐나가는 데 능숙하다는 것이다. 시간이 지나면서 리엄은 자신이 시력과 지팡이, 그리고 GPS를 함께 사용할 때 가장 잘 이동할 수 있다는 사실을 깨달았다. 지팡이가 바로 앞에 무엇이 있는지 알려주기 때문에 눈으로는 더 멀리 보고 전체적인 경관을 파악할 수 있다. 리엄은 요령들을 나름대로 조합해서 자신감 있게 이동하는 방법을 찾았고, 그 결과 세상의 문을 열고 나가 새로운 장소를 탐색할 수 있었다.

잔디밭에 켜진 크리스마스 조명

리엄은 시력을 잃은 사람들을 돕고 싶어서 생물의학 분야에서 일하기로 결심했다. 그는 눈과 시각에 대해 가능한 한 많은 것을 배우고 싶어하며, 여가 시간에는 안과학 교과서를 읽는다. 그동안 병원 응급실과 안과에서 의료 보조원으로 일해왔고, 타이크슨 박사의 영장류 시각 연구소에서도 일했다. 연구소에서 그가 맡은 임무는 사시가 있는 원숭이들의 시각겉질을 찍은 신경해부 슬라이드로 몽타주를 만드는 것이었다. 사시가 있는 새끼 원숭이들은 사시 어린이의 시각겉질에 어떤 문제가 있는지 밝히는 데 가장 적합한 모델생물이다. 몽타주를 만드는 일은 퍼즐을 맞추는 것과 같았다. 각각의 슬라이드는 원숭이 뇌의 시각영역 중 일부만을 보여주는데, 모든 슬라이드를 제대로 결합해 완전한 몽타주를 만들면 시각겉질 전체를 재구성할 수 있다.

그림 9.1. 리엄, 2019년.

　퍼즐을 몹시 좋아했던 리엄은 몽타주 작업을 기꺼이 맡았지만, 이 작업은 그에게 새로운 시각적 도전이었다. 몽타주를 만들기 위해서는 먼저 슬라이드를 현미경으로 보고 내용을 기억해야 했다. 하지만 현미경에 다음 슬라이드를 올려놓자마자 앞의 슬라이드를 잊어버렸다. 하지만 언제나 그렇듯 그는 회피하지 않고, 문제를 조각조각 나누어 하나씩 해결해 나갔다. 방법은, 각각의 슬라이드를 스케치한 다음에 이 그림을 토대로 몽타주 만들기에 가장 적합한 슬라이드를 고르는 것이었다. 연습 끝에 그는 한 장의 슬라이드를 스케치한 다음, 모든 슬라이드의 섬네일 이미지가 표시된 사진 갤러리로 돌아가 그 옆에 어떤 슬라이드가 와야 하는지 찾았을 수 있

었다. 그리고 몽타주를 구성할 때는 슬라이드의 오른쪽 가장
자리에 있는 혈관이나 염색된 세포를 기록해두고, 왼쪽 가장
자리에 똑같은 구조를 갖는 다른 슬라이드를 찾아 연결했다.
이렇게 하기 위해서는 한 슬라이드에서 다음 슬라이드로 눈
을 부드럽게 옮겨야 했다. 슬라이드의 내용을 기억했다가 같
은 구조를 추적하는 것이 처음에는 어려웠지만, 연습을 거듭
할수록 점점 쉬워졌다고 리엄은 말했다. 그는 눈이 부드럽게
움직이지 않고 점프하는 순간을 알아차릴 수 있었다. 지루한
작업 끝에 리엄은 마침내 원숭이 세 마리의 시각겉질 전체를
아름답게 재구성할 수 있었다. 몽타주 제작을 위해서는 수백
장의 슬라이드를 조립해야 했는데, 이는 정상 시력을 가진 사
람에게도 벅찬 일이다.

그 밖에도 리엄은 새로운 경험을 할 때마다 시각적 도전에
직면했다. 리엄이 새로 얻은 시각을 너무 혹사해서 신디는 가
끔 인공수정체 이식수술을 받게 하지 말았어야 했나 의문이
들었다. 신디는 유년기 이후 시력을 되찾은 사람 중 일부는
우울해지거나 심지어는 병에 걸려 보는 것 자체를 거부한다
는 사실을 알게 되었다. 신디는 리엄이 무엇을 볼 수 있는지
의사들이 알려주기를 바랐지만, 의사들도 리엄을 통해 배우
고 있었다.

하지만 리엄은 자신의 수술 결과와 새로운 시력에 대해 조
금의 의문도 품지 않았다. 오히려 시각을 점차 개선시켜갔으
며, 가장 즐거운 일, 즉 스스로 길 찾기, 의학과 과학 분야의

흥미로운 일, 온갖 종류의 게임 등을 잘할 수 있도록 자신의 지각 세계를 재구축했다. 현재 리엄은 시각을 지팡이, GPS와 함께 사용해 새로운 장소로 여행하는 것을 즐기고 있다. 수줍음은 거의 극복했고, 시각장애인 스포츠팀에서 활동하고 있으며, 시력이 나쁜 사람들과 백색증 환자를 위한 시민단체에 가입했다. 이런 활동을 통해 새로운 친구들도 만났다. "지난 몇 년을 다르게 살았다고 생각하면 끔찍해요." 그는 내게 보낸 이메일에 이렇게 썼다.

리엄은 현명하고 애정이 넘치는 어머니뿐만 아니라 두 살 때부터 그를 돌봐온 의사의 지지를 받고 있다. 그는 웬만해서는 강한 감정을 드러내지 않는 사람이지만, 내가 찾아갔을 때 붐비는 도로를 건너기 위해 교차로에서 기다리는 동안 잠시 생각에 잠겼다가, 부드럽지만 깊은 감정을 담은 목소리로 이렇게 말했다. "제 눈은 타이크슨 박사님의 눈이나 마찬가지예요. 박사님이 20년 동안이나 제 눈을 돌봐주셨기 때문이죠. 제가 눈을 잘 관리하고 이렇게 잘 볼 수 있는 건 그분 덕분이에요. 정말 감사하게 생각해요."

신디는 무수한 어려움을 겪었지만, 그럼에도 리엄이 보는 법을 배우는 과정을 지켜본 세월 동안 어린아이가 처음 세상을 발견하는 것을 지켜보는 것과 같은 신비로움을 느꼈던 적이 몇 번 있었다. 보는 것은 리엄에게 여전히 힘든 일이라서 그는 자신이 본 것을 아름답게 표현하는 경우가 거의 없다. 하지만 신디는 리엄이 해 뜰 때 일어나 새벽이슬을 처음 본

어느 날 아침을 기억한다. 리엄은 이렇게 말했다. "잔디밭에
크리스마스 등이 켜진 것 같아요."

2

조흐라

장애 아동은 질적으로 독특하게 다른 유형의 발달을 보인다.
(…) 만일 눈이 보이지 않거나 귀가 들리지 않는 아이가
정상 아동과 같은 수준의 발달을 이루어냈다면, 그런 장애아는
그것을 다른 방식, 다른 경로, 다른 수단으로 해낸 것이다.

_레프 비고츠키, 《비고츠키 선집 2The Collected Works of L. S. Vygotsky,
vol. 2: The Fundamentals of Defectology》 ed. Robert W. Rieber and
Aaron S. Carton (New York: Springer Nature, 1993), (강조는 원문)

10

모든 것에는 이름이 있다

2010년 1월 첫 강의에서 학생들 앞에 섰을 때 나는 맨 앞줄 중앙에 앉아 내게 시선을 고정하고 내 일거수일투족을 주시하는 한 여학생 때문에 당황했다. 내가 이상해 보이나? 재빨리 옷을 점검했지만 이상이 없었다. 잠시 후 나는 긴장을 풀었다. 눈으로 나를 좇던 학생은 조흐라 담지였다. 그녀는 며칠 전 내 사무실에 들러서 귀가 잘 들리지 않아 인공와우를 착용하고 있다고 설명했다. 듣기와 입 모양 읽기를 병행해 내 강의를 따라가야 했으니 그렇게 집중할 수밖에 없었던 것이다.

약 일주일 후 조흐라는 과제물을 제출하기 위해 내 방에 들렀다. 조흐라가 방을 막 나가려는 순간 나는 그를 불렀다. 그가 돌아섰을 때 나는 본인의 이야기를 들려줄 수 있는지 물었다. 조흐라는 수줍어하면서도 자신감 넘치는 미소를 지

었는데, 그 표정은 마치 "아무도 물어본 적이 없었다"라고 말
하는 듯했다.

시각장애인과 청각장애인의 교육자이자 활동가였던 헬렌
켈러는 이렇게 말한 적이 있다. "시각장애는 우리를 사물과
단절시키지만 청각장애는 우리를 사람과 단절시킨다."[1] 시각
과 청각 둘 다 주변 사물을 인식할 수 있게 해주지만, 시각은
주로 공간 속에서 자신의 위치를 파악하고 공간 속을 이동하
는 수단을 제공한다. 우리는 사람들과 이야기할 때 눈으로도
보고 귀로도 듣지만, 주로 타인과 소통할 때 사용하는 감각은
(농인 수어 커뮤니티를 제외하면) 듣기다. 리엄은 주로 물리적
세계에서 잘 기능하기 위해 시각을 발달시켰다. 하지만 조흐
라는 사회와 소통하기 위해 듣는 법을 배웠다.

조흐라는 탄자니아 모시에서 태어났다. 모시는 아프리카
에서 가장 높은 산인 킬리만자로산 기슭에 있는 마을이다. 당
시 조흐라의 부모님은 모시에서 440킬로미터 떨어진 다르에
스살람에 살면서 일했지만, 조흐라의 어머니는 아이를 낳을
때는 항상 고향인 모시로 돌아왔다. 조흐라는 셋째 아이였다.
넷째 아이는 3년 후 태어났다.

조흐라가 태어난 직후 부모는 아이를 데리고 다르에스살
람으로 돌아갔지만, 6~7개월 후 아이에게 뭔가 심각한 문
제가 있다는 것을 알았다. 조흐라는 고개를 들지 못했고 하
루 종일 잠만 잤다. 조흐라의 외조부모와 이모 나즈마가 살
고 있는 모시의 킬리만자로 크리스천 메디컬 센터에서 훌륭

한 치료 프로그램을 운영하고 있었다. 그래서 조흐라의 부모는 나즈마가 조흐라를 치료 프로그램에 데려갈 수 있도록 조흐라를 나즈마에게 맡기기로 했다. 다행히 치료는 효과가 있었지만, 걱정은 그것으로 끝나지 않았다. 조흐라는 소리를 내는 장난감에 반응하지 않았다. 조흐라의 청력에 문제가 있었을까? 모시의 한 친구가 나즈마에게 나이로비에 사는 지인을 소개해주었다. 그 사람은 청각장애에 대해 잘 알고 있었는데, 런던의 포틀랜드 병원에 아이를 데려가 검사해보라고 권유했다. 그래서 가족들의 동의를 받아 나즈마가 조흐라를 런던에 데려가기로 했다.

나즈마는 영어를(스와힐리어도) 유창하게 구사하지만, 나즈마의 모국어는 인도 서부의 한 주에서 사용하는 언어인 구자라트어이다. 나즈마의 조부모는 처음에 인도에서 탄자니아 연안의 섬 잔지바르로 이주했다. 그 후 두 세대에 걸쳐 가족은 동아프리카에 정착했지만 그들은 계속 구자라트의 전통을 지켜나갔다. 나즈마는 독실한 이슬람교도다. 그는 해외에 나가본 적이 없었고, 1980년대 말 런던은 지금과 같은 국제도시가 아니었다. 갓난아기 조흐라를 데리고 런던에 갔을 때, 나즈마는 머리에 스카프를 두른 자신이 런던 거리와 지하철에서 눈에 띈다는 사실을 예민하게 의식했다(그림 10.1).

런던의 의사들은 조흐라가 90데시벨 이하의 소리는 듣지 못한다고 판단했다. 조흐라는 쩌렁쩌렁 울리는 가스 잔디깎이처럼 큰 소음은 들을 수 있을지 몰라도 일상의 말소리는

그림 10.1. 런던 지하철에서 조흐라와 함께 있는 나즈마.

전혀 알아들을 수 없을 정도로 청력이 나빴다. 하지만 청각장애가 아주 어릴 때 진단되었다는 점에서 조흐라는 운이 좋았다. 당시는 생후 몇 년이 지나서야 청각장애를 발견하는 경우가 많았다.

조흐라는 또 다른 면에서도 운이 좋았다. 농아가 농인 수어 커뮤니티에서 성장하지 않고 청인 사회에서 살아가면 고립감을 느끼기 마련이지만, 조흐라에게는 나즈마가 있었다. 그들은 항상 함께 다녔고 끊임없이 의사소통을 했다. 둘의 끈끈하고 지속적인 관계가 밑거름이 되어 조흐라는 타인이나 세상과 건강한 유대감을 맺을 수 있었고, 12년 후 인공와우를 이식했을 때는 그런 관계를 더 강화할 수 있었을 것이다.

나즈마는 언어치료사와 협업하기 위해 런던에 석 달 동안 머물렀다. 조흐라는 보청기를 끼게 되었는데, 나즈마의 첫 번째 임무는 보청기를 잘 활용하도록 격려하는 것이었다. 나즈마는 블록을 몇 개 펼쳐놓고 큰 목소리로 "시작!"이라고 말했다. 조흐라는 그 소리를 들으면 블록을 옮겼다. 그러면 나즈마는 조흐라에게 상을 주고 게임을 다시 하면서 이번에는 조흐라에게서 더 멀리 이동하거나 '시작'을 좀 더 작은 소리로 말했다. 소리가 아니라 동작을 통해 의미를 전달하는 청각장애인의 풍부한 시각적 언어인 '수어'에 대해서는 아무도 언급하지 않았다. 나즈마는 수어로 대화하는 사람이나 농인 커뮤니티에 속하는 사람을 전혀 알지 못했기 때문에 조흐라는 '구화법oral method'으로 훈련을 받았다.

의사들은 조흐라가 말을 배우는 건 나즈마에게 달렸다고 말했다. 그래서 나즈마와 조흐라가 모시로 돌아왔을 때 가족들은 조흐라를 나즈마에게 맡기는 것이 최선이라는 데 모두 동의했다. 나즈마는 하루 종일 조흐라에게 전념할 수 있었기 때문이다. 나즈마는 쉼 없이 조흐라를 훈련시키며 발전 과정을 일기에 기록했다. 처음에는 조흐라에게 영어와 구자라트어 두 가지로 말했지만 곧 영어로만 말했다. 한 가지 언어로만 배우는 것이 더 간단하다고 생각했고, 영어는 전 세계에서 많은 사람이 사용하는 언어였기 때문이다. 조흐라는 한 살 반이 되었을 때 '아마ama'(엄마), '나니마nanima'(외할머니)와 같은 구자라트어, 그리고 영어 '바이바이'(안녕)와 같은 몇 가지 구어口語를 알아들을 수 있었고, '아마'와 '업up' 같은 단어들을 처음으로 말했다. 조흐라가 처음 말한 단어들 중에는 조흐라에게 가장 중요한 사람들의 이름이 포함되어 있었다. 조흐라는 이모 나즈마와 어머니를 모두 '아마'라고 불렀고 두 사람을 모두 자기 어머니로 생각했다.

무기력하고 수동적이었던 조흐라는 새 단어를 익힐 때마다 점점 더 적극적이고 초롱초롱해졌다. 곧 신체 부위(손, 손가락, 발, 눈), 생활용품(시계, 비누, 수건), 음식(사과, 바나나, 달걀), 동물(나비, 코끼리, 물고기), 몇 가지 행동(따르다, 열다), 그리고 몇몇 간단한 문구('눈을 감아', '이리 줘')도 알아들을 수 있게 되었다. 그러나 할머니를 지칭하는 단어인 '나니마'를 빼고는 발음을 또렷하게 하지는 못했다.

오늘날 우리는 언어가 학습된다는 사실을 당연하게 받아들인다. 우리는 아기에게 말할 때 누가 시키지 않아도 자동적으로 '유아어'(단순하고 반복적인 단어와 구절로 구성된, 느리고 표현력이 풍부한 말)로 말한다. 아이들은 이런 소리들을 통해 단어의 의미를 배우고, 결국에는 스스로 말하기 시작한다. 농아는 분명 이런 식으로 구어를 발달시키는 데 큰 어려움을 겪을 것이다(물론 수어는 쉽게 배울 수 있다). 하지만 사람들은 농인이 말을 하지 못하는 이유를, 들을 수 없기 때문이 아니라 정신적 결함 탓으로 돌렸다고 데이비드 라이트는 회고록 《청각장애Deafness》에서 설명한다.[2]

수 세기 동안 농인은 가르침과 교육이 불가능한 존재로 여겨졌다. 이런 경직된 사고방식에 변화가 시작된 건 1500년대에 이르러 이탈리아의 대학자 지롤라모 카르다노가 흐로닝언의 로돌푸스 아그리콜라가 쓴《변증적인 발견에 관하여De inventione dialectica》라는 책을 읽었을 때였다. 아그리콜라는 그 책에서 농인으로 태어났으나 읽고 쓰기를 배울 수 있었던 남성에 관해 기술했다. 이 사례에 고무된 카르다노는 언어 학습을 소리내기와 분리할 수 있다는, 당시로서는 급진적인 생각을 제안했다. 그는 농인이 "읽기를 통해 들을" 수 있으며 "쓰기를 통해 말할" 수 있다고 주장했다. (그는 또한 맹인이 촉각을 통해 읽고 쓰기를 배울 수 있다고 말하기도 했다.) 카르다노가 이 생각을 실전에 적용했다는 기록은 없지만, 베네딕토회 수도사 페드로 폰세 데 레온은 1500년대 후반 농인에게 읽기와 쓰기를 가르침으로써 그 생각을 실천에 옮겼다. 고해성사를 하려면 말을 해야 한다는 점에서 그의 동기는 종교적이었다. 하지만 그의 제자들 대부분이 스페인 귀족의 아들이었는데, 지주들에게는 더 큰 물질적인 동기가 있었다. 지주들이 청각장애가 있는 아들에게 말하는 법을 가르치려고 했던 이유는 말할 수 있는 사람만이 재산을 상속받을 수 있었기 때문이다.

1990년 2월 나즈마는 심화 교육을 위해 조흐라를 나이로비로 데려갔다. 여섯 시간 동안 버스와 차를 타고 국경을 넘어 케냐로 들어가야 하는 여정이었으므로 그들은 한 번 갈 때마다 3주씩 머물렀다. 치료사 엘리자베스 콜드레이 여사는 단 한 명의 학생도 포기하지 않았다. 이 치료사의 교습 방법은 "읽기를 통해 들을" 수 있다고 말한 카르다노의 생각과 비슷했다. 그는 나즈마에게 조흐라가 일상에서 보는 것들의 사진과 거기에 해당하는 단어들을 가지고 여러 권의 스크랩북을 만들도록 지시했다. 예를 들어 한 스크랩북에는 신발 사진을 모으고 그 옆에 '신발'이라는 단어를 적는 것이다. 나즈마는 사진과 단어를 가리키며 "신발"이라고 말한 다음 조흐라에게 그 단어를 따라하게 했다. 나즈마는 수백 권의 잡지를 샅샅이 뒤지며 사진을 찾았다. 이런 훈련을 통해 조흐라는 모든 것에는 이름이 있다는 사실을 알았다.

우리는 마치 현실 세계에 존재하는 사물 대부분에 원래부터 이름이 있었던 것처럼 이름을 사용하는 것을 당연하게 여긴다. 하지만 이름은 인간의 발명품이다. 이름이라는 개념 자체도 학습되어야 한다. 나즈마가 스크랩북에 대해 설명할 때 나는 맹인이자 농인이었던 헬렌 켈러가 물 펌프 앞에서 맞이한 깨달음의 순간이 떠올랐다.[3] 앤 설리번이 처음 헬렌을 가르치러 왔을 때 헬렌은 일곱 살이 다 되었지만 언어를 몰랐다. 설리번은 손가락으로 헬렌의 손바닥에 단어의 철자를 썼다. 헬렌은 곧 설리번이 손가락으로 쓴 '케이크'가 맛있는 케이크를 뜻한다는 걸 알았지만, 그 손가락 움직임이 특정 사물의 이름이라는 사실은 아직 깨닫지 못했다. 며칠 후 펌프 앞에서 헬렌의 한쪽 손에 물이 쏟아질 때 설리번은 헬렌의 다른 손에 '물water'이라고 썼다. 그 순간 인생이 바뀌는 변화가 일어났다. 헬렌은 《내 인생 이야기The Story of My Life》에서 이렇게 썼다. "언어의 비밀이 풀렸다. 그때 나는 '물'이 내 손 위로 흐르고 있는 시원하고 좋은 무언가를 뜻한다는 사실을 알았다. 그 살아 숨 쉬는 단어가 내 영혼을 깨우며 빛과 희망과 기쁨을 주었다. 내 영혼이 해방된 순간이었다! (…) 모든 것에는 이름이 있으며 각각의 이름은 새로운 생각을 낳았다. 집으로 돌아가는 길에 내 손에 닿는 모든 대상이 생명으로 전율하는 것 같았다. 내가 모든 것을 새롭고도 낯선 시각으로 보기 시작했기 때문이다." 헬렌은 그날 서른 개의 새로운 단어를 배웠다.

헬렌 켈러의 이런 경험은 특별한 것이 아니다. 수전 샬러는 《말을 못하는 사람A Man Without Words》라는 뛰어난 저서에서 언어를 모르는 스물일곱 살의 농인 일데폰소에게 수어를 가르쳤던 일을 설명한다.[4] 샬러의 수어가 사물의 이름을 나타낸다는 사실을 일데폰소가 마침내 이해했을 때 돌파구가 열렸다. 그가 처음 배운 수어와 이름은 '고양이'였다. 이 깨달음을 얻었을 때 일데폰소는 한참을 가만히 서 있다가 천천히 방을 돌면서 모든 사물을 새로운 방식으로 받아들였다. 그는 테이블을 탁탁 치며 그것을 가리키는 수어를 알려달라고 했고, 방을 둘러보며 책, 문, 시계, 의자의 수어를 물어보았다. 그러고는 그만 이 새로운 지식에 가슴이 벅차올라 흐느꼈다. 심각한 청각장애를 가지고 태어난 마이클 코로스트는 세 살 반 무렵 청각장애라고 진단받고 나서야 그림을 통해 영어를 배웠다.[5] 그는 저서 《재건Rebuilt》에서, 단어를 배우면서 "말 못 하는 겁에 질린 작은 동물"에서 활기찬 소년으로 변모했다고 기술한다. 그의 어머니는 마치 전구에 불이 들어온 것 같았다고 기억한다.

헬렌 켈러, 일데폰소, 그리고 마이클 코로스트는 어느 정도 성장했을 때 언어를 습득하기 시작했기 때문에 첫 단어를 배운 순간을 기억할 수 있었으며, 그들의 이야기는 언어가 우리의 정신을 깨우는 데 얼마나 지대한 기여를 하는지 보여준다. 언어는 사고와 지각을 반영하며 확장된다. 단어는 일종의 기호로, 문맥에 따라 매우 구체적인 것을 나타낼 수도 있고 훨씬 더 광범위한 것을 나타낼 수도 있다.[6] 그리고 어떤 사물이 기본 범주에 속한다는 사실을 인식하는 것은 지각의 중요한 부분이다. 리엄은 시각으로 사물을 인식하는 법을 배웠을 때 나무, 개, 계단 같은 것들을 범주의 일부로 인식했다. 내 아들 앤디는 막 말을 배우기 시작했을 때 바닥에 누워 장난감 자동차를 앞뒤로 굴리면서 '볼보'라고 말하곤 했다. 당시 우리 가족은 볼보 자동차를 소유하고 있었고 자동차를 대개 브랜드명으로 불렀다. 앤디는 볼보가 모든 자동차를 가리키는 명칭이라고 생각했을까? 아니면 바퀴가 달린 모든 것을 나타내는 명칭이라고 생각했을까? 언제부터 그 이름이 앤디에게 자동차의 한 브랜드만을 의미하게 되었을까? '볼보'라는 단어가 나타내는 사물의 범주는 앤디의 사고와 언어가 발달함에 따라 변했다.

하지만 언어는 단어들의 목록 그 이상이다. 언어는 단어가 나타내는 사물과 사람 사이의 관계를 설정하는 구조, 문법, 구문을 가지고 있다. 영어에서는 이러한 구조의 대부분을 어순이 결정한다. "소년이 개를 구했다"라는 문장은 "개가 소년을 구했다"와는 매우 다른 의미를 지닌다. 어순을 바꾸면 문장이 질문으로 바뀐다. '집에서' 또는 '점심 전에'와 같은 전치사구는 사물을 공간과 시간 속에 배치한다. 나즈마는 조흐라가 세 살 반이 되었을 무렵 '위에on', '건너over', '아래under'와 같은 전치사를 사용하기 시작했다고 일기에 기록했다.

아이들은 모국어의 단어와 문법을 배울 때 학교에서의 기계적 훈련이 아니라 주변 사람들과의 일상적인 대화와 놀이를 통해 배운다.[7] 소리로 전달되는 언어든 시각이나 촉각으로 전달되는 언어든 마찬가지다.[8] 앤 설리번은 학습 계획에 따르기보다는 일상에서 마주치는 모든 사물과 사건을 헬렌의 손에 적어주는 비공식적인 교육 방법을 사용했다고 스승 소피 홉킨스에게 보낸 편지에서 설명한다.[9] "저는 헬렌을 두 살짜리 아이처럼 대하려고 해요. (…) 우리가 아기의 귀에 대고 말하듯 저는 헬렌의 손바닥에 대고 말하려고요." 나즈마도 스크랩북과 실제 사물을 이용해 하루 동안 있었던 모든 일을 조흐라와 이야기했다. 대화는 때와 장소를 가리지 않았다. 신발을 신을 때가 되면 나즈마는 조흐라에게 스크랩북에 있는 신발 그림과 단어를 보여주며 신발을 가져오라고 말했다. 그러면서 '신발'이라는 단어를 사용해 폭넓은 대화를 이어갔다. "여기 두 켤레의 신발이 있어. 네 신발은 무슨 색이지? 네 신발을 신자"와 같은 식으로 말이다.

아이들은 하나의 단어로 생각을 표현하지만(예를 들어 '우유를 주세요'라는 생각을 '우유'라는 한 단어로 표현한다), 나즈마는 조흐라에게 항상 완전한 문장으로 말했다. 앤 설리번의 편지를 보면 이것은 설리번의 접근법이기도 했다. 모든 사물과 행동이 나즈마에게는 교육의 기회였다. 예를 들어 나즈마는 조흐라에게 이렇게 말했을 것이다. "물잔을 봐. 반밖에 안 찼어. 오렌지를 반으로 자르자. 방금 내가 뭘 한 거지?" 나즈마의 가족은 조흐라를 '나즈마의 핸드백'이라고 불렀다. 조흐라가 항상 나즈마와 함께 다녔기 때문이다. 하지만 나즈마는 조흐라의 교육에 자신의 모든 시간과 노력을 쏟아붓는 것에 전혀 개의치 않았다. 자녀가 없었던 나즈마는 조흐라를 신이 주신 선물이라고 생각했다. 나즈마는 일기에서 조흐라에 대해 "내 인생에는 항상 뭔가가 부족하다고 느꼈는데 조흐라로 인해 내 인생이 완전해진 것 같다"라고 썼다.

감동적인 회고록 《나무가 쓰러지면If a Tree Falls》을 보면, 저자 제니퍼 로스너도 청각장애가 있는 두 딸에게 열성적으로 언어를 가르친다. 딸 하나는 보청기를 착용했고 다른 하나는 인공와우를 이식했다.[10] 로스너는 딸들이 일주일 동안 갔던 장소와 만났던 사람들을 대상으로 '누구' 그림책과 '어디서' 그림책을 만든 다음에 그 스크랩북을 이용해 사건들에 대해 이야기했다. 그는 딸들에게 끊임없이 말을 걸었다. "다른 일을 돌볼 여유가 없었다. 늘 옆에 붙어 있어야 했다." 로스너는 이렇게 썼다.

그림을 사용해 실제 사물과 행동의 이름과 단어를 배우는 일은 간단해 보인다. 하지만 '사랑'과 '정의'와 같은 추상적 개념을 나즈마는 어떻게 가르쳤을까? 조흐라에게 이 질문을 했을 때 조흐라는 추상적 개념을 배우는 것이 다른 것보다 어렵지는 않았다고 말했다. 그날 오후 나는 나즈마에게도 같은 질문을 했고 같은 대답을 들었다. 헬렌 켈러를 가르친 앤 설리번의 이야기를 읽고 나서야 비로소 만족스러운 설명을 얻을 수 있었다.

설리번은 홉킨스에게 보낸 편지들에서, 형용사와 추상적 개념을 헬렌에게 어떻게 가르쳤느냐는 질문을 의사들로부터 반복적으로 받았다고 썼다.[11] "아주 간단한 일인데 사람들이 놀라워하는 걸 보면 참 이상해요." 설리번은 홉킨스에게 보낸 편지에 썼다. "아이의 머릿속에 개념이 명확하게 잡히기만 하면 개념의 명칭을 가르치는 일은 사물의 이름을 가르치는 것만큼이나 쉬워요." 한번은 헬렌이 수학 문제를 풀고 있을 때 앤이 헬렌의 이마에 손가락으로 '생각하다'라는 단어를 써주었다. 헬렌은 즉시 그 의미를 이해하고 그때부터 그 단어를 정확하게 사용했다. 설리번은 아이들이 어떻게 경험을 통해 행복, 슬픔, 후회와 같은 감정들을 구분하게 되며, 그리고 나서 성인들이 이런 감정들을 표현하는 단어를 알려주는지 설명했다. 사랑이나 정의와 같은 추상적 개념은 연상 학습(정보의 여러 측면들이 기억에 각인되어 나중에 동일한 정보의 한 측면을 접하면 다른 측면들을 떠올리게 되는 과정 – 옮긴이)을 통해 배울 수 있다. 즉 포용을 통해 사랑의 개념을 배울 수 있고, 이야기를 통해 정의 개념을 배울 수 있다. 아이들은 끊임없는 상호작용과 대화를 통해 추상적 개념만이 아니라 행동 방법, 옳고 그름, 문화적 관습과 신념을 배운다.

조흐라가 한 살 반이 되던 해 처음으로 나즈마에게 '마', '아마'(엄마), '업up'이라는 단어를 말했을 때 나즈마는 안도했고 기뻐했다. 하지만 또렷하게 말하는 능력은 말을 알아듣고 읽는 능력에 비해 많이 뒤처졌다. 조흐라는 언어를 알았지만 다른 사람들과 소통하는 데는 어려움을 겪었다. 조흐라의 청력은 보청기를 착용해도 자기 목소리에도 제대로 반응하지 못할 정도로 나빴다. 대부분의 사람은 본능적으로 말을 배우지만 조흐라에게는 말을 배우는 것이 고난의 행군이었다. 나즈마는 거울을 이용해 조흐라에게 특정 단어를 말할 때 입을 어떻게 움직여야 하는지 보여주었고, 'm' 소리를 낼 때는 입술을 만져보게 했으며, 'k' 소리를 낼 때는 목을 만져보게 했다. 언제나 재치 있는 나즈마는 또 하나의 스크랩북을 만들었는데, 이번에는 말소리에 대한 것이었다. 조흐라가 가장 발음하기 어려워하는 소리 중 하나는 'k'로, 특히 단어의 첫머리에 올 때 힘들어했다. 나즈마는 조흐라에게 스크랩북에 있는 책book 그림을 보여주며 단어 끝에 'k'가 오는 단어부터 발음 연습을 시켰다. 그런 다음에는 '컵cup'과 '커피coffee' 같은 단어를 연습시켰다. "그날 난생처음으로 'v'를 제대로 발음하는 법을 배웠어요." 조흐라가 내게 말했다. "그건 제게는 기념비 같은 일이었죠. 'v'를 발음할 수 있다는 사실에 흥분해서 그날 하루 종일 쉬지도 않고 식구들이 지겨워할 때까지 'v'를 말하고 다녔어요."

조흐라는 세 살 반에 알파벳 철자들의 발음을 모두 익혔고, 그때부터는 서너 단어를 조합하여 "우유를 먹고 싶다"와 "아빠가 뭐래?"와 같은 간단한 문장과 질문을 만들었다. 하지만 나즈마와 식구들을 제외한 다른 사람들이 조흐라의 말을 알아듣기 시작한 것은 그가 다섯 살이 되어서였고, 그때도 조흐라를 잘 아는 친구나 선생님만이 알아들을 수 있었다. 조흐라의 목소리는 정상으로 들리지 않았다. "속에서, 즉 목구멍에서 나오는 것 같았다"라고 나즈마는 말했다.

정상 청력을 가진 아이들은 언어를 먼저 배우고 그다음에 읽는 법을 배우는 반면, 조흐라는 스크랩북과 나즈마의 교육에 따라 주로 읽기를 통해 언어를 배웠다. 세 살 반에 교육과정을 시작할 무렵 조흐라는 이미 간단한 초급 읽기 교재를 뗐다. 그것을 보고 유치원 교사는 깜짝 놀랐다. 조흐라가 글을 읽을 수 있었기 때문이기도 하지만 알파벳을 몰랐기 때문이다. 나즈마는 조흐라에게 모든 문자를 가르쳤지만 알파벳 순서를 가르치지는 않았다. 그런데 그리 놀랄 것도 없는 것이, 우리 대부분은 ABC 노래를 통해 알파벳 순서를 배운다. 게다가 조흐라는 각각의 문자를 발음하는 방식이 아니라 단어를 통째로 인식하는 방식으로 읽기를 배웠다. 헬렌 켈러는 자서전에서, 손가락으로 글자를 써서 의사소통하는 방법과, 그럴 때 어떻게 부분들로부터 전체를 파악하는지를 설명했다. "당신이 글을 읽을 때 개별 문자를 따로따로 보지 않는 것과 마찬가지로, 나도 각각의 문자를 따로따로 느끼지 않는다."[12] 100년 후 시각과학자 메라브 아히사르와 샤울 호크슈테인은 헬렌 켈러의 생각과 닮은 '역위계 이론'(우리는 세부를 먼저 보지 않고 장면의 핵심을 즉시 파악한다는 생각)을 개진했다.[13]

조흐라는 청각장애인을 위한 특수학교가 아니라 일반학교에 다녔다. 청각장애 때문에 다른 학생들과 잘 소통하지 못했지만 조흐라는 학교를 좋아했다. 조흐라는 산수를 잘했고, 글자를 따라 쓸 수 있었으며, 철자 조합이 만들어낼 수 있는 다양한 소리들을 배웠다('sweet'와 'scarf'의 's'). 조흐라는 교실에서 오고가는 말의 대부분을 듣기와 입 모양 읽기를 병행해서 이해했고, 다른 아이들과 함께 야외에서 노는 것을 즐겼다. 놀이에는 말보다 행동이 중요했기 때문이다. 하지만 무엇보다 조흐라는 자신의 할머니처럼 독서를 좋아했다. 그가 어린 시절 가장 좋아한 장소 중 하나는 '앳 더 그린 북샵At the Green Book Shop'이었다. 나즈마는 일기에 조흐라가 질문하기를 좋아하는, 행복하고 사랑스러운 아이라고 적었다.

하지만 네 살이 되기 직전 조흐라는 가운데귀염(중이염)으로 그나마 남아 있던 청력마저 일시적으로 잃었다. 감염을 치료하기까지 6주가 걸렸고, 이 때문에 한 학기 내내 학교에 가지 못했다. 나즈마는 추가 감염이 걱정되었고, 조흐라가 학교에서 언어와 말하기 능력에 별로 진전을 보이지 않는다고 느꼈다. 그래서 조흐라를 일주일에 두세 번만 학교에 보내고, 학교에 가지 않는 날에는 집에서 청각 훈련을 다시 시작했다. 조흐라는 눈에 보이지 않으면 누가 자신의 이름을 불러도 반응하지 않았다. 그래서 나즈마는 때때로 조흐라 뒤로 몰래 다가가서 목소리 높낮이를 달리해가며 조흐라의 이름을 조용히 불렀다. 또한 녹음기를 들고 집 안을 돌아다니며 주변에서 흔히 들을 수 있는 소리와 조흐라의 가족이 하는 짧은 말들을 녹음한 다음 이를 조흐라에게 들려주며 테스트했다. 오후에는 발코니에 함께 앉아 나즈마가 조흐라에게 일련의 단어들을 보여주었다. 그리고 입을 가린 채 그 단어들 중 하나를 큰 소리로 말하면, 조흐라는 목록에서 올바른 단어를 골라야 했다. 조흐라가 짧은 목록을 익힐 때마다 목록은 점점 길어졌다. 나즈마는 조흐라가 남아 있는 청력을 활용할 수 있도록 가르칠 기회를 절대로 그냥 흘려보내지 않았다.

조흐라가 다섯 살이 되었을 때 나즈마와 조흐라는 다르에스살람으로 건너가 식구들과 아주 가까운 집에서 살았다. 조흐라가 질문하기를 좋아했기 때문에 형제자매는 그를 "만일에" 또는 "왜"라는 별명으로 불렀다. 다른 사람들에게 항상 관심이 많았던 조흐라는 등교 사흘째 되던 날 같은 반 친구들의 이름을 모두 익혀 목록까지 작성했다. 조흐라는 친구들이 스스럼없이 수다떨며 어울리는 걸 보며 때때로 소외감을 느끼기도 했지만, 가족처럼 친하게 지낼 수 있는 가까운 친구 몇 명을 사귀었다. 나즈마는 조흐라의 학교에서 일했는데, 처음에는 사서로, 나중에는 조흐라의 반이 아닌 다른 반의 교사로 일했다. 나즈마는 열여덟 살 때부터 종교센터에서 교사로 활동해왔기 때문에 가르치는 일에 익숙했지만, 얼마 지나지 않아 교사 일을 그만두었다. 낮에 학교에서 가르치는 동안 말을 많이 해야 했는데, 저녁에도 조흐라와 쉬지 않고 말해야 했기 때문이다.

나즈마의 노력에도 불구하고 여덟 살 무렵 조흐라의 말소리가 더욱 나빠지면서 심한 비음을 내기 시작했다. 나즈마는 이런 변화가 조흐라의 청력이 악화되었기 때문이라고 짐작했다. 그래서 나즈마는 아홉 살이 된 조흐라를 데리고 미국으로 가서 매사추세츠주 노샘프턴에 있는 클라크 청각언어학교Clarke School for Hearing and Speech에 보냈다. 조흐라는 더 좋은 보청기를 끼게 되었지만 별로 도움이 되지 않았고, 조흐라의 언어 능력은 이미 그 학교의 다른 아이들보다 나았다. 두 사람은 그곳에 한 학기만 머물렀다.

그들은 모시로 다시 돌아와 매트리스 가게를 운영하는 나즈마의 부모님(조흐라의 조부모님)과 함께 지냈다. 조흐라는 국제학교에 다니며 영어로 교육을 받았다. 그는 새로운 것을 배우는 것을 무척 좋아해서, 집에 돌아오면 할머니를 집 안의 칠판 옆에 앉혀놓고 가르치곤 했다. 할머니가 영어를 할 줄 알았던 건 조흐라에게는 행운이었다. 그 지역의 나이든 여성

대부분이 영어를 몰랐기 때문이다. 둘 다 독서 애호가였던 조흐라와 조흐라의 할머니는 자신들이 좋아하는 책에 대해 이야기를 나누었고, 할머니는 자신의 인생 이야기를 들려주었다. 조흐라의 할머니가 요리를 했기 때문에 나즈마는 가게에 나가 아버지의 일을 도울 시간을 낼 수 있었다. 나즈마는 사업을 키웠고 그 일을 좋아했다. 하지만 자유 시간은 여전히 조흐라에게 할애했다. 나즈마의 아버지는 "가게 문을 닫고 조흐라와 함께 공부하거라"라고 말씀하시곤 했고, 나즈마는 하루에 세 시간씩 그렇게 했다.

그럼에도 불구하고 조흐라의 청력은 점점 더 악화되었고, 그 결과 말하기도 계속 나빠졌다. 이 무렵 나즈마의 삼촌이 인공와우에 관한 기사를 읽었다. 인공와우는 보청기와는 다른 장치로, 심각한 청각장애가 있는 사람에게 도움이 되었다. 나즈마는 다시 한번 열두 살이 된 조흐라를 데리고 런던의 포틀랜드 병원으로 갔다. 나즈마의 의심은 사실로 확인되었다. 조흐라의 청력은 110데시벨 이하의 소리를 듣지 못할 정도로 악화되어 있었다. 보청기는 거의 소용이 없었다. 인공와우만이 조흐라의 청력을 회복시킬 수 있었다. 하지만 비용이 5만 달러에 달했다.

낙심한 나즈마는 모시로 돌아왔다. 그는 삼촌에게 희망이 없다고 말했다. 조흐라의 청력을 회복할 유일한 방법은 그들의 능력 밖이었다. 하지만 나즈마의 삼촌이 직접 이 문제를 해결하기 위해 나섰다. 그는 친척들에게 이메일을 보냈고, 모

두가 십시일반으로 돈을 모았다. 나즈마의 오빠는 1만 달러
를 대출받았다. 치료비를 마련한 나즈마와 조흐라는 다시 한
번 해외로 건너갔다. 이번에는 조흐라의 사촌이 살고 있는 캐
나다 토론토로 향했는데, 캐나다에서의 인공와우 수술 비용
이 4만 8000달러로 약간 더 저렴했기 때문이다.

끈기가 결실을 맺다

1790년 알레산드로 볼타(전압의 단위 '볼트'는 그의 이름을 딴 것이다)는 양쪽 귀에 전극을 꽂고 전기 충격을 가해 "머릿속에서 쿵 하는 소리"에 이어 "걸쭉한 죽 끓는" 소리를 들었다.[1] 이 충격적인 경험으로 인해 그는 실험을 반복하지 않았지만, 그가 경험한 현상은 머릿속의 전기 활동이 우리의 소리 지각을 매개한다는 최초의 증거였다.

거의 2세기가 지난 1957년 파리에서 앙드레 주르노와 샤를 에리에스는 인간의 청신경을 직접 자극하는 최초의 실험을 했다. 이비인후과 의사였던 에리에스는 속귀에 있는 청각기관인 달팽이관을 양쪽 모두 잃은 남성을 수술하고 있었다. 수술 도중 그는 주르노가 만든 전선 코일을, 속귀에서 뇌로 이어지는 신경인 청신경의 절단된 부분에 연결했다. 외부 마이크가 주변 소리를 감지해 전기신호로 변환하면, 그 전기

신호가 환자의 머리 바깥쪽에 부착된 외부 유도 코일을 통해 청신경의 전선으로 전송되었다. 이 장치를 통해 환자는 주변 환경음을 들을 수 있었다.[2]

소리는 물체가 진동할 때 발생한다. 물체가 흔들려 움직이면서 주변 공기를 밀고(압축) 당기며(희박화) 압력파를 유발하고, 이 압력파는 바깥쪽으로 퍼져나간다. 이런 압력파의 주파수(진동 횟수)가 초당 20사이클 미만으로 낮으면, 우리는 그것을 피부에서 진동으로 느낀다. 하지만 주파수가 초당 20~2만 사이클 사이라면 소리로 들린다. 자연계의 소리는 거의 항상 복합파다. 즉 각 소리는 여러 압력파가 섞인 것으로, 서로 다른 주파수(다른 음높이로 들린다)와 진폭(다른 음량으로 들린다)의 음파들로 이루어져 있다. 이런 압력파가 우리의 고막을 진동시켜 가운데귀(중이)에 위치한 세 개의 작은 뼈를 움직이고, 그러면 이 뼈들은 달팽이관(달팽이껍질처럼 생긴 속귀 구조)의 안뜰창(난원창)을 민다. 이렇게 해서 달팽이관 내부의 체액이 움직이며 기저막을 밀어 유모세포(소리 수용 세포)를 자극한다. 이렇게 자극을 받은 유모세포들은 신호를 달팽이관의 청신경 뉴런에 전달하고, 청신경 뉴런은 이 정보를 청각 경로를 따라 뇌로 보낸다. 이 모든 과정을 통해 진폭이 아주 작은 음파조차 증폭되어 인식할 수 있게 된다. 주르노와 에리에스는 귀가 전혀 기능하지 않는 환자의 청신경을 직접 자극하는 방법으로 환자가 소리를 들을 수 있도록 도왔다.

우연히 로스앤젤레스의 한 환자가 자신의 이비인후과 의사 윌리엄 하우스 박사에게 주르노와 에리에스의 수술에 관한 신문 기사를 보여주었다.[3] 하우스 박사는 이 기술에 큰 흥미를 느꼈다. 유모세포의 전부까지는 아니라도 다수가 죽으면 대부분의 사람이 청력을 잃는다. 이 경우 귀를 완전히 우회하여 직접 청신경의 뉴런을 자극하는 장치를 개발할 수 있다면, 청각을 잃은 사람의 청력을 회복시킬 수 있지 않을까? 1961년, 하우스 박사는 두 명의 환자에게 초기 형태의 인공와우를 이식했다. 이 장치는 주르노와 에리에스가 만든 장치와 비슷한 방식으로 작동했지만, 전극을 청신경 자체가 아니라 달팽이관에 삽입한다는 점에서 차이가 있었다. 주변 소리가 인공와우 내 삽입된 전극을 통해 달팽이관 중심부의 청신경 뉴런을 자극하는 형태였다. 이렇게 자극을 받은 뉴런이 청신경을 따라 소리 정보를 뇌의 청각중추로 전달함으로써 환자가 들을 수 있었다.

하지만 내부 코일 주변에 발적과 부종이 발생하자, 하우스 박사는 환자의 몸이 장치를 거부한다고 판단하고 코일을 제거했다. 바쁜 수술 일정과 가족 건사로 인해 몇 년 동안 인공와우에 관한 연구를 진행할 수 없었던 하우스 박사는 1972년, 휴대용 인공와우를 개발하여 찰스 그레이저라는 이름의 환자에게 이식했다. 이 인공와우의 전기장치는 하우스 박사의 오랜 협력자인 잭 어번이 개발한 것이었다. 외부 자극기가 외부 소리에 의해 높낮이가 변하는 교류전류를 보내면,

이 전류가 전파를 통해 달팽이관의 전극으로 전달되어 청신
경 뉴런을 자극하는 형태였다. 성인이 되어 청력을 잃은 그레
이저는 인공와우를 이식한 첫날 아침 자전거를 타면서 들려
오는 다양한 소리를 즐겼고, 조용한 환경에서는 사람들의 말
소리도 일부 알아들을 수 있었다.

한편 미국과 유럽에서 과학자, 공학자, 의사로 구성된 또
다른 연구팀들이 인공와우를 개발하기 시작했다.[4] 그리고 지
구 반 바퀴 떨어진 오스트레일리아 멜버른에서 그레임 클라
크도 인공와우 설계에 착수했다. 하우스 박사와 클라크는 둘
다 회고록에서 인공와우에 관한 연구를 상세히 기술했다.[5] 인
공와우에 삽입하는 전극의 개수와 길이에 대해서는 두 사람
사이에 의견 차이가 있었지만 그들의 회고록에 담긴 내용에
는 많은 공통점이 있는데, 그것을 한마디로 하우스의 책 제목
이기도 한 '의료 혁신가의 투쟁'으로 요약할 수 있다. 두 외과
의사는 인공와우를 개발하는 과정에서 동료 의사들의 엄청
난 적대감에 맞닥뜨렸고, 연구 프로그램을 지속해나가기 위
한 자금을 마련하기도 어려웠다. 해럴드 리들리 경이 인공수
정체를 도입할 때 반대에 부딪혔듯이, 하우스와 클라크의 동
료 중 상당수가 섬세한 감각기관에 이물질을 넣는다는 생각
에 거부감을 느꼈다. 인공와우에 대한 반대는 거부감으로 그
치지 않았다. 1964년 청각 연구 분야의 권위자인 멀 로런스
박사는 "청신경의 직접 자극을 통해 말소리를 지각하는 것은
불가능하다"라고 말했다.[6] 일부 연구자들은, 청각장애인의 청

신경 뉴런은 사용되지 않아 이미 퇴화했을 수 있으므로 인공 와우가 자극할 뉴런이 거의 없을 것이라고 우려했다. 다른 연구자들은 인공와우가 제공하는 자극이 너무 거칠어서 말소리는커녕 환경 소음을 인식하는 데도 쓸모가 없을 것이라고 예측했다. 그들은 하우스 박사가 청력을 되찾고 싶어하는 절박한 환자들을 속이고 있다고 비난하면서, 박사가 단지 이윤을 위해 '인간 실험'을 하고 있다고 암시했다. (하지만 하우스 박사는 자신이 개발한 인공와우를 누구나 자유롭게 사용할 수 있도록 특허를 신청하지 않았다.) 1975년까지 미국에서 13명(대부분이 하우스 박사의 환자였다)이 인공와우를 이식받았다. 미국 국립보건원은 이 13명에 대한 조사를 의뢰했는데, 1977년에 발표된 조사 결과, 이 환자들은 인공와우가 실제로 도움이 되었다고 보고했다. 이때를 기점으로 의료계와 과학계의 의견이 바뀌기 시작했다.[7]

그러나 인공와우는 이번에는 농인 사회의 저항에 부딪혔다.[8] 성인이 되어 청력을 잃는다고 상상해보라. 인생의 대부분을 구어로 소통해왔는데 어느 날부터 다른 사람의 말을 들을 수 없다. 의사소통이 쉽지 않으니 사회와 단절된 느낌이 들 것이다. 이와는 반대로 청각장애를 가지고 태어났다면, 농인 사회에서 수어를 통해 다른 사람들과 의사소통하며 자랐을 것이다. (구어와 마찬가지로 지역과 국가마다 다양한 수어가 존재한다.) 고유문화를 가진 농인 공동체에서 자란 농아는 공동체에 대해 동등한 구성원으로서 소속감을 갖지만, 자신의 공동체가 지속적으로 위협받고 있다는 사실을 알고 있다. 지난 2세기 동안 농인들은 자신들의 언어와 생활방식을 지키기 위해 힘겨운 싸움을 벌여왔다.[9] 특히 19세기와 20세기 대부분 동안 청인 사회의 많은 교육자가 청각장애 아동에게 구어를 배우도록 강요했으며, 심지어는 학교에서 수어를 금지하기까지 했다. 듣지 못하는 사람이 구어를 배우기는 엄청나게 어렵기 때문에, 많은 청각장애 아동이 유용한 의사소통 수단을 빼앗겼다. 이 사례는 청인 교육자들이 자신들이 청각장애인보다 청각장애를 더 잘 이해한다고 생각하면서 벌어진 일이었다. 혹시 인공와우의 도입이 청각장애인에게 구어를 강요하는 또 다른 사례가 되지 않을까? 정상 이하의 청력을 제공하는 인공와우를 이식한 사람이 정상 청력을 가진 사람과 동등하다고 느낄 수 있을까? 만일 대부분의 청각장애 아동에게 인공와우를 이식하고 청인 세계에 살도록 교육한다면, 농인 문화와 수어, 즉 농인을 지탱하는 공동체와 언어는 어떻게 될까? 농인들의 이런 반대와 우려는 인공와우 이식이 보편화된 1990년대에 절정에 달했고 지금도 여전히 이어지고 있다.[10]

하우스와 클라크의 회고록에는 두 사람이 인공와우의 정치적 문제뿐만 아니라 기술적인 문제를 극복하기 위해 보여준 끈질긴 집념이 자세히 담겨 있다. 그들은 이 두 가지 과제를 해결하기 위해 매달렸다. 달팽이관은 '토노토피tonotopy'적으로 배열되어 있다. 즉 달팽이관 기저부(가운데귀와의 접합부, 나선형의 통통한 끝부분)에 있는 유모세포와 청각 뉴런은 고

주파에 반응하는 반면, 첨단부의 유모세포와 청각 뉴런은 저주파에 반응하며, 그 사이에 주파수 기울기가 존재한다. 환자가 듣고 구별할 수 있는 주파수를 최대화하기 위해 그레임 클라크는 나선형 달팽이관 대부분을 통과할 수 있는 전극선electrode array을 도입하고 싶어했다.[11] 이렇게 하면 전극선의 각기 다른 전극이 달팽이관의 각기 다른 영역을 자극할 수 있을 것이다. 하지만 전극선이 너무 유연하면 달팽이관이 회전하는 곳에서 꺾일 것이고, 반대로 너무 뻣뻣하면 달팽이관을 따라 구부러지지 않을 수 있다. 이 문제로 고민하던 클라크는 어느 날 해변에서 휴가를 보내던 중 깨달음의 순간을 맞이했다. 그는 나선형 달팽이 껍데기를 몇 개 주워 다양한 종류의 풀 줄기와 나뭇가지를 그 속에 넣어보았다. 그 결과, 끝부분은 유연하되 밑부분이 뻣뻣한 줄기가 가장 좋다는 사실을 발견했다. 끝이 유연하니 줄기가 회전 부위를 돌 때 잘 구부러졌고, 밑부분이 뻣뻣하니 줄기가 꺾이지 않았다. 현재 달팽이관에 이식하는 전극선은 끝부분이 덜 뻣뻣하고 밑부분은 더 뻣뻣한 강도 기울기를 가지며, 2회전 반의 나선형 달팽이관 안으로 약 1회전 4분의 1 정도까지 들어갈 수 있다.

모든 인공와우 모델들이 같은 원리를 바탕으로 작동한다. 귀 뒤쪽에 장착하는 머리장치에는 마이크가 있어서 주변 소리를 포착하여 전기신호로 바꾼다. 이 신호는 어음처리기(음성처리기)로 전송되고, 이 장치는 소리를 디지털화하여 서로 다른 주파수 대역으로 분리한다. 후속 과정이 이어진 후 신호는 다시 머리장치로 돌려보내져 전파를 통해 두개골 안쪽에 이식된 내부 컴퓨터 칩으로 전송된다. 컴퓨터 칩은 달팽이관을 따라서 배열된 서로 다른 전극을 수신된 신호에 따라 선택적으로 자극한다. 달팽이관 바닥 근처에 위치한 전극은 고주파 소리를 감지하는 뉴런을 자극하고, 정점 쪽으로 갈수록 전극들은 저주파 뉴런을 자극한다. 어음처리기는 일반적으로 보청기와 같은 모양으로 보청기처럼 귀 위에 씌우지만, 일부 제조업체는 어음처리기를 마이크와 송신 코일이 들어 있는 머리장치에 내장하기도 한다. 방수 기능이 있는 어음처리기는 팔에 착용할 수도 있다. 머리장치와 두개골 안쪽에 이식한 부분 모두에 자석이 있어서 내부와 외부 부품들이 서로 맞물리도록 해준다.[12]

이런 설계 구조의 한 가지 큰 장점은 어음처리기에 내장된 컴퓨터 프로그램을 수정하여 인공와우를 업그레이드할 수 있어서 내부에 이식된 부품을 교체할 필요가 없다는 점이다. 인공와우를 이식한 환자는 가장 편안하고 유용한 청력을 위해 어음처리기 프로그램의 설정을 조정하는 여러 번의 '매핑 세션'을 거친다.

건강한 달팽이관에는 3000개의 속귀 유모세포가 토노토피(음위 배열) 방식으로 배열되어 청각 뉴런을 자극한다. 현재 인공와우에는 최대 22개의 전극이 포함되는데, 이 전극들이 모두 동시에 사용되어 달팽이관 부위를 자극하는 것은 아니다. 유모세포 대 전극의 비율은 100 대 1 이상이기 때문에,

인공와우를 이식한 사람이 정상 청력을 가진 사람만큼 소리 주파수를 잘 구별할 수 없는 건 당연하다. 예를 들어 그들은 피아노의 C와 C샤프 음의 차이를 구별하지 못한다. 그럼에도 불구하고 인공와우를 이식한 사람은 놀랍도록 잘 들을 수 있다. 입 모양을 읽지 않고도 말을 알아들을 수 있어서 전화로도 이야기를 나눌 수 있을 정도이며, 양쪽 귀에 인공와우를 이식한 사람들은 시끄러운 환경에서도 말을 알아듣고 소리의 발생 위치를 파악할 수 있다. 청각장애를 안고 태어났지만 생후 첫해에 인공와우를 이식받은 많은 농아가 건청인 세계에서 잘 살아간다. 인공와우가 이렇게 잘 작동한다는 놀랍고도 주목할 만한 사실은 인간 뇌의 적응력과 가소성을 잘 보여준다.

12

기이한 느낌

조흐라가 여덟 살이 되었을 무렵 보청기는 더 이상 도움이 되지 않았다. 목소리, 발소리, 자동차 엔진 소리, 심지어 보청기를 통해 들리던 낮고 우르릉거리는 백색소음조차 전혀 들리지 않았다. 열두 살이 되자 조흐라는 듣는 것이 뭔지 잊어버렸다. 그래서 2000년 봄, 이식 받은 인공와우를 처음 켰을 때, 기기에서 삐 소리가 났지만 조흐라는 자신이 소리를 듣고 있다는 사실을 인식하지 못했다. 물론 무언가를 감지하기는 했다. 머릿속에서 느껴지는 감각, 이는 기이하고 불편한 느낌이었다. 조흐라는 삐 소리를 들어야 한다는 것을 알고 있었고, 그래서 두 번째 삐 소리가 발생하고 다시 그 이상한 감각을 경험하자, 자신이 소리를 듣고 있는 것이 틀림없다고 생각했다. 조흐라가 나즈마와 청능사의 입술이 움직이는 것을 보고 이상한 느낌을 받았던 것도, 과거에는 입술 움직임과 소리를 연결한 경험이 없었기 때문이다.

조흐라는 듣고 있었지만, 그것은 우리 대부분이 경험하는 청각이 아니었다. 조흐라는 듣고 있되 듣지 못하는 역설적인 상황에 처했다. "저는 퇴원 후 토론토 도심의 거리를 걷고 있었는데, 자동차 소리와 여러 다른 소리들을 (…) '듣고' 있었지만 그 소리들을 인식하거나 이해하지 못한 채 그저 '듣고' 있었어요"라고 조흐라는 썼다. 비슷한 맥락에서 올리버 색스는 버질에 대한 이야기에 〈보고 있되 보지 못하는 것〉이라는 제목을 붙였는데, 이는 버질이 시력을 되찾았지만 자신이 본 것을 이해하지 못했기 때문이다.[1]

다음날 조흐라가 인공와우를 착용했을 때 들린 소리는 "크고, 무섭고, 불편했다". 그는 이러한 감각 정보를 다른 사람들이 거기서 발견하는 의미와 일치시키지 못했다. 우리 대부분은 배경 소음을 무시하지만 대개 그렇게 하고 있다는 것을 의식하지 못한다. 우리와 달리 조흐라는 소리의 폭격을 맞고 있었다. 인공와우를 착용하고 싶지 않았지만 나즈마와 사촌들, 조부모님은 모두 완고했다. 다행히 2주 후부터는 소리가 불안하게 느껴지지 않았다. 요즘도 조흐라는 때때로 시끄러운 소리를 차단하기 위해 어음처리기를 분리하지만, 서서히 세상과, 다른 사람들과 연결된 느낌을 받기 시작했다.

인공와우를 착용한 조흐라의 첫 경험은 대부분의 사람은 상상하기 어려운 것이다. 하지만 예상치 못한 무언가를 보거나 들을 때 어떤 느낌이 들었는지는 떠올려볼 수 있다. 계단의 단이 모두 같은 높이라고 가정하고 아무 생각 없이 계단을 내려가다가 아래쪽 단이 예상보다 더 많이 내려가 있을 때, 우리는 순간적으로 방향 감각을 잃고 공간 속에 붕 뜬 느낌을 받는다. 이럴 때 가슴이 두근거리고 배가 뒤틀리는 것 같은 일련의 본능적 반응이 일어나고, 이런 반응은 아래쪽 단에 안전하게 발을 디딘 후에도 한동안 계속된다. 나는 처음으로 두 눈을 함께 사용해 3차원으로 보는 방법을 배울 때 여러 번 이런 종류의 감각을 경험했다. 그 순간 방향감각을 상실한 느낌이 들며 불안이 엄습했다. 하지만 나는 난생처음 보았다기보다는 질적으로 새롭게 보고 있었을 뿐이다. 조흐라처럼 난생처음 듣는 건 훨씬 더 혼란스럽고 불안한 경험이다. 조흐라는 아무 의미가 없는 소리를 들었고, 그 소리들은 그가 아는 세계 개념에 맞지 않았다.

정상적인 감각을 가진 아기는 언제부터 듣는 감각을 시각이나 촉각과 구분할까? 따지고 보면 우리는 개별적이고 독립된 자극이 아니라 사건들을 인식하며, 거의 모든 사건이 다감각적이다.[2] 아기는 엄마 젖의 맛과 냄새, 온기, 끈적한 촉감을 한꺼번에 느낀다. 아기는 엄마 목소리를 듣는 동시에 엄마 얼굴을 본다. 아기는 대뇌겉질의 감각영역이 성인만큼 전문화되어 있지 않기 때문에 시각과 청각을 구분하지 않고 사건을 통째로 경험한다.[3] 신경학자 안토니오 다마지오는 저서 《데카르트의 오류》에서 이렇게 썼다. "처음에는 촉각, 시각, 청각, 움직임이 그 자체로 존재하지 않는다. 만지고 보고 듣고 움직일 때 몸이 느끼는 감각이 존재할 뿐이다."⁴ 성장함에 따라 우리는 외부 세계를 볼 뿐만 아니라 자신이 보고 있다는 사실을 의식하게 된다.⁵ 일반적으로 유아기에 환경을 적극적으로 탐색함으로써 우리는 세상을 감각하는 자신과 자신이 세상을 감각하는 데 사용하는 다양한 감각기관 및 감각 방식을 인지하게 된다. 조흐라는 인공와우를 처음 켰을 때 소리를 들었을 뿐만 아니라 자신이 듣고 있다는 사실을 알게 되었다.

13

끽 소리, 쾅 소리, 웃음소리

소리를 들을 때 우리는 사건을 듣는다. 우리는 무엇이 그 소리를 발생시키는지 귀로 인식한다. 아무 일도 일어나지 않고 세상이 정지해 있다면 들을 게 아무것도 없을 것이다. 이것을 가장 잘 아는 사람이 존 헐일 것이다. 시각장애인인 헐은 《바위를 만지다Touching the Rock》에서 보지 못해 주로 청각으로 세상을 감지하는 것이 어떤 것인지 묘사한다. "이상하게도 그것은 움직임으로만 이루어진 세상이었다. 모든 소리가 움직임의 한 요소였다. 아무 일도 일어나지 않는 곳에는 침묵만 흘렀다. 그럴 때는 세상의 그 작은 부분이 죽어서 사라졌다."[1] 인공와우를 이식하기 전 조흐라는 볼 수 있는 것만 인식했다. 볼 수 없는 것을 들을 수 있다는 건 마치 갑자기 벽을 뚫고 볼 수 있는 능력이 생긴 것처럼 매혹적이면서도 불안한, 기묘한 경험이었다.

조흐라는 자신이 내는 소리를 배우는 것이 가장 쉬웠다. 의자를 밀고 의자가 바닥을 가로질러 끌리는 소리를 들었다. 제니퍼 로스너는 회고록《나무가 쓰러지면》에서 딸의 인공와우를 처음 켠 순간을 묘사한다.[2] 로스너가 어린 딸에게 드럼과 드럼스틱을 주자 딸은 드럼을 두드리더니(누가 그러지 않을까?) 깜짝 놀랐다. 딸은 다시 한번 드럼을 두드리고는 깔깔웃었다. 인공와우를 켜는 정말 훌륭한 방법이 아닌가! 아이에게 행동할 무언가를 주고서 결과적으로 발생한 소리가 무엇에 의한 것이며 어디서 나는지 알 수 있게 하는 것이다. 우리 대부분은 이것을 직관적으로 안다. 아기에게 장난감 딸랑이를 주는 것도 같은 목적에서다.

자동차를 탈 때 조흐라는 처음에는 사람의 목소리와 부르릉거리는 엔진 소리를 구분하지 못했다. 모두 하나의 소리처럼 들렸다. 실제로 자동차와 사람이 발생시킨 음파는 조흐라의 인공와우에 동시에 도달했다(정상적인 귀의 경우도 마찬가지다). 조흐라는 내게 보낸 이메일에서 이 상황을 아주 잘 표현했다. "오늘 엄마와 함께 엘리베이터를 탔는데, 향수 냄새와 담배 냄새를 동시에 맡을 수 있다는 사실이 놀라웠어요. 저는 두 가지 냄새를 쉽게 구분할 수 있었어요. 한 번에 하나씩 집중하는 거죠. 두 냄새는 뚜렷하게 달랐어요. 저는 엄마에게 듣는 건 그렇게 되지 않는다고 말했어요. 모든 소리가 뒤섞여 있어서 그 소리를 따로따로 분리하는 것이 너무 어렵다고요."

리엄이 윤곽선과 색이 어느 사물에 속하는지 알아내야 했듯이 조흐라도 각기 다른 소리가 어디에서 오는지 알아내야 했다. 모터 소리, 사람 목소리 등 각각의 소리가 다양한 음파(주파수와 음량이 다른 여러 압력파들)로 이루어져 있기 때문에, 소리의 출처를 식별하는 일은 시각의 경우보다 더 어렵다. 음성에 속하는 음파들을 하나로 묶고 그것을 모터에 속하는 음파들과 분리하려면 어떻게 해야 할까? 리엄은 하나의 장면을 한동안 찬찬히 살펴볼 수 있었지만, 소리는 일시적이다. 그래서 조흐라는 움직일 때 발생하는 소리를 가장 쉽게 배울 수 있었다. 움직임은 여러 번 반복할 수 있었기 때문이다.

시각적 사물 인식과 마찬가지로, 소리 인식도 뇌의 하부 감각영역과 상부 감각영역 간의 소통을 통해 이루어진다. 우리는 청각 경로의 어느 부분에서 소리 신호의 처리가 일어나는지 이제 겨우 이해하기 시작했다. 청신경의 뉴런은 뇌줄기(뇌간)의 달팽이핵 뉴런과 연결되어 있고, 이들은 다시 뇌줄기 핵의 다른 구조, 중뇌(아래둔덕), 시상(안쪽무릎다발)을 거쳐 관자엽의 일차청각겉질에 도달한다.[3] 일차시각겉질(V1)이 망막위상적 방식으로 조직되어 있듯이(공간상의 인접한 영역들은 일차시각겉질의 인접 영역들에 대응된다), 일차청각겉질은 달팽이관과 마찬가지로 **토노토피적**(음위적)으로 조직되어 있다(주파수가 비슷한 소리는 일차청각겉질의 서로 인접한 영역에서 처리된다). 청신경의 이런 구조 덕분에 우리는 사물이 무엇으로 만들어져 있는지 소리만으로도 구분할 수 있다. 타일이 깔린

주방 바닥에 숟가락을 떨어뜨리면, 충격 시 발생하는 음파가 고주파인지 저주파인지에 따라 숟가락이 금속인지 나무인지 즉시 알 수 있다. 일차청각겉질은 자신을 둘러싼 상부 청각겉질과 소통한다. 시각과 마찬가지로, 청각 경로의 하부 영역에 있는 뉴런들은 소리의 기본 특징(시간에 따른 주파수 변화 등)에 반응하는 반면, 상부 뉴런은 특정 범주의 소리(새 소리, 사람 목소리 등)에 선택적으로 반응한다.[4] 시각 실인증이 발생하면 눈으로 보고도 시각 정보 인식이 불가능한 것처럼, 청각 실인증에 걸리면 소리를 듣고도 그 의미를 파악할 수 없다. 일차청각겉질은 온전하지만 상부 청각영역에 문제가 있는 사람들은 소리를 들을 수는 있지만, 조흐라가 인공와우를 통해 처음 소리를 들었을 때처럼 소리의 발생원을 식별하거나, 소리들을 분리해내지 못한다.[5]

앨버트 브레그먼은 소리를 출처에 따라 분리하는 능력을 '청각적 장면 분석auditory scene analysis'이라고 불렀다.[6] 브레그먼과 여타 연구자들의 실험을 통해 시각적 지각의 게슈탈트 규칙과 비슷한, 음파의 분류 규칙이 밝혀졌다. 예를 들어 우리는 주파수가 비슷한 음파를 하나로 묶는다. 이러한 음파들은 비슷한 음높이로 들리며 같은 음원에서 발생한 것으로 인식된다. 주파수가 서로 다른 음파들이 함께 시작하고 멈추거나, 함께 커지고 작아진다면, 같은 출처에서 발생했을 가능성이 높다. 하나의 사물을 이루는 부분들은 함께 움직이기 때문에 우리가 사물의 부분들을 하나의 단위로 보고 인식하는 것과 마찬가지다.[7] 시각을 다룬 앞부분에서 언급한 역위계 이론은 청각에도 적용된다.[8] 이 이론에 따르면, 우리는 사물의 세부 특징들을 인지하기 전에 먼저 사물을 하나의 단위로 보고 인식하며, 하나의 소리를 구성하는 개별 음파들을 의식하지 않고도 소리의 출처를 즉시 인식한다. 시각과 마찬가지로 청각의 경우도 정보가 청각 경로를 거쳐 상부 청각영역에서 처리된 이후에야 우리가 소리를 인식할 수 있다. 조흐라는 유년기에 청각을 거의 상실했기 때문에 청각 체계가 제대로 발달하지 못했다. 조흐라가 소리를 구별하고 인식하기 시작하면서 아마 조흐라의 뇌 청각영역 내부와 영역들 사이에 새로운 연결이 형성되었을 것이다.

조흐라는 들리는 소리가 무엇인지 사람들에게 물어보는 데에 주저하지 않았으며, 새로운 소리 하나하나를 신중하게 지칠 줄 모르고 분석했다. 조흐라는 움직일 때 들리는 불안한 바스락 소리가 옷이 몸에 닿을 때 나는 소리라는 것을 알았다. 또 사람들이 걸을 때 소리가 날 것이라고 예상했지만, 발걸음 소리로 사람들이 어떤 신발을 신고 있는지 알 수 있다는 사실을 알고 놀랐다. 이런 경험을 통해 조흐라는 소리가 사물의 물질적 특성을 드러낸다는 것을 알게 되었다. 어떤 것들은 예상치 못한 소리를 내어 깜짝 놀라기도 했다. 인공와우를 이식한 후 감자칩을 먹으면서 조흐라는 감자칩이 톡 부러지는 소리와 함께 씹을 때 나는 소리도 들었다. 그는 이렇게 썼다. "그렇게 연한 것이 그렇게 시끄러운 소리를 낸다는 것이 너무 신기했어요. 감자칩에서 그렇게 큰 소리가 날 줄 몰랐어요. 아주 가볍고 잘 부서져서 조용한 소리가 날 줄 알았거든요. 하지만 감자칩을 씹을 때 나는 소리는 예상과는 전혀 다르게 너무 시끄러웠어요." 바람은 얼굴에 닿을 때는 부드럽게 느껴졌지만 휙휙 소리는 아주 시끄러웠고, 종이는 얇지만 구기면 우지직하고 큰 소리가 났다. 컴퓨터 키보드의 자판이 손에 닿는 느낌은 가벼웠지만, 자판을 치는 소리는 요란했다. 이를 닦을 때, 바닥을 쓸 때, 자물쇠에 열쇠를 꽂을 때도 저마다 다른 소리가 났다. 조흐라는 물건을 떨어뜨리면 그것이 바닥을 칠 때 소리가 난다는 사실이 놀랍고도 재미있었다.' 같은 물건도 항상 같은 소리를 내는 건 아니다. 물은 수도꼭지에서 나올 때와 레인지 위에서 끓을 때 소리가 다르다. (비슷한 맥락에서, 리엄도 수도꼭지에서 나오는 온수가 예상과 달리 투명하지 않고 뿌옇게 보여서 놀랐다.) 샤워할 때는 인공와우의 어음처리기를 분리해야 했기 때문에, 나는 조흐라에게 물이 배수구로 빠지는 소리를 아느냐고 물었다. 조흐라는 잘 모르겠다고 답했다. 2010년 당시 우리는 내 사무실에서 이야기를 나누고 있었는데, 그곳에는 커다란 개수대가 있었다. 그래서 우리는 거기에 물을 채운 다음 물이 빠져나가는 소리를 들었다. 조흐라는 무척 좋아했고, 그래서 나는 "다시 들어볼래요?" 하고 물었다. 조흐라는 웃으며 고개를 끄덕였고, 우리는 다시 개수대에 물을 채웠다가 뺐다.

나즈마와 조흐라가 캐나다에서 여섯 달을 지낸 후 모시로 돌아왔을 때, 조흐라는 온갖 종류의 새로운 소리를 발견하고 즐겼다. 그건 대부분의 사람이 당연하게 여기는 일상의 소리였다. 조흐라는 이메일에서 이렇게 회상했다.

가장 기억에 남는 건 탄자니아의 우리 집에 있던 모기장이에요. 그건 모기가 들어오지 못하도록 문과 창문에 설치하는 금속 방충망이에요. 모기장은 판형의 철망처럼 생겼는데 매우 유연하고 부드러워요. 집에 돌아오면 항상 모기장이 내는 소리가 들리곤 했어요. 특히 주변 소음이 들리지 않는 조용한 밤에는 더 잘 들렸어요. 두드리는 소리 같은데 더 부드럽고 약했어요. 식구들에게 그 소리가 어디서 나는 건지 물어보면 창문 때문이라고 했죠. 답변을 들을 때마다 썩 만족스럽지 않았어요. 창문은 움직이지 않았기 때문이죠. 얌전히 닫혀 있는 창문이 어떻게 두드리는 소리를 낼 수 있겠어요? 그러던 어느 날 그 소리가 다시 들려서 커튼을 열고 창문을 살펴봤어요. 알고 보니 그 금속 철망이 바람에 흔들릴 때마다 그런 소리가 났던 거였죠.

그리고 또 하나 기억에 생생하게 남아 있는 소리가 있어요. 두툼한 빗자루로 바닥을 쓸 때 나는 소리예요. 우리 집에서는 아침마다 항상 비누와 물로 바닥을 청소했는데, 이때 매우 두꺼운 나무 솔이 달린 작은 빗자루를 사용했어요. 이 빗자루는 미국의 정원이나 차고에서 사용하는 빗자루와 비슷하지만 크기가 더 작아요. 저는 아침마다 그 소리를 들었어요.

그리고 조흐라는 자연의 가장 아름다운 소리 중 하나를 발견했다. "비 내리는 모습을 지켜보는 건 제가 가장 좋아하는 일이었어요. 집 뒤뜰에서 비를 바라보던 기억이 나요. 빗방울이 지붕에 떨어져 흘러내리는 모습을 볼 수 있었죠. 비 냄새와, 시원한 물안개가 얼굴에 닿는 느낌도 좋았어요. 그런데 이제는 인공와우 덕분에 빗소리도 들을 수 있어요. 빗방울이 지붕에 타닥타닥 부딪히는 소리를 들을 수 있어요. 그전에도 비를 보고 냄새를 맡고 그 감각을 느꼈지만, 이제 소리도 들을 수 있게 되었어요."

나즈마는 조흐라에게 어린 시절 내내 소리에 주의를 기울이도록 가르쳤다. 하지만 조흐라는 작게 들리는 소리를 무시하고 시각에 의존하는 것이 더 편했다. 인공와우를 이식한 후 조흐라는 대부분의 움직임이 소리를 유발한다는 사실을 알게 되었다. 그래서 움직이기 전에는 소리가 날 거라고 예상하기 시작했는데, 이런 예상은 소리를 지각하는 데 중요한 역할을 한다. 예를 들어 조흐라는 골판지 상자를 열 때 뚜껑이 움직이면 소리가 날 거라고 예상했다. "소리는 이제 소음이 아니라 이야기나 사건에 더 가까워요." 조흐라는 이메일에 이렇게 썼다. 소리의 의미를 알자 소리는 더 이상 위협적으로 느껴지지 않고 오히려 안전하다는 느낌을 주었다.

어느 날 나즈마가 조흐라에게 이른 아침에 혹시 단어 스크래블(단어 맞추기 게임)을 했느냐고 물었다. 실제로 조흐라는 스크래블 상자를 열고 알파벳 타일을 쏟아내 혼자 가지고 놀왔다. 나즈마는 옆방에서 타일이 굴러떨어지는 소리를 듣고 조흐라가 스크래블 게임을 하고 있다고 추측했다. 단순한 소리가 그렇게 많은 것을 암시할 수 있다는 사실에 깊은 인상을 받은 조흐라는 소리에 진지하게 귀를 기울이기 시작했다.

———◆———

"가장 좋아하는 소리가 뭐예요?" 2010년에 우리가 처음 대화를 시작했을 때 나는 조흐라에게 이렇게 물었다. 조흐라는 아무런 망설임 없이 '웃음소리'라고 대답했다. 웃음소리는 놀라움 그 자체였다. 조흐라는 말이 소리로 이루어져 있다는 건 알고 있었지만 웃음도 마찬가지인 줄은 몰랐다. 조흐라는 잘 웃었지만 웃음은 시각적인 현상이라고 생각했다. 하지만 이제 소리도 들을 수 있게 되자 웃음이 더 실감났고 남들이 웃으면 따라 웃었다. 이렇게 얘기하고 나서도 조흐라는 웃었다.
처음에 조흐라는 모든 소리가 무서웠는데 그건 소리가 그녀에게 아무런 의미가 없었기 때문이다. 하지만 이제는 문이 쾅 닫히는 소리나 화난 목소리처럼 분노가 담긴 소리만 무섭게 느껴진다. 손톱으로 칠판을 긁는 소리처럼 다른 사람들이 거슬려하는 소리는 조흐라에게도 거슬렸다. 조흐라는 소리의 감정적 내용을 거듭 강조했다. 그는 아기가 엄마 목소리에서 안정을 얻는 것처럼, 말소리의 리듬과 억양에서 위안을 느꼈다. 내 사무실에서 우리가 이야기를 나누는 동안 복도에서 여러 학생이 잡담을 나누는 소리가 들렸다. 나는 그들이 무슨 말을 하는지 알아들을 수 있었지만 조흐라는 그렇지 못했다. 그래도 말에 담긴 감정은 알 수 있었고, 그들의 목소리를 들으며 편안함을 느꼈다. 이제 조흐라는 사람들을 보지 않고 목소리를 듣는 것만으로도 자신이 방에 혼자가 아니라는 것을 알 수 있다. 그건 "눈이 하나 더 생긴 것"과 같다고 조흐라는 말했다. 소리는 조흐라에게 소속감을 주었다.

조흐라가 소리의 정서적 효과를 발견한 것은 리엄이 처음 앞을 보았을 때 경험한 것과는 사뭇 대조적이다. 대부분의 장면은 리엄에게 강한 감정을 불러일으키지 않았고, 리엄은 다른 사람들이 아름답다거나 추하다고 생각하는 것에 혼란을 느꼈다. 앤서니 스토는 명저 《음악과 마음Music and the Mind》에서, 청각이 시각보다 감정 유발과 더 밀접한 관계가 있다고 썼다.[10] 그의 생각은 여러 실험으로 뒷받침된다. 실험 결과, 사람들은 다른 사람의 행동을 지켜보는 것보다 목소리를 듣고 감정을 더 잘 판단하는 것으로 나타났다.[11] 영화감독들은 소리가 감정을 조종하는 힘을 잘 활용한다. 그들은 장면의 효과를 높이기 위해 음악을 추가한다. 스토는 어떤 친구가 그랜드캐니언을 직접 보니 영화에서 본 것보다 시시했다고 말했던 것을 떠올렸다. 영화에서는 항상 극에 음악이 더해지기 때문이다. 다친 동물이나 고통받는 사람의 모습을 보는 것보다 다친 동물이 지르는 비명을 들으면 더 강렬한 감정이 일어날 수 있다. 사람의 목소리는 위안을 줄 수 있지만, 타인을 조종하는 치명적인 방식으로 악용될 수도 있다. 히틀러는 최면을 거는 듯한 자기 목소리의 특성을 이용해 대중을 설득했다. 긍정적인 측면을 보면, 조흐라가 발견한 것처럼 웃음소리가 긍정적인 감정을 불러일으키기 때문에 웃음 치료는 어느 정도 효과가 있다.

소리가 강한 감정을 불러일으키는 것은 놀라운 일이 아니다. 소리는 우리에게 필수적이고 중요한 조기 경보 시스템을 제공하기 때문이다. 우리는 어둠 속에서도, 모퉁이를 돌아간 곳에서도, 1킬로미터나 떨어진 곳에서도 소리를 들을 수 있다. 인간은 으르렁거리는 소리, 흐느끼는 소리, 웃음소리 등 강한 감정을 유발하는 소리를 내며, 말보다 이런 비언어적 소리에 더 빨리 반응한다.[12] 우리가 손톱으로 칠판을 긁는 소리에 움찔한다. 왜냐하면 그것이 인간의 비명소리와 비슷한 음파 패턴을 유발하기 때문이다.[13] 웃음소리가 행복한 감정을 유발하는 이유는 뇌에서 자연적으로 생성되는 오피오이드를 분비시키기 때문이다.[14] 청각겉질과 겉질하 청각영역은 사건의 감정적 의미를 처리하는 장소인 편도체와 측중격핵(측좌핵) 같은 구조들과 서로 연결되어 있다.[15] 조흐라가 발견했듯이, 우리 뇌는 소리에 빠르고 감정적으로 반응하도록 연결되어 있는 것이다.

소리의 부재도 강한 감정적 영향을 미친다. 유년기에 청각장애를 겪은 조흐라는 조용한 세계에서 편안함을 느끼며, 실제로 소리가 너무 부담스러워지면 어음처리기를 분리한다.

조호라는 완전한 어둠이 훨씬 더 무섭지만, 우리 대부분은 침묵에 불안감을 느낀다. 우리는 배경 소리를 거의 의식하지 못하지만, 정서적 안녕을 위해서는 배경 소리가 필요하다. 조용한 세계는 움직임이 없는 세계, 즉 죽은 세계이며 우리 대부분은 그 상태를 두려워한다.

14

다른 사람들과 대화하기

환경음을 인식할 수 있게 된 것은 큰 성과였지만, 조흐라가 진정으로 원했던 일은 다른 사람과 자유롭게 대화하고, 말을 이해하고 이해받는 것이었다. 지금까지도 조흐라는 환경음보다 말소리를 알아듣는 것이 훨씬 어렵다. 조흐라는 환경음을 "더 확실한" 소리라고 표현한다. 자동차 엔진이 부릉거리는 소리는 머릿속으로 떠올릴 수 있지만 한 문장의 발음은 그렇지 못하다.

우리는 주로 말을 통해 소통하기 때문에 환경음보다 구어에서 더 많은 정보를 추출해야 한다. 자동차가 지나가는 소리를 듣고 그것이 어떤 종류의 자동차인지까지 알 필요는 없다. 하지만 말소리를 들을 때는 단어들이 소리 나는 방식의 미묘한 차이를 알아들어야 한다. 말하는 방식의 작지만 중요한 변화는 화자의 말이 서술인지 질문인지, 또는 화자가 행복한지 화가 났는지 심심한지 알려준다.

수술 후 조흐라의 담당 의사는 나즈마에게, 조흐라가 그렇게 오랫동안 심각한 청각장애를 겪었다는 사실을 알았다면 인공와우를 권하지 않았을 거라고 말했다. 조흐라는 이른바 '언어습득 전 청각장애'로, 말을 배우기 전부터 귀가 들리지 않았다. 보청기 덕분에 h, g, k처럼 입 모양으로 읽기 어려운 몇몇 자음의 소리를 들을 수 있었고 이는 말을 이해하는 데 도움이 되었을지 모르지만, 조흐라는 어린 시절 내내 단 한 개의 단어도 또렷하게 알아듣지 못했을 것이다. 그래서 조흐라는 언어습득 후 청력을 잃고 인공와우를 이식받은 사람들보다 훨씬 더 힘든 도전에 직면했다. '언어습득 후 청각장애'를 겪는 사람들은 단어들의 발음을 기억하고 있을 것이다. 비록 인공와우를 통해 들리는 말소리는 처음에는 전자음처럼 부자연스럽고 기계적으로 들리겠지만, 후천적으로 청력을 잃은 많은 성인은 인공와우를 이식받은 직후부터 조용한 환경에서는 사람들의 말소리를 이해할 수 있다.

조흐라는 수술 후 캐나다에 여섯 달 동안 머물며 언어치료를 받았다. 오전에 치료를 받고, 나머지 시간에는 나즈마와 함께 연습했다. 조흐라의 첫 번째 과제는 말소리와 말소리가 아닌 소리를 구별하는 것이었다. 다행히도 구어에는 몇 가지 뚜렷한 특징이 있다. 예를 들어 영어의 경우, 음절이 초당 2~10개의 속도로 발음되고, 사람에 따른 말소리의 높낮이와 음량 차이가 그리 크지 않다.[1]

우리는 유아에게 '유아어'를 통해 자연스럽게 말을 가르친다. 유아어는 감정적 내용이 과장된, 느리고 단순화된 언어다. 하지만 조흐라는 처음부터 성인의 빠르고 복잡한 말을 배워야 했다. 이 과정이 너무 어렵고 힘들어서, 나즈마와 조흐라는 둘 다 눈물범벅이 되곤 했다. 한두 달이 지나자 조흐라는 남성과 여성의 말을 구별할 수 있었다. 조흐라가 가장 먼저 알아들은 단어는 '바나나banana'였다. 모음이 자음보다 알아듣기 쉬웠다. 라디오에서 진행자가 말하는 전화번호와 기타 숫자 배열도 알아듣기 쉬웠는데, 조흐라는 그것이 발화의 리듬 때문일 거라고 생각했다. 인공와우 이식 후의 경험을 담은 책《다시 듣다Hear Again》에서 저자 알린 로모프도 숫자열이 유독 도드라져 들렸다고 썼다.[2]

조흐라는 한 단어를 다른 단어와 다르게 들리게 만드는 말의 최소 단위인 음소를 구별하는 작업을 했다. '캡cap'과 '컵cup'은 하나의 음소만 다른데, 조흐라는 이 둘을 구별하는 데 어려움을 겪었다. 조흐라는 영아기부터 청각장애를 겪었기 때문에, 음소에 대한 민감성이 생기는 시기를 놓쳤다. 각 언어는 우리가 들을 수 있는 모든 가능한 음소의 하위 집합을 사용한다. 신생아는 이 모든 음소를 똑같이 잘 들을 수 있지만, 모국어를 들은 지 1년 이내에 모국어의 음소에 가장 민감해진다. 따라서 대부분의 영어 원어민은 'r'과 'l'의 소리 차이를 구별하는 데 아무런 어려움이 없지만, 일본어가 모국어인 화자는 이 차이를 알아듣기 어렵다. 반면에 영어가 모국어

인 사람은 독일어에서 'u'와 'ü'가 내는 소리의 차이를 잘 구별하지 못한다.[3]

처음에 조흐라는 한 음절 단어들의 '닫힌 집합'으로 훈련을 했다. 나즈마와 치료사가 자신의 입을 가린 후 한 단어를 말하면, 조흐라는 처음에는 두 단어 중에서, 그다음에는 세 단어 중에서, 그런 식으로 나중에는 최대 열다섯 개 단어 중에서 해당 단어를 골라내야 했다. 이 과정을 마스터한 후에는 단어 목록이 없는 '열린 집합'으로 훈련을 시작했다. 훈련 방법은 무궁무진했다. 조흐라는 "이름이 뭐야?" 또는 "오늘 날씨는 어때?"와 같은 일반적인 문구를 듣고 퀴즈를 풀었다. 마지막에는 책에 나오는 문단 전체를 듣고 이해력을 테스트하는 문제를 풀었다. 조흐라는 점점 더 먼 거리에서 들리는 단어, 또는 점점 더 조용한 목소리로 말하는 단어를 알아들어야 했다. 심지어 속삭이는 말을 이해하는 법과 혼자 속삭이는 법도 익혔는데, 이 두 가지는 인공와우를 이식받지 않았다면 절대 해낼 수 없었을 일이다.

그로부터 10여 년 후 조흐라가 의과대학에 다닐 때 조흐라의 가족은 사람의 말을 흉내내는 아름다운 아프리카회색앵무새를 데려왔다. 그때부터 조흐라는 다른 생명체가 말을 어떻게 배우는지, 그리고 식구들이 앵무새에게 '유아어'로 같은 문구를 반복해서 말하면서 어떻게 말을 가르치는지 들을 수 있었다. 조흐라는 앵무새가 말하는 방식이(대개 쉬지 않고 하루 종일 말한다) 정말 재미있었다. 특히 앵무새가 자신의 이름을 '조흐라아아아아!'라고 부를 때는.

문맥은 말을 이해하는 데 엄청나게 중요한 역할을 한다. 어떤 문구의 첫 부분을 들으면 보통 그 문구가 어떻게 끝날지 예측할 수 있다. 그리고 특정 주제에 대해 대화를 나누고 있다면 어떤 단어들이 사용될지 예상할 수 있다. 시각에서와 마찬가지로 청각에서도 '하향식' 힘이 이해를 돕는다. 조흐라는 인공와우 이식을 받은 지 수년이 지난 후 의대 공부를 마치고 캐나다에서 살고 있었는데, 라디오를 듣던 중 방송출연자가 'DVT'라는 약어를 언급하는 것을 들었다. 그건 심부정맥 혈전증을 뜻하는 의학 용어다. 하지만 이어서 "……와 401번 고속도로"라고 말하는 것을 들었을 때 조흐라는 그 약어가 'DVT'가 아니라 자신의 토론토 집 근처에 있는 고속도로 이름인 돈 벨리 파크웨이Don Valley Parkway의 약어 'DVP'임을 알았다. 조흐라는 여전히 't'와 'p' 소리의 차이를 구별하기 어려웠지만, 이 경우에는 문맥이 단서를 제공했다. 독서광인 조흐라는 영어를 유창하게 구사하는데, 이는 단어의 순서를 예측하고 해석하는 데 큰 도움이 된다. 그런데 읽고 쓸 때는 단어 사이에 띄어쓰기가 있지만 말을 할 때는 띄어쓰기가 분명하게 드러나지 않는다. 나는 이 사실을 고등학교에서 프랑스어를 배울 때 느꼈다. 프랑스어 원어민들은 모두 너무 빨리 말하는 것처럼 들렸다.

알린 로모프는 회고록 《다시 듣다》에서 말을 이해하는 여러 단계를 올림픽 메달인 동메달, 은메달, 금메달에 빗대어

멋지게 설명한다.[4] 듣기의 동메달은 단어를 단어로 인식하지만 그 의미를 이해할 수 없는 단계다. 단어들은 영어처럼 들릴 뿐 의미가 거의 없어서, 말을 따라가려면 입 모양 읽기와 같은 시각적 신호에 크게 의존해야 한다. 듣기의 은메달은 시각적 단서 없이도 단어를 듣고 그 의미를 파악할 수 있는 단계다. 하지만 먼저 단어를 듣고 나서 그 의미를 파악해야 하므로 말을 인식하는 속도가 느리다. 듣기의 금메달은 단어를 듣자마자 이해할 수 있는 단계다. 어떤 추가적인 노력도 필요하지 않다. 그저 듣기만 하면 이해할 수 있다. 인공와우 사용자의 경우, 음질이 듣기 수준에 결정적 차이를 만들 수 있다. 내 고등학교 프랑스어 실력은 은메달 수준이었던 것 같고, 조흐라의 이해력은 은메달과 금메달 사이의 어디쯤에 해당하는 것 같다.

언어 이해를 위해서는 사물을 인식할 때와 마찬가지로 미처리 감각 인풋을 수신하는 것 이상이 필요하다. 일차청각겉질의 처리 과정 외에도 많은 과정이 필요하다. 실제로 청각겉질을 넘어 이마엽과 마루엽 영역들까지 포함하는 뇌의 넓은 영역이 언어의 이해와 생산에 관여한다. 청각겉질은 온전하지만 상부 언어영역을 상실한 사람들은 소리는 들을 수 있지만 다양한 형태의 실어증을 겪는다. 즉 언어를 이해하지 못하거나 말을 하지 못한다. 조흐라는 인공와우를 통해 풍부한 소리를 새롭게 들을 수 있게 되었지만, 사물을 눈으로 인식할 수 있게 된 리엄과 마찬가지로 말을 이해하기 위해서는 더 높은 수준의 감각 경로를 발달시켜야 했다.

인공와우는 정상인 귀가 들을 수 있는 음높이 범위나 감도를 제공하지 못한다. 조흐라에게는 다행스럽게도, 영어와 기타 인도유럽어에서는 음높이가 음성 언어를 이해하는 데 큰 영향을 주지 않는다. 우리는 어린아이가 고음으로 말하든 성인 남성이 저음으로 말하든 그 말을 이해할 수 있다. 조흐라가 중국어처럼 음의 높낮이가 말뜻에 큰 영향을 주는 성조 언어를 배워야 했다면 훨씬 더 어려웠을 것이다.

조흐라는 비디오와 텔레비전 자막을 적극적으로 활용하는 자신만의 학습 전략을 세웠다. 그는 이렇게 썼다.

인공와우를 이식받기 전까지 저는 평생 책을 읽어왔어요. 제가 읽어온 그 단어들이 어떻게 발음되는지 알았을 때 정말 재미있었죠. 독서(그리고 입 모양 읽기) 이외의 다른 형식으로 말을 알아듣는 것도 신났고요. 저는 지루한 다큐멘터리를 포함해 텔레비전에서 방송하는 거의 모든 것을 보면서 단어를 읽는 동시에 들었어요. 그건 큰 기쁨이었어요. 가끔 자막이 한 박자 늦게 나올 때가 있었는데, 그럴 때는 제가 알아들은 것이 맞는지 시험할 기회로 삼았어요. 한 문구나 문구의 일부를 듣고 자막이 나타나기를 기다렸다가 내가 단어와 문구를 제대로 이해했는지 확인하곤 했죠. 제대로 맞혔을 때마다 정말 행복했어요. 지금도 그런 훈련을 계속해요.

지금까지도 저는 독서를 무척 좋아해요. 책 냄새를 좋아하고 학교 도서관을 사랑해서 많은 책을 빌려요. 최근에는 집 근처에 인디고-

챕터스 서점이 문을 열었어요. 서점에 들어서자마자 저는 친구에게 천국에 온 것 같다고 말했어요.

조흐라는 영어뿐만 아니라 프랑스어로 된 텍스트도 즐겨 읽었다. 인공와우를 이식받은 지 1년 후 탄자니아로 돌아왔을 때 그는 프랑스어 수업을 들어야 했다. 말하기, 듣기 수업은 싫었지만 읽기와 쓰기 수업은 즐거웠다. 실제로 중학교와 고등학교에서 조흐라는 프랑스어 성적이 가장 좋았다.

조흐라는 개개인의 목소리를 잘 인식하지 못하지만 가장 가까운 사람인 나즈마의 목소리는 언제나 알아들을 수 있다. 그리고 나즈마의 목소리를 알게 되면서 놀라운 사실을 발견했다. 나즈마의 목소리는 하루 중 아침에 막 일어났을 때 더 거칠게 들렸다. 한번은 나즈마와 전화통화를 하던 중 나즈마의 목소리가 왜 이상하게 들리는지 궁금했는데, 나즈마가 감기에 걸렸다는 사실이 떠올랐다. 욕실처럼 울림이 많은 장소에서도 목소리가 매우 다르게 들렸다. 조흐라는 반향음이 생기는 욕실 같은 곳에서 큰 소리로 말하면서 목소리를 듣는 연습을 했다.

들을 때는 "어느 정도의 가변성을 예상해야 해요"라고 조흐라는 내게 말했다. 좀 더 자세히 설명해달라고 하자, 조흐라는 시각에 비유하며 리엄이 지속적으로 직면하는 어려움 중 몇 가지를 정확하게 설명했다.

우리는 날마다 하늘을 보지만 어제 본 하늘이나 내일 볼 하늘과 같은 하늘이 아니에요. 색, 구름 패턴, 명암이 모두 달라요. 하지만 그럼에도 우리는 그것을 하늘로 인식하고 하늘로 보지 다른 사물로 인식하지 않아요. 어떤 사물을 볼 때 저는 조명, 각도, 그림자가 달라져도 헷갈리거나, 인식하기 어렵지 않아요.

소리나 말도 마찬가지예요. (…) 우리는 단어와 '헬로' 같은 문장을 들을 때 목소리나 억양, 음량이나 높낮이가 달라도, 심지어 듣는 위치가 달라져도 알아들을 수 있어요. (…) 계단통에서 누군가와 대화를 나눠본 적이 있나요? 청인은 메아리가 말소리 인식에 미치는 영향을 잘 몰라요. 앞을 볼 수 있는 사람들에게 그림자나 조명이 사물을 인식하는 데 영향을 미치지 않듯이, 들을 수 있는 사람들은 반향음이 있어도 말을 알아듣는 데 아무런 문제가 없어요. 저도 그림자가 지거나 조명이 비친 사물을 볼 때는 그것에 대해 생각조차 하지 않고 금방 사물을 알아볼 수 있어요. 하지만 계단통에서 문장을 듣는 건 어렵거나 불가능해요. 소리가 변형되거나 왜곡되어 제가 모르는 '새로운 단어'처럼 들려요. '헬로'는 에코 효과가 없는 조용한 방에서 듣는 것과 똑같이 들리지 않아요.

세상과 그 안에 속한 모든 것은 끊임없이 변하기 때문에, 우리가 무언가를 인식할 수 있다는 사실 자체가 놀라운 일이다. 리엄과 조흐라는 변하지 않는 부분들과 특성들을 익혀야 했다. 물리적 세계에는 불변성이 존재한다.[5] 예를 들어 태양은 항상 머리 위에서 비추고 예측 가능한 패턴으로 그림자와 음영을 만들기 때문에 우리는 그것을 이용해 깊이를 해석할 수 있다. 사람들도 개인마다 고유하지만 일정한 성질이 있다. 사람의 얼굴은 표정에 따라 변할 수 있지만 이목구비의 전반적인 배열과 관계는 동일하게 유지된다. 한 사람의 목소리는 기분에 따라 변할 수 있지만 고유의 음질과 리듬, 억양이 있다. 어떻게 그렇게 하는지 정확하게 분석하기는 어렵지만, 우리는 친구의 발소리, 걸음걸이, 필체를 즉시 알아볼 수 있다.

조흐라는 지금까지도 듣기와 입 모양 읽기를 병용하여 말을 이해한다. 입 모양 읽기만으로는 충분하지 않아서, 조흐라는 인공와우를 착용하지 않은 날은 난감한 기분이 든다. 또 인공와우는 우리 대부분이 감지할 수 있는 음높이 민감도를 제공하지 않기 때문에, 조흐라는 상대방이 질문을 할 때 올라가는 억양을 알아듣기 어렵다. 조흐라에게는 "나는 상점에 간다I go to the store"와 "나 상점에 가?"가 동일하게 들린다. 하지만 내가 이 문장을 평서문으로 말한 다음에 의문문으로 말하자, 조흐라는 웃더니 내 얼굴을 보고 그 문장이 질문인지 알 수 있었다고 말했다.

일곱 살에 청력을 상실한 데이비드 라이트는 회고록《청각장애》에서 청각장애인은 건청인보다 더 많이 본다기보다는 다르게 본다고 썼다.[6] 예를 들어, 누군가가 전화통화를 마치려고 하는 것을 보고 듣는다고 상상해보라. 건청인은 통화가 거의 끝나간다는 것을 화자가 쓰는 단어와 어조로 눈치채지만, 청각장애인은 화자의 자세 변화를 보고 알아챌 것이다.

그럴 때 화자는 전화기에서 머리가 아주 미세하게 멀어지고, 발을 슬쩍 끌고, 표정에서 끊을 마음을 먹었음을 알리는 변화가 나타난다. 라이트는 '입 모양 읽기lip reading'를 더 정확히는 '표정face 읽기'나 '말speech 읽기'라고 불러야 한다고 지적한다. 화자가 선글라스로 눈을 가리고 있으면 입 모양을 읽는 것이 훨씬 더 어렵기 때문이다.

2020년에 코로나바이러스가 전 세계로 확산되자 감염 확산을 막기 위해 모든 사람이 마스크를 착용해야 했다. 그때 조흐라는 불안감에 사로잡혔다. 앞으로 어떻게 대처할 것인가? 상대방의 입 모양을 보지 않고 어떻게 말을 이해할 수 있을까? 놀랍게도 조흐라는 마스크를 쓴 식구들의 말을 쉽게 이해할 수 있었다. 식구들의 목소리에 이미 익숙해져 있었기 때문이다. 하지만 직장에서의 경험은 그때그때 달랐다. 발음이 또렷한 사람의 말은 알아들을 수 있었지만, 억양이 강한 사람들의 말은 따라가기 어려웠다. 일반적인 문구는 알아듣기 어렵지 않았고, 익숙한 주제에 관한 대화도 어렵지 않았다. 하지만 조흐라는 상대방이 무슨 말을 할지 예측할 수 없는 경우에는 말을 따라가는 것이 훨씬 더 어렵다는 사실을 깨달았다. 그래서 그는 수첩을 꺼내 화자에게 주제를 요약하는 몇 가지 핵심 단어를 적어달라고 부탁했다. 이러한 힌트가 있으면 대화를 더 쉽게 따라갈 수 있었다. "불편했고 때로는 스트레스와 좌절감을 주기도 했지만, 어떤 의미에서는 좋은 경험이었어요. 제가 생각했던 것보다 더 많은 것을 들을 수 있다는 사실을 깨닫게 해주었으니까요." 조흐라는 내게 보낸 이메일에 이렇게 썼다.

데이비드 라이트는 청각장애의 한 가지 문제는 '듣지 못하는 것'이 아니라 '엿듣지 못하는 것'이라고 지적한다. 우리는 상대방과 직접 대화를 나누고 있지 않아도 대화의 톤과 사용되는 단어를 듣고 전반적인 분위기를 파악할 수 있다. 조흐라는 듣기와 입 모양 읽기를 병용해 말을 이해하기 때문에 엿듣는 데 어려움을 겪었다. 2017년에 조흐라와 나는 토론토에 있는 수족관에 갔다. 화려한 물고기와 기타 생물들로 가득한 유리 수족관이 있는 그곳을 돌아다니는 일은 시각적인 모험이었다. 주위 사람들은 신나서 감탄사를 연발했지만, 조흐라는 보느라 바빠서 그들이 하는 말을 엿듣지 못했다.

그럼에도 조흐라는 자기 생각보다 엿듣기로부터 많은 정보를 얻고 있는 것 아닌가 하고 생각할 때가 있다. 대학 시절 친구들과 함께 학교 식당에 있었던 날이 그랬다. 식당은 매우 시끄러워서 조흐라는 대화를 따라가는 것을 포기했다. 그 대신 과제에 대해 생각하기 시작했다. 그러고 나서 친구들에게 과제물 5번 문제의 답을 찾았는지 물었는데, 친구들은 이렇게 외쳤다. "이런, 마침 그 이야기를 하고 있었어!"

✦

마이클 코로스트는 회고록 《재건》에서, 인공와우를 통해 말을 알아들을 때의 답답함을 이야기한다.[7] 어느 날 운전 중 라디오에서 흘러나오는 말을 따라가려고 했지만 출연자들 모두가 '가짜 영어'를 말하는 것처럼 들렸다. 그래서 그는 딴 생각을 하기 시작했다. 그러자 갑자기 예상치 못하게 모든 문장이 들리고 이해되기 시작했다! 그는 극도로 집중하면 전혀 집중하지 않을 때처럼 아무것도 이해할 수 없다는 걸 알게 되었다. "침착하게, 마음을 열고, 긴장을 풀되, 경계를 게을리하지 말아야 한다. 이완과 긴장 사이에서 균형을 잘 잡아야 한다."

조흐라도 2018년 새해 첫날 비슷한 경험을 했다. 가족들과 함께 관광버스를 타고 있었는데, 어느 시점에 긴장을 완전히는 아니고 약간 풀었을 때 가이드의 설명이 크고 또렷하게 들리기 시작했다. "1926년에 (…) 다음 정거장은 하버프런트 (…) 온타리오 호수입니다. (…) 이 호수들은 전 세계 담수의 21퍼센트를 차지합니다." 언어치료를 할 때 기울인 노력에 비하면 너무나 쉽게 들렸다. 당시 치료사는 조흐라에게 더 열심히 집중하라고 독려했다. 하지만 어떤 날은 조흐라가 아무리 집중해도 알아들을 수가 없었다. 더 열심히 듣는다고 효과가 있는 것 같지는 않았다.

데이비드 라이트도 입 모양 읽기에서 긴장과 이완 사이의 섬세한 균형에 대해 썼다.[8] 그는 맥줏집에 가는 걸 좋아했는데, 그곳에 가면 긴장을 풀고 친구들이 하는 말을 쉽게 이해하고 즐길 수 있었기 때문이다. 그의 한 청각장애인 친구는 하루 종일 전문 학회의 발표를 따라갈 수 있을 정도로 입 모양을 잘 읽었다. 라이트가 친구에게 비결을 묻자 그 친구는 '긴장을 푸는 것'이라고 대답했다.

이런 경험과 비슷한 이야기가 1974년 처음 출간되어 지금도 여전히 인기 있는 티머시 걸웨이의 《테니스 이너 게임》에 나온다.[9] 걸웨이는 수년 동안 테니스를 가르치면서 경기력 향상에 가장 큰 장애물 중 하나는 속도나 경기 운영 능력의 부족이 아니라 선수가 경기 중에 스스로에게 말하는 방식이라는 것을 깨달았다. "이런, 라켓을 너무 늦게 휘둘렀어. 서브가 별로였어!" 우리 모두는 이와 비슷한 상황에서 좌절감을 느껴본 적이 있다. 잘해나가고 있다가도, 자신의 행동을 의식하는 순간 비틀거리기 시작한다. 피아노를 칠 때도 손가락에 모든 걸 내맡긴 채 훌륭하게 해나가고 있다가, 어느 순간 연주를 의식하기 시작하면 그때부터 흐름이 깨진다. 조흐라도 언어치료를 받는 동안 말소리를 잘 따라가기 위해 긴장했는데, 그러자 주의의 초점이 말을 이해하는 것에서 자신이 잘하고 있는지로 옮겨갔다. 걸웨이가 강조했듯, 조흐라와 우리 모두가 해야 할 일은 자기를 의식하며 판단하지 말고 활동에 빠져드는 것이다. 우리도 어느 정도 알고 있는 사실이다. 우리는 뭔가를 할 때 "집착을 내려놓아야 한다"라거나 "자신을 잊어야 한다"라는 말을 자주 듣는다.

시각의 경우에도 사람들은 긴장하면 주변 시야를 잃고 전면과 중앙에 있는 것에 더 집중하게 된다.[10] 보는 영역이 이런 식으로 줄어들면 그 순간 가장 중요한 것에 주의를 집중할 수 있지만, '큰 그림'이나 장면의 맥락을 놓치게 된다. 청각에서도 비슷한 일이 일어날 것이다. 모든 단어를 알아들으려고 하면 전체적인 맥락을 놓치게 되고, 맥락 없이는 대화를 따라가기가 더 어렵다. 앞서 언급한 입 모양 읽기에 능한 라이트의 친구가 대표적인 사례다. 입 모양 읽기는 입 움직임의 약 30퍼센트만 볼 수 있기 때문에 듣기를 완전히 대체할 수 없다.[11] 따라서 입 모양을 읽는 사람은 맥락을 바탕으로 현명하게 추측해야 한다. 라이트의 친구는 바쁘게 돌아가는 학회에서조차 마음을 열고 긴장을 푼 채 수용적인 자세를 유지할 수 있었기 때문에 맥락 파악에 탁월한 능력을 발휘할 수 있었을 것이다. 우리는 맥락의 많은 부분을 무의식적으로 받아들인다. 따라서 지나치게 긴장하거나 자기 평가에 너무 집착하면 이런 정보에 접근하는 데 지장이 생기기 때문에, '무아지경'에 빠져 정확하게 움직이고, 큰 그림을 보고, 말을 물 흐르듯 따라가는 것이 어려울 수 있다.

인공와우를 이식한 후 조흐라의 말하기는 크게 향상되었다. 그 전에는 극소수 사람들만이 조흐라의 말을 알아들을 수 있었다. 인공와우를 이식하기 전에는 정확하게 발음하기 위해서 혀의 움직임과 입 모양에 신경써야 했다. 인공와우를 이

식한 후 변화가 일어났는데, 조흐라가 이 변화를 인지한 건 어느 날 스타벅스에서 라떼를 주문할 때였다. 스타벅스 내부는 너무 시끄러워서 자신이 말하는 소리가 들리지 않았고, 그래서 조흐라는 주문하기 전에 잠시 망설였다. 그때 그는 분명하게 말하기 위해 자신의 목소리를 듣는 것에 얼마나 크게 의존하고 있는지 깨달았다.

조흐라는 평생 책을 읽어왔고 듣기 대신 읽기를 통해 단어를 배웠기 때문에 일부 단어를 보이는 대로 발음하곤 했다. 예를 들어 'cucumber'를 '쿠쿰버'로, 'castle'을 '캐스트-레'로 발음했다. 조흐라가 인공와우를 이식한 지 10년 후 내가 그를 만났을 때, 그의 말은 거의 항상 또렷하고 알아들을 수 있었다. 단 약간 특이하게 들렸는데, 목소리가 높고 숨소리가 섞여 있었으며, '따-따-따-따안'과 같은 리듬을 가지고 있었다. 조흐라가 청각장애인인지 모르는 사람들은 그녀의 음색과 운율을 듣고 모국어가 프랑스어인지 물어보기도 했다.

15

혼잣말하기

나는 사시였을 때 눈앞에 있는 것은 잘 인식했지만 주변 시야는 거의 인지하지 못했다. 나는 어떤 장면을 바라볼 때만이 아니라 어떤 문제에 대해 생각할 때도 세부에 집중했다. 남편 댄은 나와는 정반대되는 접근법을 가지고 있다. 그는 멀리 볼 줄 알고 주변 시야를 잘 인지하지만, 바로 앞에 있는 것은 잘 알아채지 못한다. 내가 일상적인 일을 처리하는 동안 댄은 항상 다음 휴가 계획을 세우거나 앞으로 살 곳을 계획한다. 나는 우리가 지각하는 방식이 사고방식에 영향을 미치고, 사고방식은 다시 지각에 영향을 미치는지 궁금해졌다.

위대한 심리학자 레프 비고츠키는 어린아이들을 관찰하면서 사고와 언어의 관계에 대해 숙고했다.[1] 우리가 아주 어릴 때는 큰 소리로 말하면서 문제를 헤쳐나간다. 하지만 다섯 살 정도 되면 이런 종류의 독백이 내면화되기 시작한다. 즉 혼자 마음속으로 하는 '내적 언어'가 된다. 내면의 말은 자기 자신을 위한 말이기 때문에 우리는 지름길을 사용한다. 예를 들어 문장의 주어를 생략할 수 있다. 결국 내면의 말은 심하게 축약되어 전혀 말이 아닌 것처럼 된다. 이 지점에서 우리는 비고츠키의 말대로 "순수한 의미로 생각하고" 있는지도 모른다.

하지만 비고츠키의 설명은 청각장애 아동에게는 적용되지 않는다. 조흐라는 아기였을 때 옹알이를 하지 않았고 유아기에도 혼잣말을 하지 않았다. 아주 어릴 때 글 읽기를 배웠지만, 조흐라는 머릿속에 글자를 차례차례 떠올리는 방식으로 사고하지 않았다. 심지어 지금도 조흐라는 머릿속으로 단어를 잘 떠올리지 못한다.

머릿속에 떠올리는 심상과 기억은 우리의 사고에 중요한 역할을 하며, 심상과 기억이 형성되는 데는 지각 방식이 영향을 미친다. 조흐라의 경우 시각적 심상과 기억은 매우 강렬했지만 청각적 심상과 기억은 그렇지 않았다. 조흐라는 어떤 문구를 반복해서 들으면 그 문구를 기억할 수 있지만 아주 잠깐뿐이었다. 나즈마는 조흐라의 청각 기억을 훈련시키기 위해 자신의 입을 가리고 한 문장을 말한 후 조흐라에게 따라하도록 했다. 그다음에 나즈마는 두 문장을 말하고 따라하도록 하고, 그다음에는 세 문장을 말하는 식으로 점점 늘려나갔다.

조흐라는 인공와우를 이식하기 전의 청각 기억이 전혀 없으며, 현재 가장 선명하게 남아 있는 청각 기억은 감정으로 충만한 사건들이다. 한번은 위험한 길을 건너던 중 나즈마가 "멈춰!" 하고 외친 적이 있었다. 조흐라는 지금도 그 사건과 '멈추다'라는 말을 떠올릴 수 있다. 언니와 전화로 통화할 때 들렸던 조카 아이의 울음소리도 기억할 수 있다. 실제로 조흐라는 면대면 대화보다 전화통화를 더 잘 기억하는데, 이는 전화할 때는 전적으로 듣기에 의존할 수밖에 없기 때문일 것이다. 반면 리엄의 경우는 유년기부터 시력이 좋지 않았기 때문에 청각적 심상과 기억은 뛰어나지만 시각적 심상과 기억은 좋지 못하다. 그는 내게 이렇게 말한 적이 있다. "저는 무언가를 마음속에 그릴 수가 없어요. 무언가에서 고개를 돌리거나 새로운 것을 보는 즉시 그 이미지가 사라져버려요." 하지만 나즈마가 조흐라를 훈련시킨 것처럼, 리엄도 시각적 심상과 기억을 향상시키기 위한 전략을 고안했다. 한 가지 방법은 최근에 본 것을 그림으로 그리는 것이다.

조흐라는 친구들과의 대화를 회상할 때 친구들의 입술이 움직이는 모양을 상상한다. 친구들의 문자메시지를 읽을 때도 그들의 얼굴과 입술을 떠올린다. 나는 친구가 말하는 모습을 떠올릴 때, 또는 그들이 보낸 문자메시지를 읽을 때 청각적 이미지를 떠올린다. 나는 머릿속으로 그들이 말하는 소리를 상상하고 내가 대답하는 소리도 상상한다. 조흐라의 경험은 일곱 살 때 성홍열로 청각을 잃은 시인 데이비드 라이트의 경험과도 대비된다.[2] 라이트는 평생 '마음의 귀'를 유지했다. 그는 시를 쓸 때 시어와 리듬을 내면의 귀로 들었다. 움직일 때는 움직임에 수반되는 소리를 내면의 귀로 들었다. 그는 "보이는 것은 들리는 것처럼 느껴진다"라고 썼다.

선천적 청각장애아였던 조흐라의 사고방식은 태어난 시점부터 유년기 내내 세상과 접한 독특한 방식에 영향을 받았다. 조흐라는 어릴 때 말소리를 들은 적이 없어서 지금도 말로 생각하지 못한다. 그렇다면 어떻게 내 강의를 기억하고 시험에서 그토록 좋은 성적을 거둘 수 있었을까? 이건 2011년 보스턴의 한 중국 식당에서 함께 점심을 먹으며 우리가 나눈 대화의 주제였다. 조흐라는 그 1년 전 마운트홀리요크 칼리지를 졸업하고 매사추세츠 안과·이비인후과 병원의 청각학 연구실에서 일하고 있었다.

조흐라는 내가 말할 때 내 얼굴을 잘 볼 수 있도록 항상 강의실 맨 앞줄에 앉았다고 말했다. 내가 칠판을 자주 사용한 것도 큰 도움이 되었다. 칠판은 강의 내용을 요약하는 '자막'과 같았다. 조흐라는 강의에서 혹시 놓친 게 있는지 교과서를 꼼꼼히 살펴보았다. 이런 전략을 통해 그는 말이 아니라 강의 내용, 즉 메시지를 흡수했다. 리엄도 읽은 것을 기억하는 방식에 대해 똑같은 말을 했다. 그는 (내가 하듯이) 페이지에 적힌 단어를 머릿속으로 떠올리지 않고, 그 단어의 의미를 기억한다. 이 모두는 비고츠키의 알쏭달쏭한 표현인 "순수한 의미로 생각하기"처럼 들린다.

하지만 나는 예컨대 출근길에 걸어가는 동안 강의를 준비할 때 마음속으로 말을 한다. 완전한 문장으로 생각하는 것과 같다. 그런데 내가 생각하는 방식을 면밀히 따져보면, 이런 식으로 강의를 마음속으로 리허설하는 것은 일반적인 의미의 생각하기와는 매우 다르다는 것을 깨닫게 된다. 나는 생각할 때 대개 시각적 이미지로 시작하고, 그다음에 필요하면 단어를 이용해 그 이미지를 더욱 선명하게 만든다. 그리고 나는 혼잣말하기를 좋아하지만, 순수하게 이미지로만 생각할 때도 많다. 언젠가 수영을 하는 동안, 큰 그릇에 담긴 내용물을 목이 좁은 병에 어떻게 부을지 상상했던 기억이 난다. 내 머릿속에 서서히 깔때기 그림이 떠올랐다. 또 한번은(이번에도 수영을 하는 동안!) 계산자의 작동 방식, 즉 자의 한 부분을 다른 부분에 대고 미는 것이 어떻게 로그 덧셈(숫자를 곱하는 것과 같다)과 동일한지 떠올려보았다.

미술사학자 루돌프 아른하임은 시각적 사고를 아름답게 묘사했다.[3] 그는 시각적 이미지는 대개 모호하고 인상주의적이라고 지적했다. 사람들에게 코끼리에 대해 생각해보라고 하면 많은 사람이 머릿속에 코끼리의 시각적 이미지를 떠올린다. 하지만 막상 그 이미지를 그리려고 하면 세부가 빠져 있다는 것을 알게 된다. 아른하임은 여기서 인상파 회화와의 유사점을 끌어냈다. 인상파 화가들은 몇 번의 붓질로 사람이나 나무를 표현한다. 이런 이미지는 디테일이 생략되어도 많은 정보, 움직임과 역동성을 전달한다. 아른하임은 머릿속 이미지를 힌트와 번득임, 시각적 힘들이 만들어내는 패턴으로 묘사하는데, 이것들은 매우 추상적일 수 있다.

우리는 시각적 이미지로 사고할 뿐만 아니라 공간적으로 사고한다. 사실 우리 모두는 아기였을 때 공간 속을 이동하는 방법과 사물을 조작하는 방법을 알아내야 했기 때문에, 공간적으로 사고하기는 우리의 가장 기본적인 사고방식일지도 모른다.[4] 나는 갓 태어난 손녀가 노는 모습을 지켜보면서 손녀가 언어를 모르는데도 얼마나 많은 문제를 스스로 해결하고 있는지 깨달았다. 얼마 전에는 숟가락을 병에 넣으려면 어느 방향으로 넣어야 하는지 스스로 깨우쳤다. 또한 장난감 컵들을 차곡차곡 포개면서 크기 차이에 대해서도 깨우쳤다. 크기 비교는 유용한 개념이지만, 기억해서 실제 상황에 활용하지 않으면 아무 소용이 없다. 나는 생물학 입문 강의에서 학생들에게 다양한 거대 분자와 세포 구조들을 크기순으로 순위를 매기라고 요청했는데, 학생들이 주저하는 것을 보고 어느 구조가 어느 구조 안에 들어갈 수 있는지 상상해보라고 제안했다. 그러자 학생들은 더 적극적이 되었다. 8장에서 설명했듯이, 우리는 주변 풍경에 대한 인지 지도를 만들지만 이 인지 지도를 더 추상적인 방식으로도 사용한다.[5] 언어를 보면 확실히 그렇다. '나는 남동생과 가깝다'고 말하면, 남동생이 나와 물리적으로 가까이 있다는 뜻도 되지만, 남동생과 내가 공통된 감정을 공유한다는 뜻도 된다. 궤도를 도는 우주비행사를 제외하면 우리 모두가 중력에 맞서 살아간다. 일어설 때는 중력을 거스르지만 넘어질 때는 중력에 굴복한다. 따라서 위쪽 방향은 긍정적인 감정과 관련이 있고 아래쪽 방향은 부정적인 감정과 관련이 있다. '사기를 높이는' 노래는 기분이 '처질' 때 도움이 된다.

특정 생각이나 머릿속 이미지에는 굉장히 많은 정보가 포함될 수 있다. 그 정보를 타인에게 전달하기 위해, 즉 내가 무슨 생각을 하고 있는지 알리기 위해 우리는 언어를 사용한다. 하지만 말은 모호하다. 'bat'(박쥐 또는 야구방망이) 또는 'bark'(나무껍질 또는 짖는 소리)와 같은 특정 단어는 두 가지 이상의 의미를 지닐 수 있다. 단어의 의미뿐만 아니라 대명사가 무엇을 지시하는지도 문맥을 통해서만 파악할 수 있다. 우리는 머릿속에 있는 모든 정보를 전달할 수 없다. 그렇게 하기 위해 장황하게 말하다가는 청자의 주목을 잃게 될 것이다. 우리는 지름길을 사용하며, 청자가 누락된 정보를 추론하기를 기대한다.[6] 조흐라는 유년기 내내 주로 입 모양 읽기를 통해 대화를 따라갔기 때문에 이런 추론에 특히 강하다.

조흐라가 수강한 내 신경생물학 강의는 뉴런과 시냅스의 전기 활동에 초점이 맞춰져 있었다. 나는 강의하는 동안 학생들에게 세포막의 터널형 통로를 통해 이온이 이동하는 모습을 머릿속으로 그려보라고 권했다. 그리고 나는 칠판에 도식적인 그림을 많이 그렸다. 실제로 내 강의는 매우 시각적이고 공간적이었다. 그래서 조흐라는 강의 내용을 어느 정도는 시각적 이미지와 기호, 공간적 배열 및 변형, 그리고 추론을 통해 기억했다. 하지만 시험에서 답을 적으려면 생각을 언어로 옮겨야 했다. 그래서인지 조흐라는 내게 "언어는 사람들 사이의 의사소통을 위한 것인 반면 생각은 나와 내 뇌 사이의 의사소통을 위한 것"이라고 말했다.

16

음표

　　2017년 1월, 조흐라는 내게 고국 탄자니아에서 5년 동안 지내다가 캐나다 토론토로 이사했다는 사실을 이메일로 알려왔다. 토론토는 우리 집에서 탄자니아보다 훨씬 가깝기 때문에 나는 이번이 조흐라를 다시 만날 수 있는 절호의 기회라고 생각했다. 조흐라의 대가족 대부분도 이제 토론토에 살고 있었는데, 나는 조흐라의 인공와우 이식수술 비용을 마련하기 위해 십시일반 돈을 모았던 그들을 모두 만나보고 싶었다. 지난 2010년 조흐라가 마운트홀리요크 칼리지를 졸업할 때는 나즈마와 어느덧 80대가 된 조흐라의 조부모님이 졸업식에 참석하기 위해 탄자니아에서 매사추세츠주로 왔다. 이 여행은 간단한 여정이 아니었다. 킬리만자로, 암스테르담, 워싱턴 DC, 그리고 나즈마의 오빠가 사는 웨스트버지니아주를 거쳐 마지막으로 매사추세츠주까지 가야 하는 쉽지 않은 길이었다. 나즈마와 사랑하는 대가족의 지지는 분명 조흐라가 다른 사람들을 따뜻한 마음으로 대하게 해주었을 것이고, 청인의 세계에서 성공하는 데에도 큰 도움이 된 것 같다.

조흐라는 토론토의 한 아파트에서 나즈마, 그리고 이제는 매우 늙고 병약해진 조부모와 함께 살았다. 조부모님이 처음 토론토로 온 계기는 조흐라의 할아버지에게 더 나은 의료서비스를 받게 하기 위해서였다. 알츠하이머병을 앓고 있는 조흐라의 할머니는 초점 없이 먼 곳을 응시하는 것처럼 보였지만 조흐라를 알아볼 때는 그렇지 않았는데, 그때만큼은 할머니의 눈과 온몸이 환하게 빛났다. 나즈마는 한 면에는 그림이 그려져 있고 다른 면에는 영어 단어가 적힌 학습 카드를 사용해 조흐라의 할머니에게 영어 퀴즈를 냈다. 나즈마는 한시도 가르치는 것을 멈추지 않는다.

조흐라와 나즈마가 사는 아파트는 근처에 사는 조흐라의 부모님, 이모와 삼촌 등 다른 식구들로 자주 북적거렸다. 가족들은 조부모를 모시고 사는 나즈마를 돕기 위해 매일 찾아왔다. 조흐라의 남동생 알리는 오타와에서 차를 몰고 왔다. 알리는 조흐라와 매우 가까운 사이다. 특히 저녁 식사 자리에서 모두가 구자라트어를 사용할 때면 조흐라에게 대화를 통역해주곤 했다. 나는 그 아파트에서 다양한 언어가 섞이는 모습, 그리고 다양한 가족 구성원들이 오가는 모습을 보면서 내 조부모님이 미국으로 처음 이민을 왔던 두 세대 전의 대가족

이야기가 떠올랐다. 조흐라는 아파트가 대화와 행동으로 너무 시끌벅적해지면 인공와우 헤드셋을 빼고 조용한 자기만의 세계에서 책을 읽거나 스마트폰을 보았다. 대부분의 건청인과 달리 조흐라는 완전한 침묵 속에서 편안함을 느낀다.

2010년에 마운트홀리요크 칼리지를 졸업한 조흐라는 학생 비자로 미국에 1년 더 체류할 수 있었기 때문에 보스턴의 매사추세츠 안과·이비인후과 병원에서 청각학 연구를 했다. 연구실의 상사가 조흐라에게 대학원에 진학하라고 권했지만, 조흐라는 병원이나 임상연구 회사 또는 정부에서 일하고 싶었다. 그는 모시로 돌아와 의과대학에 진학했다. 탄자니아의 의과대학은 5년제라서, 내가 조흐라를 찾아간 2017년 10월은 조흐라가 의학 학위를 받고 토론토로 건너간 지 약 1년이 지났을 때였다. 당시 조흐라는 임상연구 분야에서 대학원 과정을 밟는 중이었다. 그는 아프리카가 그리웠지만 가족과 함께 캐나다에 머물 계획이다.

내가 도착하자마자 나즈마는 내게 마카로니와 채소로 만든 맛있는 캐서롤을 대접했다. 양념을 어떻게 했는지 물었더니 나즈마는 생강과 마늘을 넣었다고 대답하면서 "모든 인도식 음식이 그렇듯이"라고 덧붙였다. 나즈마의 할아버지가 20세기 초 인도를 떠나 잔지바르로 이주했고 그 후 가족은 동아프리카로 건너갔지만, 그들은 여전히 인도식 요리법을 간직하고 있다.

나는 리엄을 찾아갔을 때와 마찬가지로, 방문 기간 동안 조흐라가 주도적으로 내게 주변 장소들을 보여주면서 본인에게 중요한 청각에 관한 이야기를 들려주기를 바랐다. 식사를 마친 후 조흐라는 머리에 스카프를 두르고 분홍색과 흰색이 섞인 가방을 집어들더니 나를 아파트 차고로 안내했다. 그리고 새로 장만한 파란색 자동차에 나를 태우고 커피숍으로 갔다. 조흐라는 내 얼굴과 도로를 동시에 볼 수 없으니 운전 중에는 말을 하지 않을 거라고 미리 일러두었다. 하지만 음악을 듣는 건 문제가 되지 않아서, 라디오를 켜고 강한 비트의 노래를 틀어주는 방송국 채널로 돌렸다. 나는 그걸 보며 놀랐는데, 2010년에 조흐라는 음악을 거의 듣지 않는다고 말했기 때문이다. 내가 일정을 마치고 돌아갈 때 조흐라의 남동생이 나를 공항까지 태워다주었고, 그때 동승한 조흐라는 남동생에게 라디오와 음악을 틀어달라고 요청했다.

청각장애가 있다고 해서 리듬 감각이 떨어지는 것은 아니다. 리듬은 우리 안에 있다. 리듬은 우리의 심장박동, 호흡, 뇌파, 움직임에 내재되어 있다. 조흐라는 어렸을 때 줄넘기를 잘했다. 안드레 애치먼은 선천적 청각장애가 있는 어머니에 관한 〈뉴요커〉 기사에서 어머니가 빠른 춤에 재능이 있었다고 썼다.[1] 어린 시절 청력을 잃은 데이비드 라이트는 처음에는 자신이 춤을 출 수 없다고 생각했다. 하지만 한 소녀의 설득에 이끌려 춤을 추다보니 소녀의 리듬을 쉽게 따라갈 수 있었다.[2] 가장 인상적인 사례는 세계적인 타악기 연주자인 에블린 글레니로, 그는 두 살 때 청력을 잃기 시작해 10년 후 완

전히 들을 수 없게 되었다.[3]

하지만 음악을 감상하려면 리듬 감각만으로는 부족하다. 음은 주기적인 소리로, 기본 주파수와 고조파harmonic로 구성되어 있다. 주파수는 초당 음파가 진동하는 횟수인 헤르츠(Hz)로 측정되는데, 주파수가 높을수록 높은음으로 들린다. 고조파는 기본 주파수의 배수에서 발생한다. 피아노나 바이올린으로 A440이라는 음을 연주하면 기본 주파수인 440헤르츠뿐만 아니라 880헤르츠(440의 두 배), 1320헤르츠(440의 세 배) 등의 음파가 발생한다. 우리는 이런 고주파나 고조파를 별도의 소리로 듣지 않고, 피아노나 바이올린에서 나오는 하나의 음으로 듣는다. 두 악기가 연주하는 음은 약간 다르게 들리지만 음높이는 둘 다 같은 기본 주파수인 440헤르츠다. 심지어 우리 뇌의 일차청각겉질 측면에는 특정 음높이에 선택적으로 반응하는 뉴런들이 모인 영역이 있다. 이 영역은 순음(기본 주파수), 또는 기본 주파수와 다양한 고조파의 조합으로 이루어진 음 모두에 반응한다.[4]

하나의 주파수로만 구성된 순음은 자연에서 매우 드물다. 이런 음은 신경을 거슬리게 한다. 오래된 전자레인지의 삐 소리도 순음에 가깝다. 우리가 순음을 들을 수 있다면 왜 하나의 음을 들을 때 그 구성 성분들을 따로따로 듣지 않을까? 왜 우리는 음악을 들을 때 기본 주파수와 여러 고조파로 구성된 음을 개별 음높이로 듣기보다는 하나의 음으로 들을까? 답은 완전히 밝혀지지 않았지만, 우리가 듣는 방식은 생태학적으로 의미가 있다. 청각의 주요 역할은 소리의 출처를 식별하는 것이다. 산탄총 소리처럼 비주기적이고 비음악적인 소리도 주파수가 두 가지 이상인 음파로 구성되어 있다. 각 주파수를 저마다 별개의 음높이로 듣는다면 우리는 소리의 출처를 알 수 없을 것이다. 그 서로 다른 음파들이 어디에 속하는 것인지 알 수 없다. 물체의 부분보다 전체를 먼저 보듯이, 우리는 하나의 출처에서 생성된 음파들을 하나의 인식 가능한 소리로 결합함으로써 듣는 행위를 단순화한다.

같은 음높이의 음을 피아노나 바이올린으로 연주하면 왜 소리가 다르게 들릴까? 각 악기는 고유의 음색을 가지고 있다. 음색은 한마디로 정의하기는 어려운 개념이지만, 음에는 피아노다운 느낌 또는 바이올린다운 느낌이 있다는 말이다. 이 감각은 음높이나 음량과는 무관하다. 각 고조파가 음의 전체적인 소리에 기여하는 정도는 악기마다 다른데, 이는 우리가 그 악기의 음색을 어떻게 느끼는지를 좌우한다.

인공와우는 음높이와 음색에 대한 감도가 정상 귀에 미치지 못한다. 인공와우 사용자 중 반음 차이(예를 들어 C와 C샤프)를 구별할 수 있는 사람은 극소수이며, 반 옥타브 차이의 음을 구별하는 것조차 어려울 수 있다.[5] 따라서 〈도레미송〉과 같은 단순한 멜로디조차 잘 따라부르지 못할 것이다. 조흐라와 함께 강한 비트의 노래를 함께 들을 때 조흐라는 내게 가수가 남성인지 여성인지 구분할 수 없다고 말했다. 가수는 남성의 가장 높은 음역인 테너 음역을 노래하고 있었는데, 조흐라는 그것을 여성의 가장 낮은 음역인 알토와 구별할 수 있을 만큼 충분한 음높이 감도를 가지고 있지 못했다.

인공와우를 사용하는 사람에게 음악 감상 훈련을 시키면 말소리 지각 능력이 향상될 수 있으며, 그 반대의 경우도 마찬가지다.[6] 모음은 주기적인 소리다. 음악의 음과 마찬가지로 기본 주파수와 여러 고조파로 구성된다. 모든 음절과 단어에는 모음이 들어 있기 때문에 우리 목소리에는 음높이가 있다. 화자의 목소리가 올라가고 내려감에 따라 특정 모음을 이루는 기본 주파수와 모든 고조파가 함께 올라가고 내려가면서 청자가 화자의 목소리를 인식하고 따라갈 수 있도록 돕는다. 조흐라의 경우도 말소리 이해력이 향상됨에 따라 음악 청취 능력도 향상되었을 것이고, 이는 다시 말소리 이해력을 더욱 높였을 것이다.

과거에 정상 귀로 듣다가 인공와우에 의존하게 된 사람들은 음악을 들을 때 예전만큼 풍부하게 들리지 않을 수 있다.[7] 음 차이를 제대로 듣지 못하면, 예를 들어 장조와 단조의 노래를 구별하기 어려울 수 있다. 그래서 음악의 일부인 감정과 표현을 어느 정도 놓치게 된다.

청력을 잃기 전에 음악적 경험을 많이 한 사람들이 인공와우에 가장 잘 적응할 것이다. 알린 로모프는 음악가 집안에서 자랐고 10대 후반에 청력이 떨어지기 전까지 재능 있는 피아니스트였다. 왼쪽 귀에 인공와우를 이식한 후 그가 가장 즐겁게 들은 첫 번째 음악은 허비 만의 재즈 플루트였다.[8] 플루트는 다른 악기보다 고조파가 적은 순음에 가까운 음을 내는데, 아마 그 덕분에 로모프가 쉽게 들을 수 있었을 것이다. 그리고 시간이 지나면서 반복 청취할수록 그는 훨씬 더 많은 음악을 감상할 수 있었다. CD 플레이어로 제목을 모르는 피아노곡을 들었을 때 로모프는 처음에는 쇼팽의 곡처럼 들린다는 정도로만 인식했다. 하지만 일주일 후 그는 그 곡의 독특한 베이스 음을 알아듣고는 35년 전 자신이 연주했던 〈빗방울 전주곡〉임을 알 수 있었다. 그로부터 일주일 후에는 멜로디도 들었다.

조흐라는 음악을 정상 귀로 들은 기억이나 경험이 없었다. 그에게는 특히 비트가 강하고 반주가 거의 없는 노래가 좋게 들렸다. 토론토에서 조흐라는 연말에 친구나 사촌들과 함께 크리스마스 마켓에 가는 것을 좋아하는데, 그곳에 가서 가수, 댄서, 캐럴 가수의 공연을 눈으로 볼 뿐만 아니라 귀로 듣는다. "크리스마스 캐럴과 축제 소리를 들으며 그 순간을 다른 사람들과 함께 나누는 것이 정말 즐거워요." 그는 이렇게 말했다. 조흐라가 내게 반복적으로 말했듯이, 인공와우는 더 넓은 세계와 소통하도록 돕는다. 다른 사람들과 함께 음악을 즐기는 것은 그런 소통의 또 한 가지 방법이다.

17

칵테일 파티 문제

커피숍에 도착했을 때 나는 조흐라가 대화를 나누기에 좋은 장소를 골랐다는 것을 알았다. 그곳은 조용했다. 배경 음악이 없었고, 다른 사람들과 멀찍이 떨어져 앉을 수 있었다. 조흐라는 인공와우를 이식한 대부분의 사람과 마찬가지로, 레스토랑처럼 대화로 웅성거리는 시끄러운 환경에서는 말을 따라가기가 어렵다. 1953년에 콜린 체리가 '칵테일 파티 문제'라고 명명한 이 문제는 시각에서 사물을 배경과 구분하는 문제와 비슷하다.[1] 우리 대부분은 음높이 범위와 음색 같은 특징들을 토대로 친구의 목소리를 다른 소리와 구분할 수 있지만, 조흐라는 인공와우를 통해 듣기 때문에 음높이와 음색에 대한 감도가 떨어진다.[2] 인간의 청각겉질에 대한 과학 연구 결과, 일차청각겉질은 모든 말소리에 반응하는 반면, 그 외의 상부 영역은 청자가 주의를 기울이는 대상에 더 선택적으로 반응하는 것으로 나타났다.[3] 그래서 상부 청각영역이 제대로 발달하지 않은 조흐라의 경우, 군중 속에서 한 명의 화자에게 집중하기 어려울 수 있다.

게다가 조흐라는 한쪽 귀에만 인공와우를 이식했다. 만일 조흐라가 양쪽 귀에 인공와우를 이식했다면 소란한 곳에서 말소리를 더 쉽게 들을 수 있었을 것이다.[4] 알린 로모프는 이 사실을 두 번째 인공와우를 이식한 후 양이兩耳 청력이 생겼을 때 알게 되었다.[5] 로모프는 한쪽 귀에만 인공와우를 이식했을 때보다 소리와 음성을 더 잘 분리할 수 있었으며 시끄러운 식탁에서도 대화를 잘 따라갈 수 있었다. 다음번에 시끄러운 식당에 가면 한쪽 귀를 막아보라. 그러면 화자의 말을 따라가는 것이 평소보다 어려울 것이다. 소리를 잡아내는 데는 두 귀가 한쪽 귀보다 훨씬 낫다.

━━━◆━━━

약 10년 전 '폴라'라는 학생이 포니테일 머리를 찰랑거리며 내 사무실로 들어왔다. "행복해 보이는구나. 머리 모양이 달라졌네." 내가 말했다. 부분 청각장애가 있던 폴라는 보청기를 숨기기 위해 머리카락으로 귀를 덮고 다녔지만, 이날은 머리를 뒤로 묶었으며 보청기도 보이지 않았다. 폴라에게 보청기는 어디 갔느냐고 물었더니, 폴라는 잽싸게 한쪽 귓속에서 작은 물체를 꺼낸 다음 바깥귀(외이)에 거는 보청기의 투명한 부분을 보여주었다. 폴라가 보청기를 다시 끼우자 그 부분은 보이지 않았다. 그 보청기는 외형뿐 아니라 여러 면에서 폴라의 삶을 개선했다. "저는 기술이 너무 좋아요." 폴라가 말했다. "제 보청기는 계속 개선되고 있어요. 난생처음 소리가 어디에서 나는지 알 수 있게 되었어요. 이제는 이렇게 할 필요가 없어요." 그러고 나서 폴라는 눈을 크게 뜨고 고개를 앞뒤로 움직이며 주변을 유심히 살피는 듯한 몸짓을 했다. 그동안 숱하게 했던 동작임이 분명했다. "이제는 소리가 들리면 어디서 들리는지 찾을 필요가 없어요. 어디서 들리는지 그냥 아니까요."

새로운 보청기 덕분에 폴라는 두 귀에서 받은 소리 정보를 (무의식적으로) 비교하기가 쉬워졌는데, 두 귀의 인풋 차이가 소리의 위치를 파악하는 데 도움이 되기 때문이다.[6] 예를 들어 오른쪽에서 오는 소리는 왼쪽 귀보다 오른쪽 귀에 먼저, 더 크게 전달된다. 하지만 한쪽 귀로 듣는 사람도 어느 정도까지는 소리의 위치를 파악할 수 있다. 귓바퀴, 즉 바깥귀의 조개껍데기 모양은 입력되는 소리를 주파수와 위치에 따라 다르게 걸러냄으로써 소리가 어디서 발생하는지 알 수 있도록 돕는다. 이어폰으로 소리를 들어보면 바깥귀의 이런 역할을 알 수 있다. 이런 조건에서는 소리가 바깥귀를 우회하기 때문에, 외부가 아니라 머릿속에서 들리는 것처럼 느껴진다!

존 헐이 《바위를 만지다》의 한 문단에서 묘사한 것처럼, 어떤 상황에서는 소리와 그 위치를 바탕으로 전체 풍경에 대한 마음의 지도를 그릴 수 있다.[7] 존 헐은 시각장애인이었지만 현관 앞에 서서 빗소리를 들으며 집 근처의 경관을 파악했다. 지붕의 빗물용 홈통에서 떨어지는 물방울 소리를 듣고 홈통이 자신의 왼쪽에 있다는 것을 알았다. 조금 더 멀리 있는 잎이 무성한 관목에 떨어지는 물소리는 다르게 들렸다. 그는 빗방울이 떨어지는 소리의 변화를 듣고 잔디, 울타리, 길이 어디 있는지는 물론, 대문의 위치까지 짐작할 수 있었다.

알린 로모프도 두 번째 인공와우를 이식하고 양이 청력을 얻은 후 같은 경험을 했다. "뇌는 주택단지의 3D 평면도처럼 소리의 풍경을 파악한다. 나는 주변 소리들의 위치가 표시된 지도를 가지고 있는 셈이다."[8] 로모프는 두 번째 인공와우를 이식하기 전에는 소리가 뜬금없이 느껴졌지만 이제는 소리의 풍경에 둘러싸여 있는 것 같은 몰입감을 느꼈다. 이런 경험은 인공와우를 한쪽 귀에만 이식했을 때는 느낄 수 없었던 행복감을 선사했다. 나는 로모프의 묘사에 깊은 인상을 받았는데, 나 역시 처음으로 두 눈을 조정하여 입체적으로 볼 수 있었을 때 몰입감과 기쁨을 느꼈기 때문이다.[9]

조흐라는 한쪽 귀에만 인공와우를 이식했으며, 인공와우의 작동 방식은 바깥귀를 완전히 우회한다. 귀 뒤에 장착된 마이크가 대신 소리를 포착해서 인공와우의 수신기로 전송한다. 그래서 나는 조흐라가 소리의 위치를 파악할 수 있는지 궁금했다. 커피숍에 들어가서 자리에 앉으며 나는 조흐라에게 소리의 위치를 알아낼 수 있는지 물었다. 친구가 커피숍으로 들어와 이름을 부른다면 어느 쪽을 봐야 하는지 알 수 있을까? 조흐라는 알 수 없다고 대답했고, 머리를 사방으로 움직이며 소리가 어디서 나는지 찾는 시늉을 했다. 그런 다음에 그는 정말 놀라운 말을 했다. 소리에 위치가 있다는 개념조차 자신에게는 낯설다는 것이다. 소리의 출처를 알 수 없는 한 소리는 난데없게 느껴질 것이고, 두 번째 인공와우를 이식하지 않는 한 그는 그 상태로 머물 것이다. 다음날 우리가 조흐라의 아파트 옆을 지나가는데 누군가가 우리 왼편에서 산울타리를 손질하고 있었다. 울타리가 높아서 공구는 보이지 않았지만 소리는 확실히 들렸다. 하지만 조흐라는 소리가 어디서 나는지 몰랐다.

신생아는 소리가 나는 방향으로 고개를 돌린다.[10] 이처럼 소리의 위치를 파악하는 능력은 타고나지만, 성장하면서 크게 향상된다. 이는 생태학적으로 일리가 있다. 우리는 모퉁이 너머에서 들려오는 소리를 들을 수 있지만 그곳을 볼 수는 없기에 소리를 이용해 보이지 않는 것의 위치를 파악한다. 우리는 소리가 들리면 고개를 돌려 소리가 두 귀에 똑같이 들리도록 한다. 그러면 가장 잘 보이는 위치인 정면에서 소리가 들려온다. 사물 식별과 사물의 위치 파악은 모든 감각 양식이 가진 두 가지 중요한 기능이다. 시각에서 자극을 식별하고 그 위치를 파악하는 해부적, 생리적 경로가 각기 별도로 존재하는 것처럼, 청각에도 아마 음원을 식별하고 위치를 파악하는 별도의 '무엇' 경로와 '어디' 경로가 존재할 것이다.[11] 인공와우를 한쪽 귀에만 이식한 조흐라는 소리의 위치와 출처를 제대로 파악할 수 없었다. 그러니 인공와우를 통해 처음 들은 소리가 두렵게 느껴졌던 건 당연한 일이었고, 지금도 시끄러운 환경에서는 친구의 말을 따라가기가 어렵다.

하지만 조흐라는 소리의 위치를 파악하는 나름의 전략을 가지고 있었다. 인공와우 이식수술 6개월 후 모시로 돌아왔을 때 조흐라는 새로운 사실을 발견했다. 그의 침실 창문이 도로 쪽으로 나 있었는데, 밤이 되어 다른 모든 소리가 조용해지자 조흐라는 창가로 접근하는 자동차 소리를 들을 수 있었다. 자동차가 다가올수록 소음이 점점 커지다가 지나갈 때는 소음이 줄어드는 것을 들을 수 있었다. 이 순간 불현듯 깨달음이 왔다. 조흐라는 무언가가 가까이 다가올 때 소리가 커질 거라고 예상하지 못했었다. 리엄도 캐치볼 놀이를 하다가 자신에게 다가오는 공을 처음 보았을 때 비슷한 발견을 했다. 사물이 가까이 다가오면 소리가 더 커지고 크기가 커진다. 하지만 조흐라와 리엄이 그 사실을 알기 위해서는 경험이 필요했다.

18

닥터 조흐라 담지

커피숍에서 조흐라는 내게 무엇보다 의대 생활에 대해 말하고 싶어했다. 첫 2년은 주로 강의를 들었는데 그 부분은 쉬웠다고 말했다. 하지만 손으로 필기한 강의 노트는 어수선해서 알아보기 힘들다고 덧붙였다. 조흐라의 글씨체는 예쁘지만, 수업 중에는 입 모양을 읽는 것과 노트 필기를 동시에 할 수 없어서 급하게 휘갈겨 써야 했다. 3년 차부터는 수술실에서 수술을 참관하고 보조하기 시작했는데, 모든 사람이 수술용 마스크로 입을 가리고 있어서 조흐라는 사람들의 대화를 따라가기 어려웠다.

수술실 밖에서는 또 다른 문제에 부딪혔다. 대부분의 환자가 사용하는 스와힐리어를 조흐라는 알아들을 수 없었다. 의대 3년 차에는 먼 지역으로 파견되어 환자들의 병력을 파악하고 의료 실습을 해야 했다. 그래서 조흐라는 3학년이 되기

그림 18.1. 조흐라, 2019년 토론토에서.

전 여름방학 동안 개인 교사를 구해 7월 중순부터 10월까지
스와힐리어를 배웠다. 하지만 환자와의 첫 면담은 순조롭지
않았다. 조흐라는 환자의 말을 전혀 알아들을 수 없었는데,
그건 청각장애 때문이 아니라 스와힐리어 때문이었다. 조흐
라는 환자와의 면담을 원활하게 진행하기 위해 가장 자주 하
는 질문과 대답을 익혔다. 조흐라는 여기까지 이야기하더니
가져온 천 가방을 뒤집어 내용물을 쏟아냈다. 분홍색 카드가
수북이 쏟아져 나왔다. 모두 색인 카드 두께였지만 다양한 크
기로 잘려 있었다. 그건 조흐라가 손수 만든 학습용 카드로,
한 면에는 스와힐리어 단어와 어구가 적혀 있고 뒷면에는 영
어 번역이 적혀 있었다. 예를 들어 다음과 같은 식이었다.

Sijisikii vizuri —"몸이 좋지 않아요."
Nimechoka —"피곤해요."

조흐라는 이 카드를 이용해 스와힐리어를 속성으로 배웠

다. 하지만 단어를 아는 것만으로는 충분하지 않았다. 조흐라는 내게 실제 사례를 보여주기 위해 냅킨에 영어 문장 두 개를 적었다.

Do you have fever? 열이 있나요?
You do have fever. 열이 있어요.

영어는 어순으로 질문과 서술의 차이를 구별할 수 있지만 스와힐리어는 그렇지 않다고 말하면서 조흐라는 냅킨에 스와힐리어 번역을 추가로 적었다.

우나 호마? Una homa?
우나 호마. Una homa.

두 문장의 차이를 구분하기 위해서는 올라가는 억양을 들을 수 있어야 하는데 조흐라는 그것을 알아듣기 어려웠다.

다행히 면담을 거듭할수록 환자들의 대답을 더 잘 예측할 수 있게 되었다. 조흐라는 미리 면담의 틀을 짜둘 수 있다는 걸 깨달았다. 질문에 대한 환자의 예상 답변을 생각해두는 것이다. 정신과 진료가 가장 어려워서 정신과 환자들은 가능하면 영어로 면담했다. 하지만 환자의 말이 이상하게 들리면, 조흐라는 환자가 환각을 겪고 있는지 아니면 자신이 환자의 이야기를 잘못 들었는지 확신할 수 없었다. 반면 소아과는 조금 수월했다. "아이에게 열이 있나요?"와 같은 질문이 고작이 었기 때문이다.

탄자니아에 계속 살았다면 조흐라는 아마 산부인과 의사 가 되었을 것이다. 하지만 '청각장애 친화적' 전공인 안과, 병 리과, 영상의학과, 임상연구, 공중보건 등도 고려했다. 자신 이 배운 의학을 캐나다에서 어떻게 사용할지 아직 결정하지 못했지만, 어떤 식으로든 다른 사람들을 돕는 방식이 될 거라 는 사실만큼은 분명했다. 의대 시절에 가장 기억에 남는 일은 3학년 때 파견된 외딴 지역의 사탕수수 농장에서 일어났다. 조흐라는 발효하고 있는 사탕수수 당밀 냄새로 가득한 탁 트 인 초원에 이르러 버스에서 내리던 기억을 떠올린다. 그 지역 에는 농장과 주변 지역 사람들을 위한, 90개 병상을 갖춘 병 원이 있었다. 조흐라는 초조해서 견딜 수 없었다. 청각장애인 인 자신이 환자들과 소통하며 좋은 의사가 될 수 있을까?

리엄과 마찬가지로 조흐라도 문제를 하나씩 해결해나갔다. 그는 심장과 폐 소리를 증폭하고 수치를 시각적으로 표시해 주는 특수 청진기를 주문했다. 회진 때는 주머니에 쏙 들어가 는 크기의 특수한 디지털 경량 혈압계를 가지고 다녔다. 그리 고 무엇보다 스와힐리어에 힘썼다.

조흐라는 스와힐리어를 배운 것을 무척 자랑스러워한다. 고등학교 때 프랑스어 과목에서 A를 받았지만 그건 수업용 프랑스어였지 직업상 매일 필요한 언어가 아니었다. 스와힐 리어를 배워서 조흐라는 실용적 기술 이상의 것을 얻었다.

"환자와 대화를 나누며 소통하고, 그들의 언어를 배우고, 환자와 라포르(치료자와 환자 사이의 관계에서 믿음과 친함의 정도를 이르는 말-옮긴이)를 형성할 때 큰 기쁨을 느껴요." 인공와우를 통해 조흐라는 듣는 법을 스스로 익히고, 자신의 지각 세계를 완전히 재구성했으며, 그렇게 함으로써 세상과 환자들의 삶 속으로 들어갈 수 있었다. 의과대학에 입학한 지 2년이 지났을 때 학장은 조흐라가 청각장애인이라는 사실을 처음부터 알았다면 입학을 허가하지 않았을 거라고 고백했다. 병원장에 따르면 조흐라는 탄자니아 최초의 청각장애인 의사였다.

지각의 운동선수

뭔가를 수월하게 하고 싶다면 먼저 부지런히 배워야 한다.
새뮤얼 존슨, J. 보즈웰, 《새뮤얼 존슨의 생애The Life of Samuel Johnson》에서 재인용.

내 두개골 안에 있는 14만 개의 트랜지스터는
내게 소리를 제공할 뿐 나를 듣게 만들지는 못한다.
마이클 코로스트, 《재건: 몸의 일부를 컴퓨터로 만드는 것이 나를 어떻게 더 인간답게 만드는가》, 183쪽.

　　　나는 시훈련 치료를 통해 처음으로 두 눈을 함께 사용하는 법을 배웠을 때 난생처음 3차원으로 세상을 보기 시작했다.[1] 평범한 장면들도 색다르게 보였다. 나는 나뭇잎 사이의 텅 빈 공간, 떨어지는 눈송이 사이의 공간을 볼 수 있었다. 거울을 들여다보면 내 모습이 거울 표면에 있지 않고, 거울 뒤 반사된 공간에 있는 것이 놀라웠다. 나는 새로운 방식으로 보고 있었을 뿐만 아니라, 전에는 상상할 수도 없었던 방식으로 보았다. 사물 사이의 공간을 보는 것은 완전히 새로운 경험이었다.
　올리버 색스 박사는 내가 가족과 친구 외에 처음으로 내 이야기를 들려준 사람이었다.[2] 아기 때부터 눈이 보이지 않다가 성인이 되어 시력을 회복했지만 새로운 시력을 거부한 남성인 버질에 관한 글을 쓴 적이 있었던 색스 박사는 무엇보다 입체시에 대한 내 반응에 큰 호기심을 보였다. 그는 내 새로운 시각이 혼란스럽거나 불편하지 않은지 궁금해했다. 나는 가끔은 그렇다고 대답했다. 입체적으로 본 후 나는 고소공포증이 생겼고, 절벽을 따라 하이킹을 하면서 그 공포감을 확연히 느꼈다. 하지만 새로운 시각은 내게 대체로는 경이감과 어린아이 같은 환희를 선사했다.

내 경우 새로운 입체시로 인해 느낀 혼란보다 기쁨이 더 컸던 이유는 새로 얻은 입체시가 내가 보던 세상을 확인시켜주고 나아가 확장시켜주었기 때문이다. 과거에는 그저 유추만 할 수 있었던 사물 사이의 공간을 이제는 눈으로 볼 수 있었다. 세상이 확장되고 부풀어오르는 것처럼 보였지만, 나는 여전히 사물들을 인식할 수 있었으며 그 사물들은 내가 지금까지 보았던 것과 같은 깊이 순으로 풍경 속에 배치되어 있었다. 나는 내 지각 세계를 완전히 재구성할 필요가 없었다. 납득되지 않는 부분은 없었다.

하지만 리엄과 조흐라는 그렇지 않았다. 그들이 보고 듣는 법을 배우기 위해서는 세상을 지각하는 방식을 근본적으로 바꾸어야 했고, 보이고 들리는 것이 무엇을 의미하는지 철저히 분석해야 했다. 우리가 사물들을 보는 곳에서 리엄은 사물들을 이루고 있는 파편화된 선과 색깔을 보았다. 조흐라의 경우 목소리, 자동차 소리, 빗소리 등 모든 소리가 처음에는 혼란스럽게 뒤범벅되어 들렸다.

위대한 심리학자 윌리엄 제임스는 신생아가 처음 경험하는 지각 세계를 "터질 듯하고 웅웅거리는 혼란"으로 표현했다.[3] 그런데 제임스의 표현은 리엄과 조흐라가 처한 혼란스럽고 두려운 세계를 잘 반영하지만, 신생아의 경험은 그런 혼란과는 다르다. 아기에게 가장 필요한 감각 기능은 양육자를 알아보고 양육자와 소통하는 것이다. 아기는 생후 며칠 내에 어머니의 목소리와 얼굴을 알아볼 수 있고, 6개월 내에 모국어 소리와 일반적으로 보는 얼굴들에 특별히 민감해진다.[4] 갓 태어난 아기는 복잡한 길을 건너거나 책을 읽거나 전화기 속의 음성을 알아듣는 것 같은 일에 감각을 사용할 일이 없다. 아기의 감각은 그들의 필요에 부응한다. 즉 그들이 현재 처한 환경에서 가장 중요한 장면과 소리에 대한 정보를 제공한다.

리엄과 조흐라의 경우는 그렇지 않았다. 그들은 수술 전 이미 세상에 대한 상당한 지식을 가지고 있었지만 수술 후 쏟아져 들어오는 의미 없는 감각 정보에 압도되었다. 여기에 대처하기 위해서는 새로운 감각 정보가 그들이 원래 알고 있던 범주들에 속한다는 사실을 인식할 필요가 있었다. 사물을 범주로 묶으면 식별 작업이 훨씬 쉬워진다.

나는 20년 이상 다닌 똑같은 길을 걸어 출근할 때, 내가 보는 모든 풍경이 뭔가 새로운 것을 선사한다는 사실을 되새기곤 한다. 나는 매일 같은 시간에 집을 나서지만 하늘에 떠 있는 태양의 위치는 언제나 다르다. 내가 스쳐지나가는 나무들은 항상 같은 장소에 뿌리를 내리고 있지만, 그 나무에 매달린 잎들은 자라고 단풍이 들어 떨어진다. 내가 지나쳐가는 사람들은 처음 보는 사람들이지만 나는 그들이 '사람'이라는 것을 즉시 알아보고, 심지어는 성별, 나이, 그리고 종종 기분까지도 알 수 있다. 최근에 우리 동네에 새로운 새 한 마리가 날아왔다면, 나는 새 울음소리를 듣는 즉시 그 새가 어떤 종인지 알아차린다. 내가 새로운 것을 보고 들으면서도 그 새로움을 거의 인지하지 못하는 이유는 그것이 내가 아는 세계에 잘 들어맞기 때문이다. 즉 나무, 새, 사람들, 자동차 등 모든 대상은 내가 볼 것이라고 예상하는 범주들에 문제없이 들어맞는다.

특정 범주에 속하는 구성원들은 서로 차이가 있어도 우리가 추출해낼 수 있는 공통 속성을 공유한다. 지각 학습은 관련 있는 패턴을 발견하고 추출하는 작업의 결과다. 추출한 패턴은 뇌에서 상호 연결된 신경망으로 표현될 것이다.[5] 뇌에서 특정 패턴에 반응하는 것은 개별 뉴런이 아니라 네트워크이며, 특정 뉴런은 여러 네트워크에 속할 수 있다. 장면과 소리의 패턴을 인식하기 위해서는 단순한 감각 입력 이상의 것, 일차시각겉질과 청각겉질 이상의 것이 필요하다. 하부 영역과 상부 영역을 모두 포함하는 신경망이 필요하다. 리엄과 조흐라가 새로운 장면을 보고 새로운 소리를 들을 때, 그들은 그 장면과 소리를 그들이 다른 감각을 통해 알고 있는 친숙한 범주로 분류해야 했다.

나는 처음 3차원으로 보기 시작했을 때 친구들에게 내 새로운 시각이 뇌 전체를 자극한다고 농담 삼아 말했다. 실제로 나는 시각적 자극뿐만 아니라 소리와 다른 감각에도 더 민감해졌고, 때로는 지나치게 민감해진 느낌이 들었다. 나는 음악을 더 주의깊게 듣고 피아노를 더 자주 연주하기 시작했다. 엘코넌 골드버그의 저서 《창의성》을 읽으면서 나는 내 이런 경험이 어쩌면 더 심오한 진실을 드러내고 있는지도 모른다는 생각이 들었다.[6] 골드버그는 뇌 좌반구가 패턴과 범주를 저장하는 데 특히 중요하다고 말한다. 하지만 우리가 인식이 불가능한 무언가, 즉 좌반구에 저장된 패턴과 맞지 않는 것을 보면, 우반구 활동이 증가한다. 좌반구가 주로 기존의 패턴을 처리하는 반면, 우반구는 주로 새롭고 독특한 것을 처리한다.[7] 나는 처음에는 시각의 이런 이중 전략이 어떻게 작동하는지 궁금했다. 왜냐하면 우뇌는 왼쪽 시야에서 오는 인풋을 처리하고 좌뇌는 오른쪽 시야에서 오는 인풋을 처리하기 때문이다. 하지만 뭔가 신기한 것을 볼 때 우리는 그 대상을 똑바로 봄으로써 시야 중앙에 위치시키고, 그렇게 함으로써 뇌 양쪽의 시각 뉴런들을 활성화시킨다. 그렇다면 내가 새로운 시각을 얻었을 때 뇌 전체가 깨어나는 듯한 느낌이 들었던 이유는, 내게 매우 새롭게 다가온 장면들이 내 우뇌의 활성화를 촉진했기 때문이 아닐까? 리엄과 조흐라의 경우 우뇌가 새로운 자극에 의해 지속적인 자극을 받았을 것이다. 그리고 그들이 보이고 들리는 것을 의미 있는 것으로 인식하기 시작하면서부터는 특히 좌뇌에 새로운 감각 네트워크가 발달했을 것이다. 따라서 보고 듣는 법을 배우는 데는 뇌의 양쪽 모두에 걸친 변화가 수반된다.

청소년기는 모험과 새로움을 추구하는 시기인데, 리엄과 조흐라가 처음으로 극적인 감각 변화를 경험했을 때가 바로 인생의 이 단계였다.[8] 덕분에 리엄과 조흐라는 새로운 감각의 공세를 성인이었을 경우보다 잘 감당할 수 있었을 것이다. 더욱이 청소년으로서 그들은 정체성과 사회적 역할이 아직 완성되지 않은 상태였다. 성인이 되어 시력을 되찾은 사람은 과거의 유능하고 사회에 기여하던 시각장애인에서 눈은 보이지만 덜 유능하고 덜 기능적인 사람으로 변할 수 있다. 서론에 언급한 SB의 경우에는 확실히 그랬다. 그는 쉰두 살에 각막 이식수술을 받은 후 시력을 회복했다.[9] 리처드 그레고리와 진 월리스는 SB가 시력을 회복하기 전에 얼마나 유능한 사업가였는지 설명한다. 외향적이고 자신감이 넘쳤던 그는 자신이 이룬 것에 자부심을 느꼈지만, 시력을 새로 얻고부터는 자신의 성취가 시시해보였다. 눈이 보이는 사람이 해낼 수 있는 것에 미치지 못하는 것처럼 보였기 때문이다. 그는 점점 더 우울해지고 의기소침해졌다. 그레고리와 월리스는 "그는 확실히 시력에 많이 의존했지만, 그 의존이 그의 자존감을 앗아갔다는 인상을 받았다"라고 썼다. 열다섯 살의 리엄은 아직 직업을 갖고 생계를 책임지고 다른 사람들을 돌봐야 할 나이가 아니었다. 그는 여전히 일상적인 기술을 배워야 할 나이였다. 아직 진로도 정해지지 않았다. 따라서 다 성장한 성인에 비해 배우고, 실패하고, 다시 시도하고, 탐색하며 자신의 새로운 시각을 자아감에 통합할 자유와 시간이 더 많았다.

그렇기는 하지만 리엄과 조흐라는 보고 듣는 것을 당연시하는 사회에 적응해야 했다. 두 사람이 어릴 때 그들을 보았다면 그들이 얼마나 똑똑하고 유능하며 재치 있는지 전혀 몰라봤을 것이다. 리엄은 사람의 얼굴에서 정보를 거의 얻을 수 없었기 때문에 눈을 잘 마주치지 않았고, 수줍음을 많이 타서 모르는 사람에게는 말을 걸지 못했다. 조흐라는 당신을 유심히 쳐다보았겠지만 조흐라가 하는 말은 알아듣기 어려웠을 것이다. 하지만 두 사람 모두 가족, 의사, 치료사의 지원, 그리고 특히 리엄의 어머니 신디와 조흐라의 이모 나즈마의 끊임없는 헌신 덕분에 보고 듣는 것을 당연하게 여기는 사회에 적응하고, 일반학교에서 학업에 성공했으며, 새로운 감각에 적응할 수 있었다. 신디와 나즈마는 리엄과 조흐라를 지지하고 지도와 훈련을 제공했을 뿐만 아니라, 보고 듣는 법을 배우는 데 필요한 것을 가르쳤고, 할 수 있다는 자신감을 심어주었다.

리엄과 조흐라가 가정과 학교에서 열심히 습득한 기술들은 지금 큰 도움이 되고 있다. 리엄의 경우 시력이 좋지 않아서 인쇄된 글씨를 엄청나게 크게 확대해야 했다는 사실을 떠올려보면, 인쇄물 읽기를 포기하고 그냥 점자만 배우는 편이 오히려 쉬웠을 것이다. 하지만 그는 둘 다 배웠다. 일반학교에서 인쇄물을 읽었고, 어머니의 고집 덕분에 특수학급에서 점자 읽기를 배웠다. 어린 시절에 시각장애를 겪다가 성인이 되어 시력을 회복한 많은 사람들이 인쇄된 문자를 인식하는 법을 배우지만 글 읽는 법은 배우지 못한다. 점자 읽기에 아무리 능숙해도 그렇다. 인쇄된 작은 글자를 보는 것뿐 아니라 읽고 이해할 수 있는 능력은 리엄에게 엄청난 이점을 주었다.

대부분의 아이는 다른 사람들이 말하는 것을 들으며 언어를 배우기 때문에 청각장애를 안고 태어난 아이는 영영 언어를 습득하지 못할 위험이 있다. 하지만 나즈마는 조흐라에게 읽기를 통해 영어를 가르쳤다. 조흐라가 세 살 무렵 언어를 습득한 것은 대단한 성취인 동시에 조흐라에게 큰 이점으로 작용했지만 그래도 타인과의 소통은 쉽지 않았다. 나즈마가 오랜 시간에 걸쳐 말하기 훈련을 시켰음에도 불구하고 조흐라의 말은 알아듣기 어려웠다. 그러나 조흐라가 인공와우를 이식하고 자신이 말하는 소리를 들을 수 있었을 때, 이미 갖추고 있던 영어 능력 덕분에 명료하게 말하는 법을 쉽게 배울 수 있었다.

청소년기는 탐색의 시기이기도 하지만 자의식이 가장 강한 시기이기도 하다.[10] 리엄과 조흐라는 더 잘 보고 듣게 되면서, 다른 사람들이 그들의 소리와 행동을 얼마나 잘 보고 들을 수 있는지 예민하게 의식하게 되었다. 인공와우를 장착했을 때 조흐라는 자신이 음식을 먹을 때 커다란 씹는 소리를 내고 걸을 때 발 끄는 소리를 낸다는 걸 알고 당황했고, 이 두 가지 버릇을 재빨리 고쳤다. 리엄은 넓은 공항에서 길을 잃고 제한구역으로 들어가기도 했다. 당황한 그는 지팡이를 꺼냈다. 그렇게 하면 사람들이 자신을 바보가 아니라 맹인이라고 생각하고 도와줄 거라고 기대한 것이다.

조흐라는 다른 사람들에게 새로운 소리에 대해 물어보는 것을 두려워하지 않았으며, 가까운 친구가 없던 적이 없을 정도로 성품이 따뜻하고 침착하고 매사에 감사했다. 대학에 들어가서는 자신이 임상 진료에 관심이 있음을 알고 청각장애가 있는 의료인 협회에 가입했다. 그 협회의 학회에서 조흐라는 새뮤얼 애처슨 박사를 만났다. 그는 인공와우를 이식한 박사후 연구원이자 청각학자로서 조흐라에게 큰 영감을 주었으며, 조흐라는 학기 사이의 여름방학을 그의 연구실에서 청각 연구를 하면서 보냈다. 리엄은 자신을 가혹하게 평가하지 않고 자신의 도전을 있는 그대로 바라본다. 그는 시력이 좋아지자, 집단에 소속되어 타인을 돕고 싶다는 열망이 커졌다. 시력이 나쁘거나 백색증이 있는 사람들에게 강한 유대감을 느끼는 그는 이런 사람들을 지원하고 변호하는 국립 백색증 및 색소침착저하증 협회(NOAH)와 같은 단체에 가입했다. 리엄과 조흐라는 더 잘 보고 들을수록 타인들과 더 많이 소통하면서 자신의 삶, 생각, 기술을 공유할 수 있었다. 두 사람의 이야기는 우리 모두가 사회의 일원으로 살아가야 하는 존재라는 사실, 그리고 우리의 지각 능력이 그런 존재 방식에 영향을 미치고 또 그로부터 영향을 받는다는 사실을 강조한다.

조흐라는 청각장애에도 불구하고 자신의 지각에 큰 자신감을 가지고 있다. 토론토에서 대학원 과정을 밟으며 수강한 윤리학 수업에서 그것이 분명하게 드러났다. 조흐라는 그날 강의실에 다섯 번째로 들어간 사람이었는데, 자기도 모르는 사이에 고전 심리학 실험인 솔로몬 애시의 동조 실험 대상이 되었다.[11] 먼저 강의실에 도착한 네 명의 학생들은 행동 요령을 막 들은 상태였다. 실험을 수행하기 위해 교수는 파워포인트 슬라이드로 아래 그림과 같은 두 장의 카드를 보여주었다. 왼쪽 카드의 선은 오른쪽 카드의 가장 오른쪽 선과 길이가 같았지만, 학생들은 조흐라가 들어오면 오른쪽 카드의 중간 선이 왼쪽 카드의 선과 일치한다고 말하도록 지시받았다. 교수는 조흐라가 집단사고에 굴복하여 왼쪽 카드의 선이 오른쪽 카드의 중간 선과 같다고 말할 거라고 예측했다. 네 학생

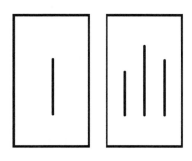

그림 결.1. 애시 동조 실험

은 자신들의 역할에 몰입하여, 교수에게 지시받은 대로 주장하기 전에 열심히 생각하는 척했다. 하지만 조흐라는 또래 압력에 굴복하지 않았다. 그는 왼쪽 카드의 선이 오른쪽 카드의 맨 오른쪽 선과 길이가 같다고 주장했다. 교수는 깜짝 놀라며 조흐라가 '매우 용감하다'고 중얼거렸다. 하지만 청각장애인으로 자란 조흐라는 보이는 것에 대한 자신의 해석을 믿어야 했다. 그리고 더 중요한 사실은 그가 자신이 남들과 다르다는 사실을 두려워하지 않는다는 것이다.

인공수정체를 이식받았을 때 리엄은 시각적인 사람으로 거듭나고 싶었다. 그래서 지팡이를 접어 배낭에 넣고 주로 시력에 의지해 길을 걸었다. 학교와 집 주변의 익숙한 장소를 다니거나, 성인이 되고 나서는 주로 밤에 일할 때와 햇빛의 눈부심에 신경 쓰지 않아도 될 때는 이 전략이 효과가 있었다. 하지만 2015년 5월의 어느 비 내리는 밤, 리엄은 자전거를 타고 가다가 심하게 미끄러졌고 그때부터는, 특히 북적이는 도시 거리에서는 자전거를 덜 타기 시작했다. 시간이 흐르면서 그는 시력과 지팡이를 병용하여 걷는 것이 가장 편하다는 사실을 깨달았다. 예를 들어, 앞에 계단이 있다는 것을 눈으로 보고 나서 지팡이로 그것을 확인할 수 있었다.

하지만 리엄이 이렇게 하기로 마음먹는 데는 애로가 있었다. 다른 사람들이 그에게 그 시력이면 지팡이가 없어도 충분히 걸을 수 있지 않냐고 지적했기 때문이다. 실제로 '저시력'은 법적으로 20/70(약 0.28)과 20/200(0.1) 사이의 교정시력으로 정의된다. 리엄의 시력은 20/60(약 0.33) 정도였다. 하지만 이 시력은 빛이 균일한 환경인 병원 진료실에서 측정한 것으로, 검사하는 동안 그는 가만히 앉아서 고정된 시력검사표를 읽었다. 이것은 눈부심과 그림자로 가득하고, 사람과 자동차가 사방으로 지나가는, 햇빛이 내리쬐는 복잡한 도시 거리에서 잘 보는 것과는 완전히 다른 상황이다. 리엄은 특정 거리에서 볼 수 있는 가장 작은 글자의 크기를 측정하는 시력검사 방법이 그 밖의 필수적인 시각 처리 능력, 특히 시각 정보를 얼마나 잘 흡수하고 이해하는지를 알려주지는 못한다는 사실을 알게 되었다. 그의 상황은 다 커서 시력을 상실한 사람들과는 매우 다르다. 그들은 이전에 배운 시각 기술을 사용해 남아 있는 시력을 극대화할 수 있지만, 시각장애인의 도구 사용 기술을 난생처음 습득해야 한다. 반면에 리엄은 시각 정보를 빠르게 처리하지 못하지만, 지팡이 사용과 점자 읽기에는 능숙하다.

대학을 졸업한 후 세인트루이스로 이주했을 때 리엄은 시각장애인 스포츠팀과 NOAH에 가입했다. 이 단체들을 통해 그는 바이옵틱bioptic에 대해 알게 되었다. 그것은 일반적인 안경 위에 끼우는 작은 렌즈로, 장면을 2~6배까지 확대해준다. 그는 또한 미주리주 시각장애인 재활 서비스를 통해 바이옵틱을 제공받았고 지팡이 사용에 대한 재교육도 받았다. 그는 컴퓨터 화면을 보거나 식당 벽에 붙어 있는 메뉴판을 읽을 때는 안경 위에 바이옵틱을 장착한다. 색이 들어간 콘택트

렌즈는 눈부심을 줄이는 데 도움이 되지만, 여전히 빛이 너무 밝아 휴대전화 화면을 보기 힘든 곳에서는 점자 리더를 스마트폰에 연결한다. 조흐라도 말을 이해하기 위해 듣기와 입 모양 읽기를 병용하는 등, 자신이 가진 모든 능력을 활용했다. 그들은 대부분의 사람과 다른 감각 능력을 가지고 있지만 누구나 하는 선택을 하고 있다. 즉 자신이 영위하고 싶은 삶을 위해 자신이 가진 특정 지각 기술의 우선순위를 정하고 조율하는 것이다.

리엄은 인공수정체를 이식받을 때 겨우 열다섯 살이었고 조흐라는 인공와우를 이식할 때 열두 살이었다. 이 나이에 우리 뇌는 아직 완전히 성숙해 있지 않다.[12] 실제로 뇌에서는 일생에 걸쳐 전반적인 구조적 변화가 관찰된다. 우리가 성장함에 따라, 뇌에서 서로 멀리 떨어진 신경망들 사이에 장거리 연결이 생긴다. 이 신경망들을 연결하는 축삭은 신경자극을 빠르게 전달해야 하는데, 그렇게 할 수 있는 건 축삭이 지방질 덮개인 말이집myelin에 감싸여 있기 때문이다. 말이집형성(수초화) 과정은 자궁 안에서 시작되고 성인기 초반이 되어서야 완료된다. 실제로 이마엽 겉질과 같은 뇌의 일부 영역은 40대까지 발달이 완료되지 않을 수 있다! 즉 리엄과 조흐라는 뇌가 완전히 발달하지 않은 시기에 새로운 감각을 얻었는데, 아마 그래서 뇌 회로를 좀 더 쉽게 재구성할 수 있었을 것이다.

하지만 뇌의 모든 부분이 같은 속도로 발달하는 것은 아니다. 가장 먼저 성숙하는 뇌 영역은 감각 처리와 운동에 관여하는 부분이다.[13] 신생아기에 우리의 감각 체계는 가장 자주 접하는 자극에 맞춰 조정된다. 그렇다면 청각장애인의 청각영역, 시각장애인의 시각영역에서는 무슨 일이 일어날까? 뇌 영상 실험은 이러한 영역들이 그냥 사라지지 않고 일부는 나머지 감각들을 처리하는 용도로 대체될 수 있다는 것을 보여준다. 따라서 선천적 청각장애를 가지고 태어난 사람들은 사용하지 않는 청각겉질을 시각에 활용한다.[14] 시각장애인은 시각겉질의 뉴런을 소리의 방향을 살피고 점자를 읽는 데 사용한다.[15] 실제로 시력이 정상인 사람들도 닷새 동안 눈을 가리고 점자 수업을 집중적으로 받으면 그들의 시각겉질 뉴런이 점자를 읽는 데 동원된다. 하지만 다시 볼 수 있게 되면 그런 활용이 중단될 것이다.[16] 리엄의 시각겉질과 조흐라의 청각겉질에 있는 뉴런과 신경회로도 어린 시절에 다른 감각들에 의해 어느 정도 공유되었을 가능성이 높고, 이런 변화는 현재 그들이 시각과 청각을 사용하는 능력에 영향을 미칠 것이다.

남아 있는 감각이 다른 감각의 겉질 영역을 공유한다는 것이 뇌과학적으로 가능한 일일까? 우리는 세상을 다감각적으로 경험한다. 자동차가 지나가면 자동차를 보는 동시에 소리를 듣는다. 실제로 시각장애인의 경우, 운동 지각에 관여하는 시각영역들이 촉각이나 청각을 통해 움직임을 감지하는 데 쓰일 수 있다.[17] 청각장애인의 경우, 구어를 이해하는 데 관여하는 청각영역이 눈으로 수화를 이해하는 데 쓰일 수 있을 것이다.[18] 잃어버린 감각이 회복되면 이 영역들에 무슨 일이 일어날까? 예를 들어 시각을 새로 얻은 사람이 시각겉질을 다시 시각을 위해 사용할 수 있을까? 마이클 메이는 세 살때 시력을 잃은 후 마흔여섯 살에 시력을 회복했지만 움직임을 시각적으로 잘 감지한다. 뇌 영상 실험 결과, 메이가 움직임을 볼 때 정상 시력을 가진 사람들과 마찬가지로 뇌의 시각운동 영역(MT+)이 '활성화'되었다.[19] 뭔가가 움직이는 소리를 들려주었을 때도 메이의 뇌에서 이 영역(시각운동 영역)이 활성화되었지만, 정상 시력을 지닌 사람들에서는 활성화되지 않았다. 일반적으로 시각영역인 MT+가 메이의 뇌에서는 다감각적으로 쓰이게 된 것이다. 즉 시각과 청각 둘 다를 위해 일한다. 하지만 그렇다고 해서 이 변화가 메이가 움직임을 보는 능력을 약화시킨 것 같지는 않다.

감각 습관은 대체로 어릴 때 형성된다. 우리는 자신의 감각 습관을 인지하지도 못하는 경우가 많지만, 이런 습관들이 인생 후반에 새로운 감각 경험에 적응하는 것을 돕거나 방해할 수 있다. 내 경우 3차원으로 보는 법을 배우기 위해서는 사시일 때 눈을 움직이던 오랜 습관(한쪽 눈으로 보고 다른 눈은 억제하기)을 버리고, 새로운 습관(두 눈을 동시에 공간 속의 같은 지점에 맞추기)을 길러야 했다.[20] SB는 쉰두 살에 시력을 회복했지만, 시력이 그가 세상을 받아들이는 방식을 바꾸지는 못했다. 그는 정상 시력을 가진 사람이 하듯이 두 눈으로 주변 환경을 훑어보는 습관이 없었고, 누군가가 보라고 가리킬 때만 대상을 보았다.[21] 리엄도 얼굴과 표정을 더 잘 인식하고 싶다면, 사람들의 눈과 얼굴을 보는 습관을 길러야 할 것이다. 2018년에 그는 검안사에게 시훈련 치료를 받았다. 한 훈련에서 그의 시야 폭이 매우 좁다는 사실이 밝혀졌다. 8자 모양으로 배열된 의자들 주위를 걸으면서 정면의 문자 차트를 읽으려고 시도했을 때, 그는 의자에 계속 부딪혔다. 정면에 있는 차트에 고도로 집중해야 하므로, 완전한 주변시를 가지고 있음에도 불구하고 주변 시야에 관심을 덜 기울이게 되는 것이다. 그 훈련에서 문자 차트를 단순한 조명으로 바꾸자, 리엄은 조명에 시선을 고정한 채로도 의자를 잘 피해갔다. 이와 같은 훈련을 통해 리엄은 중심시와 주변시 사이의 균형을 재조정할 수 있었다.

마이클 코로스트가 2001년에 인공와우를 이식했을 때 그는 아무런 청각 훈련도 받지 못했다.[22] 인공와우 조정(매핑)에 관해서는 청능사로부터 많은 도움을 받았지만, 그에게 다시 듣는 법을 가르쳐줄 제도적 체계, 자원, 단계적 계획은 존재하지 않았다. 회고록《재건》에서 그는 이렇게 썼다. "5만 달러를 썼지만 그건 청각 재건의 끝이 아니라 시작에 불과했다. 우리 문명이 거둔 성과를 고려하면 코치, 훈련 프로그램, 멀티미디어 CD롬 등이 있을 거라고 생각하겠지만, 그렇지 않았다. 인공와우가 활성화된 후의 그 떠들썩하고 힘든 몇 달 동안 어떤 공식적인 훈련도 제공되지 않았다."

1997년에 코네티컷대학교의 청각학 명예교수인 마크 로스는 〈청각 재활 아카데미 저널〉에 자신의 청각 재활 경험을 담은 논문 한 편을 발표했다.[23] 군 복무 중이던 1952년 1월, 그는 보청기를 피팅fitting하기 위해 월터 리드 육군 의료센터로 가게 되었다. 그는 전투 과정에서 많은 군인이 청각을 잃었던 제2차 세계대전 직후 개발된 프로그램에 참여했다. 로스는 그 병원에서 8주를 보내면서 청력에 대한 종합적인 평가, 개인 치료와 집단 치료, 교육, 보청기 테스트를 받았다. 입 모양 읽기에 중점을 둔 수업들은 창의적이었고 재미있었으며, 시각적 지각 및 기억 훈련, 언어 및 비언어 메시지를 식별하는 촌극, 그리고 구어의 대략적 특징을 구별하는 것에서 시작해 점점 더 미세한 음향적 차이를 인식하는 것으로 진행되는 훈련도 있었다. 몇몇 군인들에게는 직업 및 직무 상담도 제공되었다. 로스는 이 경험과 거기서 받은 도움을 회상하면서 그것을 "청각 재활의 이상향"이라고 묘사했다.

하지만 20세기 후반에 접어들면서 월터 리드 의료센터에서 실시된 것 같은 재활 프로그램은 자취를 감추었다.[24] 청능사들은 재활 훈련보다 진단 검사와 청각 보조 장치와 같은 기술적 측면에 훨씬 더 많은 중점을 두었다. 성인이 청각 상실에 적응하도록 돕는 치료는 종종 제공되었지만, 더 나은 보청기나 인공와우로 회복된 청력을 잘 활용할 수 있도록 돕는 치료는 거의 개발되지 않았다. 치료의 초점이 재활로부터 멀어지는 데 영향을 준 것은 당대를 지배하던 과학 통념으로,

감각과 언어 능력이 유아기의 중요하고 민감한 시기에만 발달한다는 주장이었다.[25] 이 주장에 따르면, 생후 8년이 지나면 감각 능력과 언어 능력이 성장할 가능성은 거의 없었다. 따라서 성인 환자가 더 나은 청각 장치로부터 얼마나 혜택을 받을 수 있는지는 영유아기에 발달한 능력이 좌우한다고 여겨졌다. 따라서 성인을 위한 훈련은 시간 낭비라는 결론이 내려졌다. 이런 사고방식은, 선수의 모든 근육, 모든 움직임, 모든 감정이 측정되고 분석되어 최적화되는 성인 운동선수의 훈련과 큰 대조를 이룬다. 운동선수들은 신체 발육이 완료되었지만 선수들의 기량이 향상될 수 있다는 사실에 의문을 품는 사람은 거의 없다.

코로스트는 다시 듣기 위해 '지각의 운동선수'가 되어야 했다. "나는 울퉁불퉁한 눈밭에서 스키를 타는 스키선수처럼 소리의 흐름을 타는 법을 배워야 했고, 공중에 열 개의 공을 유지하는 저글러처럼 음소들에서 의미를 조합해내야 했다."[26] 그는 어린이책을 읽는 동안 녹음테이프로도 듣는 등, 자기 나름의 치료 훈련을 고안했다. 베벌리 비더만도 같은 전략을 생각해냈고, 조흐라는 자막을 켜놓고 비디오를 시청했다.[27] 2000년에 인공와우를 이식한 후 조흐라는 정식으로 몇 가지 언어치료를 받았다. 그는 코로스트와 다르게 아직 아이로 간주되는 나이였기 때문이다. 하지만 이식 전후 치료의 대부분을 나즈마가 집에서 담당했다. 리엄은 아이 때 점점 심해지는 시각장애에 대처하기 위해 치료를 받았지만, 인공수정체 이식 후에는 아무런 훈련도 받지 못했다. 하지만 1913년 초에 여덟 살 소년에게 시력 회복 수술을 시행한 외과 의사 F. 모로는 이렇게 썼다. "수술적 개입으로 시력을 회복한 환자가 당장 외부 세계를 볼 수 있다고 생각한다면 오산이다. (…) 수술 자체는 볼 수 있도록 눈을 준비시키는 것 이상의 가치가 전혀 없다. 가장 중요한 요소는 교육이다. (…) 선천적 시각장애인에게 시각을 되찾아주는 것은 외과 의사의 일이라기보다는 교육자의 일에 가깝다."[28]

　주로 21세기에 실시된 연구들은 성인의 뇌가 애초에 생각했던 것보다 훨씬 가소적이라는 사실을 보여주었으며, 이런 가소성을 가능하게 하는 새로운 신경생물학적 메커니즘이 속속 밝혀지고 있다.[29] 성인의 뇌는 어린이의 뇌만큼 유연하지는 않지만, 시력과 청력을 상실한 나이 든 성인들에게도 훈련이 도움이 된다는 사실을 뒷받침하는 임상 논문과 과학 논문이 점점 늘어나고 있다.[30] 하지만 이런 논문들의 상당수는 예를 들어 환자가 시력검사표를 어디까지 읽을 수 있는지, 또는 시끄러운 환경에서 단어를 얼마나 잘 구별할 수 있는지와 같은 임상검사의 결과를 보고하는 데 그친다. 임상검사는 단일 능력을 평가할 뿐, 새로운 방식으로 보고 듣는 것이 어떤 느낌인지, 또는 이런 새로운 능력이 일상생활에 어떤 영향을 주는지에 대해서는 아무것도 말해주지 않는다. 한 환자의 개인적 경험은 과학계에서는 자살 행위나 마찬가지인 '주관적', '일화적' 기술로 간주된다.

그 결과 많은 임상연구에서 시청각 훈련에 대한 환자의 정서적 반응은 지나가는 말로만 언급될 뿐이다. 하지만 훈련이 성공을 거두기 위해서는 환자의 감정과 태도가 중요하다. 훈련이 아무리 좋은 결과를 가져온다 해도, 환자가 자신의 일상과 관련이 없다고 여기거나 의미를 찾지 못한다면, 또는 훈련이 지루하고 재미없고 불쾌하다면, 환자는 훈련을 끝까지 해내지 못할 것이다. 인공와우를 이식한 후 다시 들을 수 있게 된 알린 로모프는 이렇게 썼다. "최종 목표는 테스트 부스 안에서 완벽함을 찾는 것이 아니다. 중요한 건 테스트 점수가 아니라 행동, 즉 청인의 세계에서 잘 기능하는 것이다."[31] 성인이나 청소년이 보거나 듣는 법을 배우는 것은 단지 눈과 귀를 기계적으로 재조정하거나 일군의 기술을 개발하는 일이 아니다. 새로운 감각을 얻는다는 건 한 사람의 지각 세계를 근본적으로 바꾸는 사건이다. 새로운 감각 정보와 능력은 개인의 세계관과 존재 방식에 통합되고 동화되어야 한다.

뇌줄기와 바닥앞뇌(전뇌기저부) 같은 뇌의 다른 영역들에서 분비되는 신경조절물질이 학습을 유도하고 청각 및 시각겉질의 뇌 배선 변화를 촉진한다는 실험 연구 결과가 있다. 신경조절물질은 새로운 자극이 있을 때, 그리고 보상을 기대할 때 분비된다.[32] 따라서 환자가 훈련을 받으면서 긍정적인 결과를 기대한다면, 그 사람의 뇌에서 신경조절물질이 분비되어 신경가소성이 높아질 것이다. 이러한 연구들은 환자가 치료에 임하는 태도가 중요한 역할을 한다는 주장을 뒷받침한다. 내 친구의 딸인 케이틀린은 뇌성마비를 안고 태어났다. 열 살이 되던 무렵 케이틀린은 몸무게가 늘면서 목발을 짚고 걷는 것도 힘들어졌다. 물리치료는 효과가 없었다. 그래서 내 친구는 가정방문 개인 치료사로 활동하는 물리치료사를 고용했다. 이것이 모든 것을 바꿔놓았다. 케이틀린은 부상과 장애가 있는 사람들은 병원에서 물리치료사를 만나지만, 부유하고 유명한 사람들은 집으로 찾아오는 개인 훈련사를 둔다는 관념을 가지고 있었다. 그래서 자신의 치료사와 함께 열심히 노력했고, 식단을 엄격하게 지켜서 체중을 감량했으며, 하루 1.6킬로미터씩 걸을 수 있을 정도로 진전을 보였다.

그레고리와 윌리스가 보고한 시각장애인 환자 SB는 처음 볼 수 있게 되었을 때 흥분과 기쁨을 느꼈다.[33] 하지만 정상 시력을 가진 사람처럼 볼 수는 없다는 사실을 깨달았을 때 이 기쁨이 절망으로 바뀌었다. 보는 것이 부담이 되었고, 그는 시력을 회복한 지 2년이 채 안 되어 심각한 병을 얻어 결국 사망했다. 베벌리 비더만도 회고록 《소리를 위한 배선》에서 인공와우를 이식받은 지 몇 달 후 느꼈던 절망감에 관해 썼다.[34] 들은 것을 신뢰할 수 없었고, 대부분의 소리가 거슬렸으며, 긴장을 풀 수 없었다. 새로운 삶에 깊이 실망했지만, 예전의 삶으로 돌아갈 수도 없었던 그는 계속 살아갈 의지를 잃었다.

비더만의 상황을 바꾼 것은 청각 훈련이었다. 비더만이 인공와우를 이식받은 지 6개월 후 병원은 청각 재활 프로그램

을 시작했다. 비더만은 물리치료사와 함께 훈련하면서 '탭tab'
과 '탭tap', '택tack'처럼 비슷하게 들리는 단어들을 구별하는
법을 배웠다. 치료사는 하나의 주제를 제시하고 그 주제와 관
련 있는 문장들을 하나씩 불러주었다. "눈을 꼭 감고 열심히
집중하면 치료사의 말을 알아듣고 전체 문장을 잘 따라할 수
있었다. 훈련을 마치고 나면 감정적으로나 육체적으로 탈진
했지만, 그럼에도 불구하고 기분이 좋았고 용기가 생겼다."
곧 그는 긴장을 풀고 들리는 소리를 즐기기 시작했고, 진전
과정을 스스로 통제할 수 있으며 거기에 적극적으로 참여하
고 있다는 느낌이 들었다. 이런 느낌은 비더만만 경험하는 것
이 아니다. 선도적인 인공와우 제조사인 어드밴스드 바이오
닉스Advanced Bionics의 연구자들은 현재 성인을 위한 감각 훈련
의 중요성을 인식하고 있다. 그들은 사운드석세스SoundSuccess
라는 프로그램을 제공하는데, 사용자는 다양한 문장을 듣고
자신이 얼마나 잘 듣는지 평가하는 퀴즈를 풀 수 있다.

　나도 사시를 교정하기 위해 시훈련 치료를 받을 때 자신감
이 솟아오르는 듯한 느낌을 받았다.[35] 내가 눈을 어떻게 사용
하고 움직이는지 점점 잘 인지하게 되었고, 문제를 해결하는
법을 배웠으며, 더 이상 나 자신을 유년기 시절부터 나를 괴
롭혀온 감각 결손의 희생자로 여기지 않았다. 비더만이 기술
했듯이 사람들이 예전보다 더 친절하게 느껴졌고, 세상이 덜
적대적으로 보였다.

　위대한 작가이자 사상가인 새뮤얼 존슨은 이렇게 썼다. "뭔

가를 수월하게 하고 싶다면 먼저 부지런히 배워야 한다."[36] 리엄과 조흐라, 그리고 그들의 감각 이야기를 요약하기에 이 인용문보다 더 적절한 말은 없다. 그들은 우리 대부분이 유아기에 습득하는 기본적인 지각 기술을 스스로 터득했다. 보고 들은 것을 이해하는 것은 우리 대부분에게 당연한 일로 보이기 때문에, 우리는 시각과 청각이 유아기에 저절로 발달한다고 생각한다. 하지만 이는 전혀 사실이 아니다. 우리 대부분은 눈이 정상적으로 성숙함에 따라 생후 6개월 내에 성인의 좋은 시력을 획득하지만, 이것만으로는 사물을 인식할 수 없다. 그리고 생후 16주 내에 입체시가 발달하지만, 이것만으로는 사물과 그 주변의 3차원 구조를 이해할 수 없다. 적극적인 탐색과 실험이 필요하다. 우리는 아기 때 실험하고 탐색하려는 왕성한 욕구가 있었다. 그리고 소리가 나는 곳으로 머리와 눈을 돌리기만 하면 그것이 무엇인지 식별할 수 있었다. 우리는 손을 눈앞에서 이리저리 움직이면서 각기 다른 각도에서 손을 인식하는 방법을 터득했다. 우리는 머리를 좌우로 흔들면서 사물이 보는 관점에 따라 어떻게 다르게 보이는지 학습했다. 사물을 만지고, 바닥에 떨어뜨리고, 서로 맞부딪히고, 그 주변을 돌아다니면서 우리는 사물의 모양과 특성을 인식하기 시작했다. 우리는 옹알이를 하면서 자신의 발화가 어떻게 들리는지 학습했고, 그 결과 첫 단어를 말할 수 있었다. 기고 걷기 시작했을 때 우리는 이동하면서 공간 배치를 탐색했다. 부모님이 이 모든 활동을 격려하고 자극이 되는 환경을 제공

했을 테지만, 아기 때 우리는 많은 부분을 스스로 터득했다.[37]

하지만 청소년기 또는 성인이 되어 보고 듣는 법을 스스로 터득하는 것은 이처럼 본능적이고 자동적인 과정이 아니다.[38] 유년기 이후 우리는 자기만의 방식에 갇히게 된다. 일상적인 습관은 최소한의 노력으로 하루하루를 헤쳐나가는 데 매우 유용하지만, 이런 습관들이 새로운 탐색과 실험을 제한하기도 한다. 보고 듣는 법을 배우기 위해 리엄과 조흐라는 자신들의 습관적인 행동과 존재 방식을 버리고 어린아이처럼 스스로 터득해야 했다. 그들은 자신이 할 수 있는 것과 할 수 없는 것을 분석하고, 그다음에 점점 난도가 높아지는 과제를 적극적으로 설계하고 연습하고 완수해야 했다. 이 과정은 코로스트가 말했듯이 "매우 의식적인 활동"으로, 전문 음악가나 프로 운동선수가 하는 것과 같은 고도의 훈련을 요했다.[39] 하지만 일단 한 가지 기술을 배우면 그 과정이 점점 더 자동적으로 되어 노력이 덜 필요해졌고, 그 결과 그들은 여유를 가지고 더 넓은 맥락을 살필 수 있었다.

나는 시훈련 치료를 받을 때 일기를 썼다. 이렇게 함으로써 새로운 감각 정보와 경험을 주의깊게 되돌아볼 수 있었기 때문이다. 인공와우 이식으로 성공을 거둔 알린 로모프는 두 권의 상세한 일기를 출판했다.[40] 그는 처음에는 왼쪽 귀에만 인공와우를 이식했지만 10년 후 오른쪽 귀에도 이식했다. 이 무렵 그는 극적인 감각 변화에 수반되는 감정을 다스리고 스스로를 재활하는 데 아주 능숙해져서, 새로운 자극에 대한 노출을 조절하고 양이 청력 훈련을 설계하는 방법을 알고 있었다. 로모프는 운전 중 차에서 라디오와 CD를 들으며 듣기를 연습하고 평가할 수 있었기 때문에 자동차를 자신의 "이동식 청각 실험실"이라고 불렀다.

"나는 내 뇌와 관계를 맺기 시작하면서, 뇌가 청각에 미치는 힘을 제대로 알게 되었다." 로모프는 이렇게 썼다. 재활에 매우 중요한 역할을 하는 '자기 인식'이 향상됨에 따라, 행동하는 동안 자신의 뇌가 작동하는 것을 지켜볼 수 있게 된다. 마이클 코로스트도 어린이책을 테이프로 들을 때 처음에는 거친 목소리가 '가짜 영어'를 말하는 것을 듣는 이상한 경험을 했지만, 연습을 거듭하자 이해할 수 있는 말로 변했다. 테이프에서 나오는 목소리는 그에게 여전히 웅웅거리고 으르렁거리는 소리처럼 들렸지만, 어떻게든 의미 있는 언어로 전달되었다. 코로스트는 "그래 뉴런들아, 너희들이 알아서 하렴" 하고 말했다.[41]

리엄과 조흐라는 새로운 감각을 받아들이면서 사실상 '지각의 운동선수'가 되어, 운동선수가 스포츠 훈련을 하듯이 보고 듣는 법을 스스로 훈련했다. 어떤 새로운 감각 정보나 경험도 분석하지 않은 채로 남겨두지 않았다. 그런데 일상생활만으로는 리엄과 조흐라가 지각 능력을 연마할 수 없었던 이유가 무엇일까? 왜 그들은 자신이 무엇을 어떻게 보고 듣는지에 극도로 주의를 기울이며 분석적으로 생각해야 했을까? 그들이 받아들이는 새로운 감각 정보가 유용해지기 위해서는 먼저 이해가 되어야 했기 때문이다. 의미와 관련성을 지녀야 했다. 그제야 비로소 리엄과 조흐라는 그 정보를 자신들의 전반적 세계관에 동화시킬 수 있었다.

실제로 과학 실험들은 새로운 자극에 대한 수동적 노출만으로는 새로운 학습이 거의 이뤄지지 않는다는 것을 암시한다. 자극에 선택적으로 주의를 기울이는 것과 뇌에서 신경조절물질이 분비되는 것이 모두 필요하다. 도파민과 아세틸콜린을 포함한 이런 신경조절물질들은 우리가 주의를 기울이며 주변 환경을 탐색할 때, 우리가 새로운 자극에 대해 학습하고 있을 때, 그리고 자신의 행동에 대한 보상을 기대할 때 분비된다. 선택적 주의와 신경조절물질의 분비가 결합하여 뇌 가소성을 촉진하고, 그런 자극과 관련된 새로운 기억이 형성되도록 돕는다.[42] 이는 우리 모두가 경험한 일인 '배우고 싶은 것을 가장 잘 배우는' 이유를 과학적으로 잘 설명해준다. 청각장애 아동일 때조차 조흐라는 책 속의 단어들을 좋아했다. 어떤 단어가 소리나는 방식을 처음 들었을 때의 전율은 그 소리에 대한 기억을 강화했고, 그 결과 조흐라는 그 단어를 다시 들었을 때 쉽게 인식할 수 있었다.

아기 때부터 조흐라는 사랑하는 이모 나즈마에게 청각 훈련을 받았다. 조흐라가 세 살이었을 때 나즈마는 일기에 이렇게 썼다. "조흐라는 대단한 애정을 보여준다. 우리는 함께 훈련하며 매 순간을 즐긴다." 앤 설리번과 헬렌 켈러의 경우처럼 이들에게 교육은 일종의 놀이였다. 조흐라에게 학습과 치료란 나즈마와 함께 있는 것이요, 나즈마에게 자신이 얼마나 많은 것을 할 수 있는지 보여주는 일이었다. 이런 감정은 성인기까지 지속되었고, 그것이 조흐라에게 자기 고유의 감각 조합으로 세상을 탐색할 수 있도록 자신감을 주었다.

리엄은 첫 번째 인공수정체 이식 후 정식 시각 훈련을 받지 않았기 때문에, 신디의 끊임없는 지원과 지도를 받으며 스스로 자신의 교사이자 코치가 되었다. 2011년 어느 날, 리엄과 나는 리엄 어머니의 이메일 계정을 사용해 "시각의 형태"에 관한 리엄의 생각을 두고 토론하고 있었다. 리엄은 인공수정체를 이식한 후에도 인간 주변시의 한계선을 궁금해했다. 세상이 마치 텔레비전 화면처럼 같이 네모나거나 타원형 틀 안에 있는 것처럼 보일까? 바로 이 지점에서 신디가 우리의 토론에 끼어들었다. "대화에 끼어든 것을 양해해주세요. (…) 그리고 여러분의 분석적 측면에 나의 감정적인 측면을 끼워넣는 것을 용서하세요. 돌아버리겠네요! 이런! 당신들의 질문, 관찰, 생각을 읽을 때 내 속에서 요동치는 거친 소용돌이를 여러분이 느낄 수 있다면 얼마나 좋을까요! (…) 지금 여러분은 시각의 형태에 대해 질문하고 있어요! 그런데 내 시각의 형태를 찾으려고 아무리 주위를 둘러봐도 테두리는 보이지 않아요." 그리고 나서 신디는 눈에 보이는 것뿐만 아니라 가려져 보이지 않는 것들도 거기 있다는 사실을 알면 인식할 수 있다고 덧붙였다. "시각을 일일이 분석할 필요는 없어요. 보이지 않는 것을 분석할 필요도 없고요." 신디는 이렇게 결론내렸다. "내게 시각은 자동적인 거예요. 시력을 가진 사람들에게는, 당신들이 그렇게 잘하는 분석을 하지 않은 채 대충대충 얼렁뚱땅 넘어가는 것이 아주 당연한 일이에요."

리엄과 조흐라의 그런 '분석적 태도'는 그들이 성장한 방식과 그들이 세상을 지각하는 남다른 방식을 통해 연마되었을 것이다. 리엄과 조흐라는 볼 수 있거나 들을 수 있는 사람들과 함께 살고, 그들과 같은 학교에 다녔기 때문에 다른 사람들이 무엇을 보고 듣는지 끊임없이 상상하고 유추해야 했다. 이 상황을 가장 잘 표현하는 말을 서른 살에 시력을 회복한 맹인 남성 존 캐루스에 관한 철학자 R. 라타의 에세이에서 찾을 수 있다. 라타는 캐루스가 두 세계에서 살아야 한다고 썼다. 두 세계란 본인이 보는 세계와 주변 사람들이 보는 세계를 말한다.[43] 캐루스는 후자의 세계에 적극적으로 참여하는 사람이었다. 그는 자신의 고향 마을 주변을 자신 있게 돌아다녔다. 소년 시절 그는 놀이를 이끌었고, 두려움 없이 나무에 올랐다. 그는 밭에서 옥수수를 수확하고 식료품점에 상품을 배달했다. 이 모든 일을 할 때 그는 다른 사람들이 보는 것을 해석해야 했다. 실제로 라타는, 캐루스의 상상력과 추론 능력이 그가 맹인이 아니었다고 가정할 때보다 더 뛰어났다고 말한다. 그리고 캐루스는 그런 힘 덕분에 수술 후 시력에 적응하고 새로운 시각을 활용할 수 있었다. 라타는 캐루스의 이야기를 역시 선천적 시각장애인이었던 캐루스 여동생의 이야기와 대조한다. 여동생은 맹인학교에 다녔고, 시력이 필요하지 않은 직업에 종사했다. 시력을 회복했을 때 그는 시력을 거의 활용하지 못했다. 15년 동안 맹인으로 살았던 로버트 하인도 비슷한 이야기를 들려준다. 하인은 보이는 사람들의 세계에 참여하는 맹인들에 대해 이렇게 썼다. "청각과 촉각 같은 다른 감각들이 더 예민해지는지 여부와 관계없이 상상력이 강해져야 하고, 바로 그 부분에서 시각장애인은 시력을 가진 사람들보다 뛰어나다."[44] 리엄과 조흐라도 마찬가지다.

신경가소성과 그것으로 이룰 수 있는 학습에 한계가 있을까? 분명히 있다. 세포 수준에서 가소성과 학습은 다양한 신경돌기의 성장과 수축, 새로운 시냅스의 형성과 기존 시냅스의 제거, 현존하는 시냅스의 강도 조정, 이러한 시냅스를 둘러싼 세포외기질의 변화를 요구한다.[45] 이 모두는 시간, 새로운 세포 구조, 그리고 에너지가 필요한 일이다. 하지만 다른 요인들도 관여한다. 우리가 서커스, 교향악단의 연주, 발레 공연, 또는 프로야구 경기에서 예술가와 선수들의 활동을 보고 들을 때마다 우리는 신경가소성이 만들어낸 결과를 보고 있는 것이다. 이 연주자와 선수들은 타고난 재능을 소유하고 있을지 모르지만, 특별한 수준의 집중력과 수년간의 강도 높은 연습이 없었다면 그런 전문가가 되지 못했을 것이다. 신경가소성과 학습에는 적극적인 훈련이 필요하며, 우리가 훈련에 들일 수 있는 시간, 돈, 동기 부여, 에너지에는 한계가 있다.

리엄과 조흐라는 얼마나 더 나아질 수 있을까? 두 사람 다 상당한 장애물에 직면해 있다. 리엄의 경우 백색증으로 인해 망막과 눈과 뇌의 연결이 정상적으로 발달하지 못했고, 심각한 근시로 인해 15년 동안 나쁜 시력으로 살았다. 조흐라의 경우는 어릴 때 들은 경험이 거의 없다. 인공와우는 정상적인 귀가 제공하는 풍부한 소리를 제공하지 않는 데다, 조흐라는 한쪽 귀에만 인공와우를 장착했다. 그래서 소리의 위치를 찾아내기 어렵다. 하지만 리엄의 눈이 건강하게 유지되는 한, 그리고 조흐라의 인공와우가 계속 작동하는 한, 이런 한계들이 앞으로의 성장과 발전을 가로막지는 않을 것이다.

리엄은 자기처럼 시력을 회복한 사람인 마이클 메이의 이야기에 흥미를 느꼈다.[46] 마이클 메이는 시력 회복 3년 후인 2003년에 시각 능력 검사를 받았고, 그 10년 후인 2013년에 다시 한번 검사를 받았다. 두 검사 사이의 10년 동안 그의 사물 인식 능력, 다른 사람의 얼굴에서 성별이나 감정을 파악하는 능력은 나아지지 않았다. 이러한 결과는 성인의 뇌가 그만큼 가소성이 부족하다는 사실을 암시할지도 모르지만, 그것만으로 모든 것을 설명할 수는 없을 것이다. 메이는 이렇게 썼다. "나는 시각으로 할 수 있는 일과 할 수 없는 일이 무엇인지 알아냈고, 더 이상 시각에 큰 도전 과제를 부여하지 않는다. 즉 움직임이나 색깔이 단서가 될 수 있는 곳에서는 시각을 사용하고, 인쇄물을 읽거나 누군가를 알아보는 것처럼 디테일이 필요할 때는 촉각과 청각 기술을 사용한다."[47]

우리 모두는 마이클 메이와 마찬가지로 다양한 과업에서 특정 수준의 능력에 안주한다. 우리는 당면한 과제를 해내기에 충분한 만큼, 그러나 필요한 정도를 넘지 않는 선까지만 기능을 발달시킨다. 아이들은 탐색과 놀이를 통해 기능을 발달시키지만, 일단 성장하면 자기만의 고정된 방식에 갇히는 듯하다. 예를 들어 사람들의 그림 그리기 능력은 대체로 초등학교 4학년 때 정점에 이르는 것 같다. 어쩌면 우리가 자신이 그린 유치한 그림에 좌절하여 그림 그리기보다 더 중요하다고 여기거나 더 재미있는 다른 능력을 개발하기로 하는 것인지도 모른다. 하지만 우리 대부분은 그림 그리기 수업을 받거나 베티 에드워즈의 저서 《오른쪽 두뇌로 그림 그리기》 같은 책에 있는 대로 따라하기만 해도 그림 실력을 상당한 수준까지 향상시킬 수 있다.[48] 뛰어난 물리학자 리처드 파인먼은 마흔네 살에 그림 그리기를 배웠지만 그의 스케치는 놀랍도록 훌륭하다.[49] 하지만 모든 새로운 기능에는 노력이 필요하고, 우리는 그 기능으로 얻는 이점이 그 일에 들어가는 노력을 정당화하는지 여부를 지속적으로 저울질해야 한다.

리엄과 조흐라는 새로운 감각을 얻었을 때 새로운 감각 정보의 폭격을 받았다. 색과 선들, 소리의 불협화음은 맥락이 없고 의미도 없었다. 각각의 분리된 자극들로 이루어진 세상이 아니라 전체 사물과 사건들로 이루어진 세상을 지각하기 위해서는 두 사람 모두 이 새로운 자극을 그들이 가진 다른 감각들로부터 얻은 정보와 통합해야 했다. 그들의 새로운 감각은 단순히 그들이 이전에 보고 듣던 세계를 선명하게 만드는 게 아니라 질적으로 변화시켰다. 리엄은 더 멀리, 더 빠르게 볼 수 있었다. 그는 움직이는 사물을 볼 수 있었고, 걸어가는 동안 시야가 어떻게 지속적으로 바뀌는지 알 수 있었다. 인공와우를 이식한 조흐라는 벽 뒤나 모퉁이 너머에서 나는 소리와 같은, 눈에 보이지 않는 것들의 소리를 들을 수 있었다. 두 사람은 주변 환경을 받아들이는 방식을 재훈련하고, 지각 세계를 재정리하고, 뇌의 신경망을 새로 연결해야 했다. 요컨대 그들은 새로운 존재 방식을 배워야 했다.

심리학자 엘리너 깁슨과 앤 픽은 이렇게 썼다. "인간으로서 우리는 변화에 유연하게 적응할 수 있어야 하지만, 동시에 세계를 지각하고 행동하고 생각하는 데 있어서 경제성과 효율성을 추구한다."[50] 우리의 생존은 적응하고 학습하는 능력에 달려 있다. 우리는 걸을 수 있는 순간부터 움직이기 시작해 새로운 장소, 사람, 사물을 접한다. 심지어 우리가 움직이지 않고 가만히 있어도 우리 주변의 세계는 끊임없이 변한다. 하지만 정보가 넘쳐나기 때문에 우리는 주의를 기울여야 할 곳을 선택해야 한다. 리엄과 조흐라는 이 사실을 누구보다 잘 이해했다. 그들은 큰 변화에 적응했으며, 유연하면서도 효율적으로 행동함으로써 그렇게 할 수 있었다. 리엄이 내게 여러 번 언급했듯이 그의 목표는 더 잘 보는 것이 아니라, 시각을 시각 외의 기술들과 결합해 세상 속에서 더 잘 기능하는 것이다. 우리가 시각을 무수히 많은 방식으로 사용한다는 점을 고려할 때, 리엄은 자신이 어떤 시각 기술을 가장 먼저 개발해야 하는지 일찍부터 깨달았다. 그에게는 길 찾기와 스포츠가 가장 중요했고, 이 부분에서 큰 성공을 거두었다. 하지만 나는 한때 불가능하다고 여겼던 성취에 대한 조흐라의 묘사야말로, 이런 유연하면서도 효율적인 적응을 가장 잘 표현한 말이라고 생각한다. 마운트홀리요크 칼리지를 졸업한 후 조흐라는 고국 탄자니아로 돌아가 의과대학을 졸업했다. 어릴 때 그는 영어를 배웠지만 의사가 되었을 때 환자들과 소통하기 위해 스와힐리어를 배울 필요가 있었다. 그는 자신의 경험을 돌아보며 내게 이렇게 썼다.

때때로 우리는 어떤 일을 성취하는 자신의 능력을 과소평가하는 것 같아요. 누군가가 마운트홀리요크 시절의 제게 몇 년 후 스와힐리어로 환자들과 대화하며 그들의 병력을 조사하게 될 거라고 말했다면, 저는 코웃음을 치며 그건 불가능하다고 말했을 거예요. 들을 수 없는 사람이 새로운 언어를 배우기는 매우 어려우니까요. 탄자니아에서 18년 동안 성장하고 살았지만 스와힐리어를 배우지 못했어요. 정말로 '필요는 발명의 어머니'예요. 의과대학에 다니며 환자들과 대화하기 위해 스와힐리어를 배울 수밖에 없었을 때, 저는 우리가 특히 익숙한 생활 밖으로 떠밀려날 때 얼마나 큰 잠재력을 발휘하는지 깨달았어요. 뇌는 어떤 식으로든 배우더라고요.

감사의 말

초고를 여러 차례 검토해주고, 현명한 조언과 꾸준한 지원을 제공한 가라몽 에이전시의 리사 애덤스에게 깊이 감사드린다. 베이직북스의 편집자 에릭 헤니는 내게 책의 핵심 주제들을 명확하게 표현하도록 격려했으며, 항상 '큰 그림'을 염두에 두라고 상기시켰다. 덕분에 나는 여러 이야기를 일관된 내러티브로 구성할 수 있었다. 교열 담당자 젠 켈런드와 교정자 캐리 웍스, 그리고 출판을 지원해준 베이직북스의 멜리사 레이먼드와 브린 워리너에게도 감사드린다. 아름다운 책 표지를 만들어준 라이 친리와 편집 디자인을 담당한 린다 마크에게도 감사드린다.

벤저민 배커스, 베벌리 비더만, 마이클 코로스트, 폴 해리스, 레너드 프레스, 알린 로모프, 로런스 타이크슨은 이 책의 초고를 읽고 수정할 곳과 귀중한 견해를 제시해주었다. 그래도 남아 있는 실수가 있다면 온전히 내 책임이다. '지각의 운동선수'라는 문구를 결론의 제목으로 사용할 수 있도록 허락해준 마이클 코로스트에게 특별히 감사드린다. 도판에 도움을 준 제임스 게르트, 마거릿 넬슨, 앤디 배리에게 감사한다. 이 책의 제작비는 마운트홀리요크 칼리지의 보조금으로 충당했다.

리엄의 안과 의사 로런스 타이크슨에게 감사드린다. 그는 내게 리엄을 소개해주고, 의학 정보를 제공했으며, 이 책의 초고를 검토해주었다. 주디 스톡스태드는 리엄과의 첫 만남을 주선해주었고, 그 자리에서 리엄의 검안사 제임스 헤켈과 나눈 대화도 큰 도움이 되었다.

언제나 나를 지지해주는 거침없는 남편 댄 배리, 내 아이들인 제니와 앤디, 그들의 배우자 데이비드 저먼과 카티야 코셀레바, 오빠 대니얼 파인스타인, 언니 데버라 파인스타인, 그들의 배우자 로즈 앤 와서먼, 앨런 콥시, 그리고 댄의 세 누이들인 재니스 거즈신스키, 캐럴 치오디, 캐슬린 잭슨에게 감사한다. 손녀 제시카도 고맙다. 제시카는 내가 책을 통해 공부한 '유아는 세상을 지각하는 방법을 어떻게 배우는가'를 실제 생활에서 보여주었다.

케이트 에드거, 린다 래더라, 앤디 래스, 존 렘리, 크리스 파일, 빌 퀼리언, 스탠 래추틴, 마거릿 로빈슨, 다이애나 스타인, 알 베르너, 렌 웨슬러, 로잘리 위나드, 그리고 특히 레이첼 핑크의 지원과 우정에 감사한다.

그리고 이 책을 쓰도록 강력히 권했던 고 올리버 색스에게 많은 빚을 졌다.

무엇보다 리엄 매코이와 조흐라 담지에게 감사한다. 두 사람은 내게 회복탄력성과 재치, 시각과 청각에 대해 많은 것을 가르쳐주었다. 그들은 내게 자신들의 이야기를 사려 깊고 꼼꼼하게 들려주었고, 시간을 아낌없이 내주었으며, 이 책의 초고를 여러 번 기꺼이 읽어주었다. 두 사람을 내 친구라고 부를 수 있어서 자랑스럽다. 또한 열린 마음, 통찰, 따뜻함을 보여준 리엄과 조흐라의 가족들에게도 감사한다. 특히 신디 랜스퍼드와 나즈마 무사에게 감사한다. 신디와 나즈마의 용기, 헌신, 강인함에 이 책을 바친다.

도판 출처

출처를 따로 밝히지 않은 그림은 저자가 직접 그리거나 촬영한 것이다.

그림 1.1 망막에 맺히는 상: © Margaret Nelson.

그림 1.2 시신경 경로와 시각교차: © Margaret Nelson.

그림 3.2 리엄이 그린 꽃: Drawn by Liam McCoy.

그림 3.3 리엄이 그린 고양이: Drawn by Liam McCoy.

그림 3.5 헤링 착시: Wikipedia (https://en.wikipedia.org/wiki/Hering_illusion#/media/File:Hering_illusion.svg), by Fibonacci, licensed under CC BY-SA 3.0 (https://creativecommons.org/licenses/by-sa/3.0).

그림 3.6 투명도: J. Albers, *Interaction of Color* (New Haven, CT: Yale University Press, 2006)에서 인용.

그림 3.7 동작 경로와 지각 경로를 매우 단순화한 도식: Image by Andrew J. Barry.

그림 3.8 루빈의 꽃병: V. Ramachandran and D. Rogers-Ramachandran, "Ambiguities and Perception," *Scientific American Mind* 18 (2007): 18.

그림 3.9 윌슨 착시: © 1992 by Bruner/Mazel Inc. From J. R. Block and H. E. Yuker, *Can You Believe Your Eyes?* Taylor and Francis Group, LLC, a division of Informa PLC의 허가를 받아 전재.

그림 3.11 윤곽 통합: Wikipedia (https://commons.wikimedia.org/wiki/File:Contour_Integration_Example_1.jpg), by Mundhenk, licensed under CC BY-SA 3.0 (https://creativecommons.org/licenses/by-sa/3.0).

그림 3.12 위장: 나뭇잎 속의 뱀: Rockwell Kent, "Copperhead Snake on Dead Leaves," in A. H. Thayer, *Concealing-Coloration in the Animal Kingdom* (New York: Macmillan, 1909)에서. Public domain.

그림 3.13 리엄이 그린 추상화: Drawn by Liam McCoy.

그림 4.1 주세페 아르침볼도, 〈채소 기르는 사람〉: Picture Art Collection / Alamy Stock Photo (https://www.alamy.com/stock-photo-giuseppe-arcimboldo-the-vegetable-gardener-91283590.html).

그림 4.2 척 클로즈, 〈자화상〉, 2007: © Chuck Close, Pace Gallery 제공; 매 사추세츠주 사우스해들리의 마운트홀리요크 칼리지 미술관에서 처음 관람. Art Acquisition Endowment Fund로 구매.

그림 5.1 카니자 삼각형: Wikipedia (https://en.wikipedia.org /wiki/Illusory_contours#/media/File:Kanizsa_triangle.svg), by Fibonacci, licensed under CC BY-SA 3.0 (https://creativecommons.org/licenses/by-sa/3.0).

그림 5.4 왼쪽의 조각들은 오른쪽을 보고 나면 새로운 의미를 띤다: A. S. Bregman, "Asking the 'What For' Question in Auditory Perception," in M. Kubovy and J. R. Pomerantz, eds., *Perceptual Organization*, (Hillsdale, NJ: Lawrence Erlbaum, 1981)의 허가를 받아 전재.

그림 5.6 벡토그램: Photo by James Gehrt.

그림 8.2 폰조 착시: Wikipedia (https://en.wikipedia.org/wiki/Ponzo_illusion#/media/File:Ponzo_illusion.gif), by Tony Philips, National Aeronautics and Space Administration. Public domain.

그림 8.4 복도 착시: By J. Deregowski in R. L. Gregory and E. H. Gombrich, eds., *Art and Illusion* (London: Duckworth, 1973).

그림 8.5 계단: © James Gehrt.

그림 8.6 통유리창에 비친 모습: © James Gehrt.

그림 8.7 음영은 깊이감을 준다: Image by James Gehrt and Andrew J. Barry.

그림 8.8 그림자는 공의 위치를 해석하는 데 영향을 미친다: Image by Andrew J. Barry.

그림 8.9 "일찍 일어났으나 너무 힘센 벌레를 잡은 새": *The Ultimate Droodles Compendium* by Roger Price Copyright ©2019 Tallfellow Press에서 허가를 받아 발췌. All rights reserved.

그림 9.1 리엄, 2019: Photo by Pixel Caliber Collective.

그림 10.1 런던 지하철에서 조흐라와 함께 있는 나즈마: Damji family photos.

그림 18.1 조흐라, 2019년 토론토: Damji family photos.

주

서론: 축복인가 저주인가?

1. R. L. Gregory and J. G. Wallace, *Recovery from Early Blindness: A Case Study*, Monograph No. 2 (Cambridge, UK: Experimental Psychology Society, 1963).

2. O. Sacks, "To See and Not See," in *An Anthropologist on Mars: Seven Paradoxical Tales* (New York: Alfred A. Knopf, 1995). 《화성의 인류학자》 (바다출판사, 2005, 2015)

3. B. Biderman, *Wired for Sound: A Journey into Hearing* (Toronto: Journey into Hearing Press, 2016), 26.

4. S. R. Barry, *Fixing My Gaze: A Scientist's Journey into Seeing in Three Dimensions* (New York: Basic Books, 2009). 《3차원의 기적》(초록물고기, 2010), 《입체시의 기적》(휴먼스토리, 2017)

5. I. Biederman et al., "On the Information Extracted from a Glance at a Scene," *Journal of Experimental Psychology* 103 (1974): 597–600.

6. A. Valvo, *Sight Restoration After Long-Term Blindness: The Problems and Behavior Patterns of Visual Rehabilitation* (New York: American Federation for the Blind, 1971), 39.

7. A. S. Bregman, *Auditory Scene Analysis: The Perceptual Organization of Sound* (Cambridge, MA: MIT Press, 1990).

8. Valvo, *Sight Restoration After Long-Term Blindness*, 9.

9. D. Wright, *Deafness: An Autobiography* (New York: Harper Perennial, 1993), 14.

10. Biderman, *Wired for Sound*; H. Lane, *The Mask of Benevolence: Disabling the Deaf Community* (New York: Knopf, 1992).

11. R. Latta, "Notes on a Case of Successful Operation for Congenital Cataract in an Adult," *British Journal of Psychology* 1 (1904): 135–150.

12. Gregory and Wallace, *Recovery from Early Blindness*.

13. Valvo, *Sight Restoration After Long-Term Blindness*.

14. M. von Senden, *Space and Sight: The Perception of Space and Shape in the Congenitally Blind Before and After Operation* (Glencoe, IL: Free

Press, 1960).

15. Gregory and Wallace, *Recovery from Early Blindness*.

16. J. M. Hull, *Touching the Rock: An Experience of Blindness* (New York: Pantheon Books, 1990), 94.

17. Valvo, *Sight Restoration After Long-Term Blindness*, 12.

18. I. Rosenfield, *The Invention of Memory: A New View of the Brain* (New York: Basic Books, 1988).

19. Hull, *Touching the Rock*, 217.

20. E. J. Gibson and A. D. Pick, *An Ecological Approach to Perceptual Learning and Development* (New York: Oxford University Press, 2000); M. E. Arterberry and P. J. Kellman, *Development of Perception in Infancy: The Cradle of Knowledge Revisited* (New York: Oxford University Press, 2016).

21. O. Sacks, *The River of Consciousness* (New York: Knopf, 2017), 183. 《의식의 강》(알마, 2018)

22. V. W. Tatler et al., "Yarbus, Eye Movements, and Vision," *i-Perception* (2010): 7-27.

23. J. W. Henderson, "Gaze Control as Prediction," *Trends in Cognitive Sciences* 21 (2017): 15-23.

24. Gibson and Pick, *An Ecological Approach to Perceptual Learning and Development*; Arterberry and Kellman, *Development of Perception in Infancy*; E. J. Gibson, "Perceptual Learning: Differentiation or Enrichment?," in *An Odyssey in Learning and Perception* (Cambridge, MA: MIT Press, 1991); P. J. Kellman and P. Garrigan, "Perceptual Learning and Human Expertise," *Physics of Life Reviews* 6 (2009): 53-84.

25. A. Noë, *Action in Perception* (Cambridge, MA: MIT Press, 2005), 1.

26. Von Senden, *Space and Sight*.

27. Gregory and Wallace, *Recovery from Early Blindness*, 37 (강조는 원문).

28. Sacks, "To See and Not See," 132-134.

29. Von Senden, *Space and Sight*.

30. D. H. Hubel and T. N. Wiesel, *Brain and Visual Perception: The Story of a 25-Year Collaboration* (Oxford: Oxford University Press, 2005).

31. Biderman, *Wired for Sound*.

32. Valvo, *Sight Restoration After Long-Term Blindness*; von Senden,

Space and Sight.

33. R. Kurson, *Crashing Through. A True Story of Risk, Adventure, and the Man Who Dared to See* (New York: Random House, 2007). 《기꺼이 길을 잃어라》(열음사, 2008)

34. P. Sinha, "Once Blind and Now They See: Surgery in Blind Children from India Allows Them to See for the First Time and Reveals How Vision Works in the Brain," *Scientific American* 309 (2013): 48-55.

1. 엄마는 어디까지 보여요?

1. H. Keller, *The Story of My Life: The Restored Edition*, ed. J. Berger (New York: Modern Library, 2004). 《헬렌 켈러 자서전》(예문당, 1996)

2. N. Daw, *Visual Development*, 3rd ed. (New York: Springer, 2014).

3. A. E. Hendrickson, "Primate Foveal Development: A Microcosm of Current Questions in Neurobiology," *Investigative Ophthalmology & Visual Science* 35 (1994): 3129-3133.

4. G. Jeffery, "The Retinal Pigment Epithelium as a Developmental Regulator of the Neural Retina," *Eye* 12 (1998): 499-503.

5. Hendrickson, "Primate Foveal Development."

6. R. Latta, "Notes on a Case of Successful Operation for Congenital Cataract in an Adult," *British Journal of Psychology* 1 (1904): 135-150도 참조하라.

7. Daw, *Visual Development.*

8. Daw, *Visual Development*; K. Apkarian, "Chiasmal Crossing Defects in Disorders of Binocular Vision," *Eye* 10 (1996): 222-232.

9. E. A. H. von dem Hagen et al., "Pigmentation Predicts the Shift in the Line of Decussation in Humans with Albinism," *European Journal of Neuroscience* 25 (2007): 503-511.

10. P. Apkarian and D. Reits, "Global Stereopsis in Human Albinos," *Vision Research* 29 (1989): 1359-1370; A. B. Cobo-Lewis et al., "Poor Stereopsis Can Support Size Constancy in Albinism," *Investigative Ophthalmology & Visual Science* 38 (1997): 2800-2809; K. A. Lee, R. A. King, and C. G. Summers, "Stereopsis in Patients with Albinism: Clinical Correlates," *Journal of AAPOS* 5 (2001): 98-104.

11. K. T. Mullen and F. A. A. Kingdom, "Differential Distributions of Red-Green and Blue-Yellow Cone Opponency Across the Visual Field,"

Visual Neuroscience 19 (2002): 109-118.

2. 리들리 박사의 발명품

1. D. J. Apple, *Sir Harold Ridley and His Fight for Sight: He Changed the World So That We May Better See It* (Thorofare, NJ: SLACK, Inc., 2006); D. J. Apple, "Nicholas Harold Lloyd Ridley, 10 July 1906-25 May 2001: Elected FRS 1986," *Biographical Memoirs of Fellows of the Royal Society* 53 (2007): 285-307.

2. P. U. Fechner, G. L. van der Heijde, and J. G. Worst, "The Correction of Myopia by Lens Implantation into Phakic Eyes," *American Journal of Ophthalmology* 107 (1989): 659-663; J. G. Worst, G. van der Veen, and L. I. Los, "Refractive Surgery for High Myopia: The Worst-Fechner Biconcave Iris Claw Lens," *Documental Ophthalmologica* 75 (1990): 335-341.

3. L. Tychsen, "Refractive Surgery for Special Needs Children," *Archives of Ophthalmology* 127 (2009): 810-813.

4. L. Tychsen et al., "Phakic Intraocular Lens Correction of High Ametropia in Children with Neurobehavioral Disorders," *Journal of AAPOS* 12 (2008): 282-289.

3. 뇌를 들여다보는 창

1. S. Thorpe, D. Fize, and C. Marlot, "Speed of Processing in the Human Visual System," *Nature* 381 (1996): 520-522.

2. A. Valvo, *Sight Restoration After Long-Term Blindness: The Problems and Behavior Patterns of Visual Rehabilitation* (New York: American Federation for the Blind, 1971); M. Von Senden, *Space and Sight: The Perception of Space and Shape in the Congenitally Blind Before and After Operation* (Glencoe, IL: Free Press, 1960).

3. R. Kurson, *Crashing Through: A True Story of Risk, Adventure, and the Man Who Dared to See* (New York: Random House, 2007). 《기꺼이 길을 잃어라》(열음사, 2008)

4. S. Hocken, *Emma and I: The Beautiful Labrador Who Saved My Life* (London: Ebury Press, 2011).

5. R. L. Gregory and J. G. Wallace, *Recovery from Early Blindness: A Case Study*, Monograph No. 2 (Cambridge, UK: Experimental Psychology

Society, 1963); O. Sacks, "To See and Not See," in *An Anthropologist on Mars: Seven Paradoxical Tales* (New York: Alfred A. Knopf, 1995).《화성의 인류학자》(바다출판사, 2005, 2015)

6. R. V. Hine, *Second Sight* (Berkeley: University of California Press, 1993).
7. S. Bitgood, "Museum Fatigue: A Critical Review," *Visitor Studies* 12 (2009): 93-111.
8. D. O. Hebb, *The Organization of Behavior: A Neuropsychological Theory* (Mahwah, NJ: Lawrence Erlbaum Associates, Publishers, 2002).
9. Valvo, *Sight Restoration After Long-Term Blindness*, 39.
10. Y. Ostrovsky et al., "Visual Parsing After Recovery from Blindness," *Psychological Science* 20 (2009): 1484-1491; P. Sinha, "Once Blind and Now They See," *Scientific American* 309 (2013): 48-55; R. Sikl et al., "Vision After 53 Years of Blindness," *i-Perception* 4 (2013): 498-507.
11. Gregory and Wallace, *Recovery from Early Blindness*; Sikl et al., "Vision After 53 Years of Blindness."
12. Valvo, *Sight Restoration After Long-Term Blindness*; T. Gandhi et al., "Immediate Susceptibility to Visual Illusions After Sight Onset," *Current Biology* 25: (2015): R345-R361.
13. Gregory and Wallace, *Recovery from Early Blindness*.
14. P. C. Quinn, P. D. Eimas, and M. J. Tarr, "Perceptual Categorization of Cat and Dog Silhouettes by 3- to 4-Month-Old Infants," *Journal of Experimental Child Psychology* 79 (2001): 78-94.
15. J. Albers, *Interaction of Color*, rev. ed. (New Haven, CT: Yale University Press, 1975).
16. N. Daw, *How Vision Works: The Physiological Mechanisms Behind What We See* (New York: Oxford University Press, 2012).
17. D. H. Hubel and T. N. Wiesel, *Brain and Visual Perception: The Story of a 25-Year Collaboration* (Oxford: Oxford University Press, 2005).
18. C. D. Gilbert and W. Li, "Top-Down Influences on Visual Processing," *Nature Review Neuroscience* 14 (2013): 350-363; W. Li, V. Piëch, and C. D. Gilbert, "Learning to Link Visual Contours," *Neuron* 57 (2008): 442-451.
19. A. R. Luria, *The Working Brain: An Introduction to Neuropsychology* (New York: Basic Books, 1973).
20. Luria, *The Working Brain*; M. J. Farah, *Visual Agnosia*, 2nd ed.

(Cambridge, MA: MIT Press, 2004).

21. E. Goldberg, *Creativity: The Human Brain in the Age of Innovation* (New York: Oxford University Press, 2018). 《창의성》(시그마북스, 2019)

22. O. Sacks, *The Man Who Mistook His Wife for a Hat and Other Clinical Tales* (New York: Summit Books, 1985). 《아내를 모자로 착각한 남자》(살림터, 1993; 이마고, 2006, 2008; 알마, 2015, 2016)

23. Daw, *How Vision Works*.

24. M. A. Goodale and A. D. Milner, "Separate Visual Pathways for Perception and Action," *Trends in Neuroscience* 15 (1992): 20-25.

25. Daw, *How Vision Works*.

26. S. Hochstein and M. Ahissar, "View from the Top: Hierarchies and Reverse Hierarchies in the Visual System," *Neuron* 36 (2002): 791-804.

27. M. E. Arterberry and P. J. Kellman, *Development of Perception in Infancy: The Cradle of Knowledge Revisited* (New York: Oxford University Press, 2016).

28. Hochstein and Ahissar, "View from the Top."

29. S. Hochstein, "The Gist of Anne Triesman's Revolution," *Attention, Perception & Psychophysics*, September 16, 2019, https://doi.org/10.3758/s13414-019-01797-2.

30. J. L. Pind, *Edgar Rubin and Psychology in Denmark: Figure and Ground* (Cham, Switzerland: Springer International Publishing, 2014).

31. V. A. F. Lamme, "The Neurophysiology of Figure-Ground Segregation in Primary Visual Cortex," *Journal of Neuroscience* 15 (1995): 1605-1615.

32. M. Wertheimer, "Laws of Organization in Perceptual Forms," in *A Source Book of Gestalt Psychology*, ed. W. Ellis (London: Routledge & Kegan Paul, 1938), 71-88. "Untersuchungen zur Lehre von der Gestalt II," *Psycologische Forschung* 4 (1923): 301-350로 처음 출판.

33. C. F. Altmann, H. H. Bülthoff, and Z. Kourtzi, "Perceptual Organization of Local Elements into Global Shapes in the Human Visual Cortex," *Current Biology* 13 (2003): 342-349; R. E. Crist, W. Li, and C. D. Gilbert, "Learning to See: Experience and Attention in Primary Visual Cortex," *Nature Neuroscience* 4 (2001): 515-525; F. T. Qui, T. Sugihara, and R. von der Heydt, "Figure-Ground Mechanisms Provide Structure for Selective Attention," *Nature Neuroscience* 10 (2007): 1492-1499; F.

T. Qui and R. von der Heydt, "Figure and Ground in the Visual Cortex: V2 Combines Stereoscopic Cues with Gestalt Rules," *Neuron* 47 (2005): 155-166.

34. Goldberg, *Creativity*.《창의성》(시그마북스, 2019)

35. A. T. Morgan, L. S. Petro, and L. Muckli, "Scene Representations Conveyed by Cortical Feedback to Early Visual Cortex Can Be Described by Line Drawings," *Journal of Neuroscience* 39 (2019): 9410-9423.

36. E. J. Gibson, "Perceptual Learning: Differentiation or Enrichment?," in *An Odyssey in Learning and Perception* (Cambridge, MA: MIT Press, 1991); E. J. Gibson and A. D. Pick, *An Ecological Approach to Perceptual Learning and Development* (New York: Oxford University Press, 2000); P. J. Kellman and P. Garrigan, "Perceptual Learning and Human Expertise," *Physics of Life Reviews* 6 (2009): 53-84.

37. M. Sigman et al., "Top-Down Reorganization of Activity in the Visual Pathway After Learning a Shape Identification Task," *Neuron* 46 (2005): 823-845.

4. 얼굴

1. A. W. Young, D. Hellawell, and D. C. Hay, "Configurational Information in Face Perception," *Perception* 16 (1987): 747-759.

2. D. G. Pelli, "Close Encountersan Artist Shows That Size Affects Shape," *Science* 285 (1999): 844-846; P. Cavanagh and J. M. Kennedy, "Close Encounters: Details Veto Depth from Shadows," *Science* 287 (2000): 2423-2425.

3. "Conversation: Chuck Close, Christopher Finch," *NewsHour*, PBS, July 2, 2010, http://www.pbs.org/newshour/art/conversation-chuck-close-christopher-finch.

4. S. Hocken, *Emma and I: The Beautiful Labrador Who Saved My Life* (London: Ebury Press, 2011), 270.

5. R. L. Gregory and J. G. Wallace, *Recovery from Early Blindness: A Case Study*, Monograph No. 2 (Cambridge, UK: Experimental Psychology Society, 1963); R. Kurson, *Crashing Through: A True Story of Risk, Adventure, and the Man Who Dared to See* (New York: Random House, 2007).《기꺼이 길을 잃어라》(열음사, 2008); O. Sacks, "To See and Not

See," in *An Anthropologist on Mars: Seven Paradoxical Tales* (New York: Alfred A. Knopf, 1995). 《화성의 인류학자》(바다출판사, 2005, 2015); A. Valvo, *Sight Restoration After Long-Term Blindness: The Problems and Behavior Patterns of Visual Rehabilitation* (New York: American Federation for the Blind, 1971); M. Von Senden, *Space and Sight: The Perception of Space and Shape in the Congenitally Blind Before and After Operation* (Glencoe, IL: Free Press, 1960).

6. S. Geldart et al., "The Effect of Early Visual Deprivation on the *Development of Face Processing*," Developmental Science 5 (2002): 490-501; R. A. Robbins et al., "Deficits in Sensitivity to Spacing After Early Visual Deprivation in Humans: A Comparison of Human Faces, Monkey Faces, and Houses," *Developmental Psychobiology* 52 (2010): 775-781.

7. M. E. Arterberry and P. J. Kellman, *Development of Perception in Infancy: The Cradle of Knowledge Revisited* (New York: Oxford University Press, 2016); C. C. Goren, M. Sarty, and P. Y. K. Wu, "Visual Following and Pattern Discrimination of Face-Like Stimuli by Newborn Infants," *Pediatrics* 56 (1975): 544-549; A. Slater, "The Competent Infant: Innate Organization and Early Learning in Infant Visual Perception," in *Perceptual Development: Visual, Auditory, and Speech Perception in Infancy*, ed. A. Slater (East Sussex, UK: Psychology Press Ltd., Publishers, 1998).

8. Arterberry and Kellman, *Development of Perception in Infancy*; I. W. R. Bushnell, F. Sai, and J. T. Mullin, "Neonatal Recognition of the Mother's Face," *British Journal of Developmental Psychology* 7 (1989): 3-15.

9. N. Kanwisher and G. Yovel, "The Fusiform Face Area: A Cortical Region Specialized for the Perception of Faces," *Philosophical Transactions of the Royal Society B* 1476 (2006): 2109-2128.

10. M. Bilalic et al., "Many Faces of Expertise: Fusiform Face Area in Chess Experts and Novices," *Journal of Neuroscience* 31 (2011): 10206-10214.

11. Bilalic et al., "Many Faces of Expertise."

12. C. Turati et al., "Newborns' Face Recognition: Role of Inner and Outer Facial Features," *Child Development* 77 (2006): 297-311.

13. R. Adolphs et al., "A Mechanism for Impaired Fear Recognition After Amygdala Damage," *Nature* 433 (2005): 68-72.
14. Hocken, *Emma and I.*

5. 물건 찾기

1. G. Kanisza, "Subjective Contours," *Scientific American* 234 (1976): 48-52.
2. A. L. Bregman, "Asking the 'What For' Question in Auditory Perception," in *Perceptual Organization*, ed. M. Kubovy and J. R. Pomerantz (Hillsdale, NJ: Lawrence Earlbaum, 1981); K. Nakayama and S. Shimojo, "Toward a Neural Understanding of Visual Surface Representation," *The Brain, Cold Spring Harbor Symposium in Quantitative Biology* 55 (1990): 911-924.
3. S. R. Barry, *Fixing My Gaze: A Scientist's Journey into Seeing in Three Dimensions* (New York: Basic Books, 2009). 《3차원의 기적》(초록물고기, 2010),《입체시의 기적》(휴먼스토리, 2017)
4. E. E. Birch, S. Shimojo, and R. Held, "Preferential-Looking Assessment of Fusion and Stereopsis in Infants Aged 1-6 Months," *Investigative Ophthalmology & Visual Science* 26 (1985): 366-370; R. Fox et al., "Stereopsis in Human Infants," *Science* 207 (1980): 323-324; B. Petrig et al., "Development of Stereopsis and Cortical Binocularity in Human Infants: Electrophysiological Evidence," *Science* 213 (1981): 1402-1405; F. Thorn et al. "The Development of Eye Alignment, Convergence, and Sensory Binocularity in Young Infants," *Investigative Ophthalmology & Visual Science* 35 (1994): 544-553.
5. M. E. Arteberry and P. J. Kellman, *Development of Perception in Infancy: The Cradle of Knowledge Revisited* (New York: Oxford University Press, 2016); M. Arterberry, A. Yonas, and A. S. Bensen, "Self-Produced Locomotion and the Development of Responsiveness to Linear Perspective and Texture Gradients," *Developmental Psychology* 25 (1989): 976-982; M. Kavsek, A. Yonas, and C. E. Granrud, "Infants' Sensitivity to Pictorial Depth Cues: A Review and Meta-analysis of Looking Studies," *Infant Behavior and Development* 35 (2012): 109-128; A. Tsuruhara et al., "The Development of the Ability of Infants to Utilize Static Cues to Create and Access Representations of Object

Shape," *Journal of Vision* 10 (2010), doi:10.1167/10.12.2; A. Yonas and C. E. Granrud, "Infants' Perception of Depth from Cast Shadows," *Perception & Psychophysics* 68 (2006): 154-160.

6. H. Wallach and A. O'Leary, "Slope of Regard as a Distance Cue," *Perception & Psychophysics* 31 (1982): 145-148; A. M. Norcia et al., "Experience-Expectant Development of Contour Integration Mechanisms in Human Visual Cortex," *Journal of Vision* 5 (2005): 116- 130.

7. M. von Senden, *Space and Sight: The Perception of Space and Shape in the Congenitally Blind Before and After Operation* (Glencoe, IL: Free Press, 1960).

8. B. Tversky, *Mind in Motion: How Action Shapes Thought* (New York: Basic Books, 2019).

9. S. Hochstein and M. Ahissar, "View from the Top: Hierarchies and Reverse Hierarchies in the Visual System," *Neuron* 36 (2002): 791-804.

10. Von Senden, *Space and Sight*; R. L. Gregory and J. G. Wallace, *Recovery from Early Blindness: A Case Study*, Monograph No. 2 (Cambridge, UK: Experimental Psychology Society, 1963); E. Huber et al., "A Lack of Experience-Dependent Plasticity After More Than a Decade of Recovered Sight," *Psychological Science* 26 (2015): 393- 401; O. Sacks, "To See and Not See," in *An Anthropologist on Mars: Seven Paradoxical Tales* (New York: Alfred A. Knopf, 1995). 《화성의 인류학자》(바다출판사, 2005, 2015); A. Valvo, *Sight Restoration After Long-Term Blindness: The Problems and Behavior Patterns of Visual Rehabilitation* (New York: American Federation for the Blind, 1971).

6. 시각의 가장 위대한 스승

1. O. Sacks, "To See and Not See," in *An Anthropologist on Mars: Seven Paradoxical Tales* (New York: Alfred A. Knopf, 1995).《화성의 인류학자》 (바다출판사, 2005, 2015)

2. R. Kurson, *Crashing Through: A True Story of Risk, Adventure, and the Man Who Dared to See* (New York: Random House, 2007).《기꺼이 길을 잃어라》(열음사, 2008)

3. M. E. Arterberry and P. J. Kellman, *Development of Perception in Infancy: The Cradle of Knowledge Revisited* (New York: Oxford

University Press, 2016).

4. Arterberry and Kellman, *Development of Perception in Infancy*; K. J. Kellman and E. S. Spelke, "Perception of Partly Occluded Objects in Infancy," *Cognitive Psychology* 15 (1983): 483-524.

5. M. Wertheimer, "Laws of Organization in Perceptual Forms," in *A Source Book of Gestalt Psychology*, ed. W. Ellis (London: Routledge & Kegan Paul, 1938), 71-88. "Untersuchungen zur Lehre von der Gestalt II," *Psycologische Forschung* 4 (1923): 301-350로 처음 출판.

6. B. Tversky, *Mind in Motion: How Action Shapes Thought* (New York: Basic Books, 2019).

7. J. J. Gibson, *The Ecological Approach to Visual Perception* (Hillsdale, NJ: Lawrence Erlbaum Associates, Publishers, 1986).

8. A. Michotte, *The Perception of Causality* (New York: Basic Books, 1963).

9. Arterberry and Kellman, *Development of Perception in Infancy*.

10. Gibson, *The Ecological Approach to Visual Perception*; R. Arnheim, *Visual Thinking* (Berkeley: University of California Press, 1969).《시각적 사고》(이화여자대학교출판문화원, 2004); H. Wallach and D. N. O'Connell, "The Kinetic Depth Effect," *Journal of Experimental Psychology* 45 (1953): 205-217; E. J. Ward, L. Isik, and M. M. Chun, "General Transformations of Object Representations in Human Visual Cortex," *Journal of Neuroscience* 38 (2018): 8526-8537. 철학자 알바 노에는 우리의 지각, 즉 우리가 감지하는 것에 대한 이해는 한 번에 주어지는 것이 아니라 움직임과 적극적인 탐색을 통해, 심지어 눈동자 움직임처럼 미묘한 행동을 통해서도 이루어진다고 주장한다. A. Noë, *Action in Perception* (Cambridge, MA: MIT Press, 2004).

11. Kurson, *Crashing Through*.《기꺼이 길을 잃어라》(열음사, 2008); I. Fine et al., "Long-Term Deprivation Affects Visual Perception and Cortex," *Nature Neuroscience* 6 (2003): 915-916; Y. Ostrovsky et al., "Visual Parsing After Recovery from Blindness," *Psychological Science* 20 (2009): 1484-1491.

12. P. J. Kellman, "Perception of Three-Dimensional Form by Human Infants," *Perception & Psychophysics* 36 (1985): 353-358.

13. S. Grossberg, "The Resonant Brain: How Attentive Conscious Seeing Regulates Action Sequences That Interact with Attentive Cognitive Learning, Recognition, and Prediction," *Attention, Perception &*

Psychophysics 81 (2019): 2237-2264.

14. C. Von Hofsten, "Predictive Reaching for Moving Objects by Human Infants," *Journal of Experimental Child Psychology* 30 (1980): 369-382.

15. M. Dadarlat and M. P. Stryker, "Locomotion Enhances Neural Encoding of Visual Stimuli in Mouse V1," *Journal of Neuroscience* 37 (2017): 3764-3775.

16. T. Bullock et al., "Acute Exercise Modulates Feature-Selective Responses in Human Cortex," *Journal of Cognitive Neuroscience* 29 (2017): 605-618.

17. M. Kaneko, Y. Fu, and M. P. Stryker, "Locomotion Induces Stimulus-Specific Response Enhancement in Adult Visual Cortex," *Journal of Neuroscience* 37 (2017): 3532-3543; M. Kaneko and M. P. Stryker, "Sensory Experience During Locomotion Promotes Recovery of Function in Adult Visual Cortex," *eLife* (2014): 3e02798; C. Lunghi and A. Sale, "A Cycling Lane for Brain Rewiring," *Current Biology* 25 (2015): R1122-R1123.

18. Ostrovsky et al., "Visual Parsing After Recovery from Blindness"; P. Sinha, "Once Blind and Now They See: Surgery in Blind Children from India Allows Them to See for the First Time and Reveals How Vision Works in the Brain," *Scientific American* 309 (2013): 48-55.

7. 흐름 타기

1. E. Nawrot, S. I. Mayo, and M. Nawrot, "The Development of Depth Perception from Motion Parallax in Infancy," *Attention, Perception & Psychophysics* 71 (2009): 194-199; E. Nawrot and M. Nawrot, "The Role of Eye Movements in Depth from Motion Parallax During Infancy," *Journal of Vision* 13 (2013): 1-13.

2. J. J. Gibson, *The Ecological Approach to Visual Perception* (Hillsdale, NJ: Lawrence Erlbaum Associates, Publishers, 1986).

3. S. L. Strong et al., "Differential Processing of the Direction and Focus of Expansion of Optic Flow Stimuli in Areas MST and V3A of the Human Visual Cortex," *Journal of Neurophysiology* 117 (2017): 2209-2217; R. H. Wurtz and C. J. Duffy, "Neural Correlates of Optic Flow Stimulation," *Annals of the New York Academy of Sciences* 656 (1992): 205-219.

4. F. A. Miles, "The Neural Processing of 3-D Visual Information: Evidence from Eye Movements," *European Journal of Neuroscience* 10 (1998): 811-822.

5. S. Hocken, *Emma and I: The Beautiful Labrador Who Saved My Life* (London: Ebury Press, 2011).

6. S. Holcomb and S. Eubanks, *But Now I See: My Journey from Blindness to Olympic Gold* (Dallas, TX: Benbella Books, Inc., 2013).

8. 자기만의 방식을 찾다

1. S. Hocken, *Emma and I: The Beautiful Labrador Who Saved My Life* (London: Ebury Press, 2011), 149.

2. J. McPhee, *A Sense of Where You Are: A Profile of William Warren Bradley* (New York: Farrar, Straus and Giroux, 1978), 22.

3. E. C. Tolman, "Cognitive Maps in Rats and Men," *Psychological Review* 55 (1948): 180-208.

4. K. Lorenz, *Here Am I-Where Are You?: The Behavior of the Greylag Goose* (New York: Harcourt Brace Jovanovich, 1988), 18-20.

5. 공간 능력이 시력에 의존하지 않는다는 증거는 다음을 참조하라. R. L. Klatsky et al., "Performance of Blind and Sighted Persons on Spatial Tasks," *Journal of Visual Impairment & Blindness* 89 (1995): 70-82.

6. R. M. Grieve and K. J. Jeffery, "The Representation of Space in the Brain," *Behavioural Processes* 135 (2017): 113-131; C. G. Kentros et al., "Increased Attention to Spatial Context Increases Both Place Field Stability and Spatial Memory," *Neuron* 42 (2004): 283-295; J. O'Keefe, and L. Nadel, *The Hippocampus as a Cognitive Map* (Oxford: Oxford University Press, 1978).

7. M. E. Arteberry and P. J. Kellman, *Development of Perception in Infancy: The Cradle of Knowledge Revisited* (New York: Oxford University Press, 2016); M. Arterberry, A. Yonas, and A. S. Bensen, "Self-Produced Locomotion and the Development of Responsiveness to Linear Perspective and Texture Gradients," *Developmental Psychology* 25 (1989): 976-982; M. Kavsek, A. Yonas, and C. E. Granrud, "Infants' Sensitivity to Pictorial Depth Cues: A Review and Meta-analysis of Looking Studies," *Infant Behavior and Development* 35 (2012): 109-128; A. Tsuruhara et al., "The Development of the Ability of Infants

to Utilize Static Cues to Create and Access Representations of Object Shape," *Journal of Vision* 10 (2010), doi:10.1167/10.12.2; A. Yonas and C. E. Granrud, "Infants' Perception of Depth from Cast Shadows," *Perception & Psychophysics* 68 (2006): 154-160.

8. J. J. Gibson, *The Ecological Approach to Visual Perception* (Hillsdale, NJ: Lawrence Erlbaum Associates Publishers, 1986).

9. Gibson, *The Ecological Approach to Visual Perception.*

10. 흥미롭게도 프라카시 프로젝트의 어린이들은 시력을 갖게 된 백내장 수술 후 48시간 이내에 테스트를 받았을 때 폰조 착시에 속았다. 그들은 두 개의 회색 선을 서로 다른 크기로 보았다: T. Gandhi et al., "Immediate Susceptibility to Visual Illusions After Sight Onset," *Current Biology* 25 (2015): R345-R361.

11. O. Sacks, "To See and Not See," in *An Anthropologist on Mars: Seven Paradoxical Tales* (New York: Alfred A. Knopf, 1995), 120-121.《화성의 인류학자》(바다출판사, 2005, 2015)

12. V. S. Ramachandran, "Perceiving Shape from Shading," *Scientific American* 259 (1988): 76-83.

13. M. Von Senden, *Space and Sight: The Perception of Space and Shape in the Congenitally Blind Before and After Operation* (Glencoe, IL: Free Press, 1960).

14. Arteberry and Kellman, *Development of Perception in Infancy*; Arterberry, Yonas, and Bensen, "Self-Produced Locomotion"; Kavsek, Yonas, and Granrud, "Infants' Sensitivity to Pictorial Depth Cues"; Tsuruhara et al., "The Development of the Ability of Infants to Utilize Static Cues"; Yonas and Granrud, "Infants' Perception of Depth from Cast Shadows."

10. 모든 것에는 이름이 있다

1. 헬렌 켈러가 한 말로 알려져 있지만 실제 출처는 확인되지 않았다. 하지만 켈러는 같은 생각을 여러 번 표현한 적이 있다. 예를 들어 *Helen Keller in Scotland: A Personal Record Written by Herself*, ed. James Kerr Love (London: Methuen & Co., 1933)에 켈러는 다음과 같이 썼다. "청각장애는 시각장애보다 더 중요하지는 않을지 몰라도, 더 깊고 복잡하다. 청각장애는 훨씬 더 심각한 불행이다. 왜냐하면 가장 중요한 자극, 즉 언어를 가져다주고 생각을 불러일으키고 타인과 지적으로 교류하게 해주는 목소리의

상실을 의미하기 때문이다." 또한 "FAQ: Deaf People in History: Quotes by Helen Keller," Gallaudet University, http://libguides.gallaudet.edu/c.php?g=773975&p=5552566을 참조하라.

2. D. Wright, *Deafness: An Autobiography* (New York: Harper Perennial, 1993).

3. H. Keller, *The Story of My Life: The Restored Edition*, ed. J. Berger (New York: Modern Library, 2004).《헬렌 켈러 자서전》(예문당, 1996)

4. S. Schaller, *A Man Without Words* (Berkeley: University of California Press, 1991).

5. M. Chorost, *Rebuilt: How Becoming Part Computer Made Me More Human* (New York: Houghton Mifflin, 2005), 31.

6. L. Vygotsky, *Thought and Language*, ed. Alex Kozulin (Cambridge, MA: MIT Press, 1986).

7. J. Bruner, *Child's Talk* (New York: W. W. Norton & Co., Inc., 1983).

8. O. Sacks, *Seeing Voices: A Journey into the World of the Deaf* (Berkeley: University of California Press, 1989).《나는 한 목소리를 보네》(가톨릭출판사, 2004),《목소리를 보았네》(알마, 2012)

9. Keller, *The Story of My Life*, 262.《헬렌 켈러 자서전》(예문당, 1996)

10. J. Rosner, *If a Tree Falls: A Family's Quest to Hear and Be Heard* (New York: Feminist Press, 2010), 65.

11. Keller, *The Story of My Life*.《헬렌 켈러 자서전》(예문당, 1996)

12. Keller, *The Story of My Life*, 49.《헬렌 켈러 자서전》(예문당, 1996)

13. S. Hochstein and M. Ahissar, "View from the Top: Hierarchies and Reverse Hierarchies in the Visual System," *Neuron* 36 (2002): 791-804.

11. 끈기가 결실을 맺다

1. B. S. Wilson and M. F. Dorman, "Cochlear Implants: A Remarkable Past and a Brilliant Future," *Hearing Research* 242 (2008): 3-21; A. A. Eshraghi et al., "The Cochlear Implant: Historical Aspects and Future Prospects," *Anatomical Record* 295 (2012): 1967-1980.

2. Wilson and Dorman, "Cochlear Implants"; Eshraghi et al., "The Cochlear Implant"; W. F. House, *The Struggles of a Medical Innovator: Cochlear Implants and Other Ear Surgeries* (William F. House, DDS, MD, 2011).

3. House, *The Struggles of a Medical Innovator*.

4. Wilson and Dorman, "Cochlear Implants"; Eshraghi et al., "The Cochlear

Implant."

5. House, *The Struggles of a Medical Innovator*; G. Clark, *Sounds from Silence: Graeme Clark and the Bionic Ear Story* (Crows Nest NSW, Australia: Allen and Unwin, 2000).《이젠 들을 수 있어요》(사이언스북스, 2002)

6. Wilson and Dorman, "Cochlear Implants."

7. Wilson and Dorman, "Cochlear Implants"; Eshraghi et al., "The Cochlear Implant"; R. C. Bilger and F. O. Black, "Auditory Prostheses in Perspective," *Annals of Otology, Rhinology, and Laryngology* 86, no. 3 (suppl) (May 1977): 3–10, doi:10.1177/00034894770860S301.

8. House, *The Struggles of a Medical Innovator*; B. Biderman, *Wired for Sound: A Journey into Hearing*, rev. ed. (Toronto: Journey into Hearing Press, 2016); H. Lane, *The Mask of Benevolence: Disabling the Deaf Community* (New York: Knopf, 1992).

9. O. Sacks, *Seeing Voices: A Journey into the World of the Deaf* (Berkeley: University of California Press, 1989).《나는 한 목소리를 보네》(가톨릭출판사, 2004),《목소리를 보았네》(알마, 2012); D. Wright, *Deafness: An Autobiography* (New York: Harper Perennial, 1993).

10. Biderman, *Wired for Sound*; Lane, *The Mask of Benevolence*.

11. Clark, *Sounds from Silence*.《이젠 들을 수 있어요》(사이언스북스, 2002)

12. 마이클 크로스트는 인공와우의 작동 원리를 그의 책 *Rebuilt: How Becoming Part Computer Made Me More Human* (New York: Houghton Mifflin, 2005)에서 훌륭하게 설명한다.

12. 기이한 느낌

1. O. Sacks, "To See and Not See," in *An Anthropologist on Mars: Seven Paradoxical Tales* (New York: Alfred A. Knopf, 1995).《화성의 인류학자》(바다출판사, 2005, 2015)

2. M. E. Arterberry and P. J. Kellman, *Development of Perception in Infancy: The Cradle of Knowledge Revisited* (New York: Oxford University Press, 2016).

3. D. Maurer, L. C. Gibson, and F. Spector, "Infant Synaesthesia: New Insights into the Development of Multisensory Perception," in *Multisensory Development*, ed. A. J. Bremner, D. J. Lewkowicz, and C. Spence (Oxford: Oxford University Press, 2012).

4. A. Damasio, *Descartes' Error: Emotion, Reason, and the Human Brain* (New York: Penguin Books, 1994), (emphasis in the original).《데카르트의 오류》(중앙문화사, 1999; 눈출판그룹, 2017)

5. J. J. Gibson, *The Ecological Approach to Visual Perception* (Hillsdale, NJ: Lawrence Erlbaum Associates, Inc., 1986), 116.

13. 끽 소리, 쾅 소리, 웃음소리

1. J. M. Hull, *Touching the Rock: An Experience of Blindness* (New York: Pantheon Books, 1990), 82.

2. J. Rosner, *If a Tree Falls: A Family's Quest to Hear and Be Heard* (New York: Feminist Press, 2010).

3. J. Schnupp, I. Nelken, and A. J. King, *Auditory Neuroscience: Making Sense of Sound* (Cambridge, MA: MIT Press, 2012).

4. G. Chechik and I. Nelken, "Auditory Abstraction from Spectro-temporal Features to Coding Auditory Entities," *Proceedings of the National Academy of Sciences* 109 (2012): 18968-18973; L. J. Press, *Parallels Between Auditory and Visual Processing* (Santa Ana, CA: Optometric Extension Program Foundation Inc., 2012).

5. A. R. Luria, *The Working Brain: An Introduction to Neuropsychology* (New York: Basic Books, 1973).

6. A. Bregman, *Auditory Scene Analysis: The Perceptual Organization of Sound* (Cambridge, MA: MIT Press, 1990).

7. Schnupp, Nelken, and King, *Auditory Neuroscience*; Bregman, *Auditory Scene Analysis*.

8. M. Ahissar et al., "Reverse Hierarchies and Sensory Learning," *Philosophical Transactions of the Royal Society B* 364 (2009): 285-299; M. Nahun, I. Nelken, and M. Ahissar, "Stimulus Uncertainty and Perceptual Learning: Similar Principles Govern Auditory and Visual Learning," *Vision Research* 50 (2010): 391-401.

9. 바람이 부는 소리, 감자칩이 부서지는 소리, 바닥에 무언가가 떨어지는 소리 등은 인공와우를 처음 이식받은 다른 사람들도 언급한 것들이다. B. Biderman, *Wired for Sound: A Journey into Hearing*, rev. ed. (Toronto: Journey into Hearing Press, 2016); A. Romoff, *Hear Again: Back to Life with a Cochlear Implant* (New York: League for the Hard of Hearing, 1999).

10. A. Storr, *Music and the Mind* (New York: Free Press, 1992).

11. M. W. Kraus, "Voice-Only Communication Enhances Empathic Accuracy," *American Psychologist* 72 (2017): 644-654; J. Zaki, N. Bolger, and K. Ochsner, "Unpacking the Informational Bases of Empathic Accuracy," *Emotion* 9 (2009): 478-487.

12. M. D. Pell et al., "Preferential Decoding of Emotion from Human Non-linguistic Vocalizations Versus Speech Prosody," *Biological Psychology* 111 (2015): 14-25.

13. S. Horowitz, *The Universal Sense: How Hearing Shapes the Mind* (New York: Bloomsbury, 2013).《소리의 과학》(에이도스, 2017)

14. S. Manninen et al., "Social Laughter Triggers Endogenous Opioid Release in Humans," *Journal of Neuroscience* 37 (2017): 6125-6131.

15. G. Concina et al., "The Auditory Cortex and the Emotional Valence of Sounds," *Neuroscience and Biobehavioral Reviews* 98 (2019): 256-264.

14. 다른 사람들과 대화하기

1. J. Schnupp, I. Nelken, and A. J. King, *Auditory Neuroscience: Making Sense of Sound* (Cambridge, MA: MIT Press, 2012).

2. A. Romoff, *Hear Again: Back to Life with a Cochlear Implant* (New York: League for the Hard of Hearing, 1999).

3. Schnupp, Nelken, and King, *Auditory Neuroscience*.

4. Romoff, *Hear Again*.

5. J. J. Gibson, *The Ecological Approach to Visual Perception* (Hillsdale, NJ:Lawrence Erlbaum Associates, Publishers, 1986).

6. D. Wright, *Deafness: An Autobiography* (New York: Harper Perennial, 1993).

7. M. Chorost, *Rebuilt: How Becoming Part Computer Made Me More Human* (New York: Houghton Mifflin, 2005), 90-91.

8. Wright, *Deafness*.

9. W. T. Gallwey, *The Inner Game of Tennis: The Classic Guide to the Mental State of Peak Performance* (New York: Random House, 1997).《테니스 이너 게임》(소우주, 2022)

10. T. J. Rogers, B. L. Alderman, and D. M. Landers, "Effects of Life-Event Stress and Hardiness on Peripheral Vision in a Real-Life Stress Situation," *Behavioral Medicine* 29 (2003): 21-26.

11. Romoff, *Hear Again*.

15. 혼잣말하기

1. L. Vygotsky, *Thought and Language* (Cambridge, MA: MIT Press, 1986).

2. D. Wright, *Deafness: An Autobiography* (New York: Harper Perennial, 1993).

3. R. Arnheim, *Visual Thinking* (Berkeley: University of California Press, 1969). 《시각적 사고》(이화여자대학교출판문화원, 2004)

4. B. Tversky, *Mind in Motion: How Action Shapes Thought* (New York: Basic Books, 2019).

5. M. Schafer and D. Schiller, "In Search of the Brain's Social Road Maps," *Scientific American* 322 (2020): 30-35.

6. S. Pinker, *The Language Instinct: How the Mind Creates Language* (New York: William Morrow and Company, Inc., 1994). 《언어본능》(동녘사이언스, 2008)

16. 음표

1. A. Aciman, "Are You Listening?," *New Yorker*, March 17, 2014.

2. D. Wright, *Deafness: An Autobiography* (New York: Harper Perennial, 1993).

3. E. Glennie, *Good Vibrations* (London: Hutchinson, 1990).

4. D. Bendor and X. Wang, "Cortical Representations of Pitch in Monkeys and Humans," *Current Opinion in Neurobiology* 16 (2006): 391-399; R. J. Zatorre, "Finding the Missing Fundamental," *Nature* 436 (2005): 1093-1094.

5. W. R. Drennan et al., "Clinical Evaluation of Music Perception, Appraisal and Experience in Cochlear Implant Users," *International Journal of Audiology* 54 (2015): 114-123; J. Schnupp, I. Nelken, and A. J. King, *Auditory Neuroscience: Making Sense of Sound* (Cambridge, MA: MIT Press, 2012); C. M. Sucher and H. J. McDermott, "Pitch Ranking of Complex Tones by Normally Hearing Subjects and Cochlear Implant Users," *Hearing Research* 230 (2007): 80-87.

6. K. Gfeller et al., "A Preliminary Report of Music-Based Training for Adult Cochlear Implant Users: Rationales and Development," *Cochlear Implants International* 16, no. S3 (2015): S22-S31.

7. B. Biderman, *Wired for Sound: A Journey into Hearing*, rev. ed. (Toronto: Journey into Hearing Press, 2016); M. Chorost, "My Bionic Quest for

Bolero," *Wired*, November 1, 2005, https://www.wired.com/2005/11/bolero; Drennan et al., "Clinical Evaluation of Music Perception"; R. Wallace, *Hearing Beethoven: A Story of Musical Loss and Discovery* (Chicago: University of Chicago Press, 2019).《소리 잃은 음악》(마티, 2020)

8. A. Romoff, *Hear Again: Back to Life with a Cochlear Implant* (New York: League for the Hard of Hearing, 1999).

17. 칵테일 파티 문제

1. E. C. Cherry, "Some Experiments on the Recognition of Speech, with One and with Two Ears," *Journal of the Acoustical Society of America* 25 (1953): 975-979.

2. A. W. Bronkhorst, "The Cocktail-Party Problem Revisited: Early Processing and Selection of Multi-talker Speech," *Attention, Perception & Psychophysics* 77 (2015): 1465-1487.

3. J. O. O'Sullivan et al., "Hierarchical Encoding of Attended Auditory Objects in Multi-talker Speech Perception," *Neuron* 104 (2019): 1-15.

4. R. Litovsky et al., "Simultaneous Bilateral Cochlear Implantation in Adults: A Multicenter Clinical Study," *Ear and Hearing* 27 (2006): 714-731; R. J. M. Van Hoesel and R. S. Tyler, "Speech Perception, Localization, and Lateralization with Bilateral Cochlear Implants," *Journal of the Acoustical Society of America* 113 (2003): 1617-1630.

5. A. Romoff, *Listening Closely: A Journey to Bilateral Hearing* (Watertown, MA: Imagine Publishing, 2011).

6. J. Schnupp, I. Nelken, and A. J. King, *Auditory Neuroscience: Making Sense of Sound* (Cambridge, MA: MIT Press, 2012).

7. J. M. Hull, *Touching the Rock: An Experience of Blindness* (New York: Pantheon Books, 1990), 29-31.

8. Romoff, *Listening Closely*, 128.

9. S. R. Barry, *Fixing My Gaze: A Scientist's Journey into Seeing in Three Dimensions* (New York: Basic Books, 2009).《3차원의 기적》(초록물고기, 2010),《입체시의 기적》(휴먼스토리, 2017)

10. B. Crassini and J. Broerse, "Auditory-Visual Integration in Neonates: A Signal Detection Analysis," *Journal of Experimental Child Psychology* 29 (1980): 144-155; M. Wertheimer, "Psychomotor Coordination of Auditory and Visual Space at Birth," *Science* 134 (1961): 1962.

11. L. M. Romanski et al., "Dual Streams of Auditory Afferents Target Multiple Domains in the Primate Prefrontal Cortex," *Nature Neuroscience* 2 (1999): 131-136.

결론: 지각의 운동선수

1. S. R. Barry, *Fixing My Gaze: A Scientist's Journey into Seeing in Three Dimensions* (New York: Basic Books, 2009). 《3차원의 기적》(초록물고기, 2010), 《입체시의 기적》(휴먼스토리, 2017)

2. Barry, *Fixing My Gaze*. 《3차원의 기적》(초록물고기, 2010), 《입체시의 기적》(휴먼스토리, 2017); O. Sacks, "Stereo Sue: Why Two Eyes Are Better than One," *New Yorker*, June 19, 2006; O. Sacks, "Stereo Sue," in *The Mind's Eye* (New York: Alfred A. Knopf, 2010). 《마음의 눈》(알마, 2013)

3. W. James, *The Principles of Psychology* (New York: Henry Holt, 1890).

4. E. J. Gibson and A. D. Pick, *An Ecological Approach to Perceptual Learning and Development* (New York: Oxford University Press, 2000).

5. E. Goldberg, *Creativity: The Human Brain in the Age of Innovation* (New York: Oxford University Press, 2018). 《창의성》(시그마북스, 2019)

6. Goldberg, *Creativity*. 《창의성》(시그마북스, 2019)

7. P. F. MacNeilage, L. J. Rogers, and G. Vallortigara, "Origins of the Left and Right Brain," *Scientific American* 301 (2009): 60-67도 참조하라.

8. S.-J. Blakemore, *Inventing Ourselves: The Secret Life of the Teenage Brain* (New York: Public Affairs, 2018). 《나를 발견하는 뇌과학》(문학수첩, 2022)

9. R. L. Gregory and J. G. Wallace, *Recovery from Early Blindness: A Case Study*, Monograph No. 2 (Cambridge, UK: Experimental Psychology Society, 1963), 33.

10. Blakemore, *Inventing Ourselves*. 《나를 발견하는 뇌과학》(문학수첩, 2022)

11. S. E. Asch, "Effects of Group Pressure upon the Modification and Distortion of Judgments," in *Groups, Leadership and Men: Research in Human Relations*, ed. H. Guetzkow (Oxford, UK: Carnegie Press, 1951).

12. Blakemore, *Inventing Ourselves*. 《나를 발견하는 뇌과학》(문학수첩, 2022); L. H. Somerville, "Searching for Signatures of Brain Maturity: What Are We Searching For?," *Neuron* 92 (2016): 1164-1167; A. W. Toga, P. M. Thompson, and E. R. Sowell, "Mapping Brain Maturation," *Trends in Neuroscience* 29 (2006): 148-159.

13. Toga, Thompson, and Sowell, "Mapping Brain Maturation."

14. E. M. Finney, I. Fine, and K. R. Dobkins, "Visual Stimuli Activate Auditory Cortex in the Deaf," *Nature Neuroscience* 4 (2001): 1171-1173.

15. M. Saenz et al., "Visual Motion Area MT+/V5 Responds to Auditory Motion in Human Sight-Recovery Subjects," *Journal of Neuroscience* 28 (2008): 5141-5148; H. Burton et al., "Adaptive Changes in Early and Late Blind: A fMRI Study of Braille Reading," *Journal of Neurophysiology* 87 (2002): 589-607; A. Pascual-Leone and R. Hamilton, "The Metamodal Organization of the Brain," *Progress in Brain Research* 134 (2001): 427-445; L. B. Merabet et al., "Rapid and Reversible Recruitment of Early Visual Cortex for Touch," *PLOS One* 3 (2008): e3046.

16. Pascual-Leone and Hamilton, "The Metamodal Organization of the Brain"; Merabet et al., "Rapid and Reversible Recruitment of Early Visual Cortex for Touch."

17. Saenz et al., "Visual Motion Area MT+/V5 Responds to Auditory Motion."

18. H. J. Neville et al., "Cerebral Organization for Language in Deaf and Hearing Subjects: Biological Constraints and Effects of Experience," *Proceedings of the National Academy of Sciences* 95 (1998): 922-929.

19. Saenz et al., "Visual Motion Area MT+/V5 Responds to Auditory Motion."

20. Barry, *Fixing My Gaze*. 《3차원의 기적》(초록물고기, 2010), 《입체시의 기적》(휴먼스토리, 2017)

21. Gregory and Wallace, *Recovery from Early Blindness*.

22. Chorost, *Rebuilt*, 171-172.

23. M. Ross, "A Retrospective Look at the Future of Aural Rehabilitation," *Journal of the Academy of Rehabilitative Audiology* 30 (1997): 11-28.

24. Ross, "A Retrospective Look at the Future of Aural Rehabilitation."

25. Barry, *Fixing My Gaze*. 《3차원의 기적》(초록물고기, 2010), 《입체시의 기적》(휴먼스토리, 2017)

26. Chorost, *Rebuilt*, 171.

27. B. Biderman, *Wired for Sound: A Journey into Hearing*, rev. ed. (Toronto: Journey into Hearing Press, 2016).

28. M. von Senden, *Space and Sight: The Perception of Space and Shape*

in the Congenitally Blind Before and After Operation (Glencoe, IL: Free Press, 1960), 160.

29. Barry, *Fixing My Gaze*. 《3차원의 기적》(초록물고기, 2010), 《입체시의 기적》(휴먼스토리, 2017); Goldberg, *Creativity*. 《창의성》(시그마북스, 2019); D. Bavelier et al., "Removing Brakes on Adult Brain Plasticity: From Molecular to Behavioral Interventions," *Journal of Neuroscience* 30 (2010): 14964–14971; C. D. Gilbert and W. Li, "Adult Visual Cortical Plasticity," *Neuron* 75 (2012): 250–264; E. Goldberg, *The Wisdom Paradox: How Your Mind Can Grow Stronger as Your Brain Grows Older* (New York: Gotham Books, 2005); A. Pascual-Leone et al., "The Plastic Human Brain Cortex," *Annual Review of Neuroscience* 28 (2005): 377–401; E. R. Kandel, *In Search of Memory: The Emergence of a New Science of Mind* (New York: W. W. Norton and Co., 2006). 《기억을 찾아서》(랜덤하우스코리아, 2009); M. M. Merzenich, T. M. Van Vleet, and M. Nahum, "Brain Plasticity-Based Therapeutics," *Frontiers in Human Neuroscience* 8 (2014): doi, 10.3389/fnhum.2014.00385; Q. Gu, "Neuromodulatory Transmitter Systems in the Cortex and Their Role in Cortical Plasticity," *Neuroscience* 111 (2002): 815–835.

30. S. Anderson and N. Kraus, "Auditory Training: Evidence for Neural Plasticity in Older Adults," *Perspectives on Hearing and Hearing Disorders: Research and Research Diagnostics* 17 (2013): 37–57; D. M. Levi, D. C. Knill, and D. Bavelier, "Stereopsis and Amblyopia: A Mini-Review," *Vision Research* 28 (2015): 377–401.

31. A. Romoff, *Listening Closely: A Journey to Bilateral Hearing* (Watertown, MA: Imagine Publishing, 2011), 164.

32. Barry, *Fixing My Gaze*. 《3차원의 기적》(초록물고기, 2010), 《입체시의 기적》(휴먼스토리, 2017); Goldberg, *Creativity*. 《창의성》(시그마북스, 2019); Bavelier et al., "Removing Brakes on Adult Brain Plasticity"; Gilbert and Li, "Adult Visual Cortical Plasticity"; Goldberg, *The Wisdom Paradox*; Pascual-Leone et al., "The Plastic Human Brain Cortex"; Kandel, *In Search of Memory*. 《기억을 찾아서》(랜덤하우스코리아, 2009); Merzenich, Van Vleet, and Nahum, "Brain Plasticity-Based Therapeutics"; Gu, "Neuromodulatory Transmitter Systems in the Cortex"; Romoff, *Listening Closely*; P. R. Roelfsema, A. van Ooyen, and T. Watanabe, "Perceptual Learning Rules Based on Reinforcers and

Attention," *Trends in Cognitive Sciences* 14 (2010): 64–71; S. Bao et al., "Progressive Degradation and Subsequent Refinement of Acoustic Representations in the Adult Auditory Cortex," *Journal of Neuroscience* 26 (2003): 10765–10775; A. S. Keuroghlian and E. I. Knudsen, "Adaptive Auditory Plasticity in Developing and Adult Animals," *Progress in Neurobiology* 82 (2007): 109–121.

33. Gregory and Wallace, *Recovery from Early Blindness*.

34. Biderman, *Wired for Sound*, 26–27.

35. Barry, *Fixing My Gaze*. 《3차원의 기적》(초록물고기, 2010), 《입체시의 기적》(휴먼스토리, 2017)

36. Boswell, *The Life of Samuel Johnson*.

37. Gibson and Pick, *An Ecological Approach to Perceptual Learning and Development*.

38. Bao et al., "Progressive Degradation and Subsequent Refinement of Acoustic Representations"; Keuroghlian and Knudsen, "Adaptive Auditory Plasticity in Developing and Adult Animals."

39. Chorost, *Rebuilt*, 126.

40. Romoff, *Listening Closely*; A. Romoff, *Hear Again: Back to Life with a Cochlear Implant* (New York: League for the Hard of Hearing, 1999).

41. Romoff, *Hear Again*, 159; Chorost, *Rebuilt*, 88.

42. Barry, *Fixing My Gaze*. 《3차원의 기적》(초록물고기, 2010), 《입체시의 기적》(휴먼스토리, 2017); Goldberg, *Creativity*. 《창의성》(시그마북스, 2019); Bavelier et al., "Removing Brakes on Adult Brain Plasticity"; Gilbert and Li, "Adult Visual Cortical Plasticity"; Goldberg, *The Wisdom Paradox*; Pascual-Leone et al., "The Plastic Human Brain Cortex"; Kandel, *In Search of Memory*. 《기억을 찾아서》(랜덤하우스 코리아, 2009); Merzenich, Van Vleet, and Nahum, "Brain Plasticity-Based Therapeutics"; Gu, "Neuromodulatory Transmitter Systems in the Cortex"; Roelfsema, van Ooyen, and Watanabe, "Perceptual Learning Rules Based on Reinforcers and Attention"; E. R. Kandel, "Increased Attention to Spatial Context Increases Both Place Field Stability and Spatial Memory," *Neuron* 42 (2004): 283–295.

43. R. Latta, "Notes on a Case of Successful Operation for Congenital Cataract in an Adult," *British Journal of Psychology* 1 (1904): 135–150.

44. R. V. Hine, *Second Sight* (Berkeley: University of California Press, 1993), 82.

45. Bavelier et al., "Removing Brakes on Adult Brain Plasticity"; Gilbert and Li, "Adult Visual Cortical Plasticity"; Goldberg, *The Wisdom Paradox*; Pascual-Leone et al., "The Plastic Human Brain Cortex"; Kandel, *In Search of Memory*. 《기억을 찾아서》(랜덤하우스코리아, 2009)

46. R. Kurson, *Crashing Through: A True Story of Risk, Adventure, and the Man Who Dared to See* (New York: Random House, 2007). 《기꺼이 길을 잃어라》(열음사, 2008)

47. E. Huber et al., "A Lack of Experience-Dependent Plasticity After More Than a Decade of Recovered Sight," *Psychological Science* 26 (2015): 393-401.

48. Betty Edwards, *Drawing on the Right Side of the Brain: The Definitive*, 4th Edition (New York: Tarcher Perigree, 2012). 《오른쪽 두뇌로 그림 그리기》(미완, 1986), 《오른쪽 두뇌로 그림 그리기》(나무숲, 2000, 2015)

49. R. Feynman, *"Surely You're Joking, Mr. Feynman!"* (New York: W. W. Norton and Company, Inc., 1985). 《파인만씨 농담도 정말 잘하시네요!》(도솔, 1987), 《파인만 씨, 농담도 잘하시네!》(사이언스북스, 2000)

50. E. J. Gibson and A. D. Pick, *An Ecological Approach to Perceptual Learning and Development*, 201.

찾아보기